航天科技图书出版基金资助出版

热透波机理与热透波材料

李仲平　著

中国宇航出版社

·北京·

图书在版编目（CIP）数据

热透波机理与热透波材料/李仲平著. -- 北京 ：
中国宇航出版社，2013.1

ISBN 978-7-5159-0378-1

Ⅰ.①热… Ⅱ.①李… Ⅲ.①航天材料-研究 Ⅳ.
①V25

中国版本图书馆 CIP 数据核字（2013）第 007852 号

责任编辑　刘亚静　　**装帧设计**　文道思

出版发行　中国宇航出版社

社　址　北京市阜成路 8 号　　**邮　编**　100830
(010)68768548

网　址　www.caphbook.com

经　销　新华书店

发行部　(010)68371900　(010)88530478(传真)
(010)68768541　(010)68767294(传真)

零售店　读者服务部　北京宇航文苑
(010)68371105　(010)62529336

承　印　北京画中画印刷有限公司

版　次　2013 年 1 月第 1 版
2013 年 1 月第 1 次印刷

规　格　787×1092

开　本　1/16

印　张　15.25

字　数　370 千字

书　号　ISBN 978-7-5159-0378-1

定　价　120.00 元

航天科技图书出版基金简介

航天科技图书出版基金是由中国航天科技集团公司于2007年设立的，旨在鼓励航天科技人员著书立说，不断积累和传承航天科技知识，为航天事业提供知识储备和技术支持，繁荣航天科技图书出版工作，促进航天事业又好又快地发展。基金资助项目由航天科技图书出版基金评审委员会审定，由中国宇航出版社出版。

申请出版基金资助的项目包括航天基础理论著作，航天工程技术著作，航天科技工具书，航天型号管理经验与管理思想集萃，世界航天各学科前沿技术发展译著以及有代表性的科研生产、经营管理译著，向社会公众普及航天知识、宣传航天文化的优秀读物等。出版基金每年评审1～2次，资助10～20项。

欢迎广大作者积极申请航天科技图书出版基金。可以登录中国宇航出版社网站，点击“出版基金”专栏查询详情并下载基金申请表；也可以通过电话、信函索取申报指南和基金申请表。

网址：http://www.caphbook.com

电话：(010) 68767205，68768904

序

热透波是近十年提出的学术概念，是对航天飞行器“黑障”问题的深化和拓展，涉及热、电、材料和凝聚态物理等多个学科和工程技术领域，是航天领域的重大问题，具有很强的理论性和多学科交叉特点。解决好热透波问题，对传统的航天飞行器和正在发展的新型高超声速飞行器都十分重要，是实现通信、制导与探测的基础与保障。

热透波材料是恶劣热环境下能够实现热透波功能的一种多功能材料。按照材料的热响应及雷达工作频段，热透波材料主要包括烧蚀热透波和高温宽频热透波。作为航天器重要组成部分的天线罩，其采用的热透波材料，必须在很宽的温度范围内兼具稳定优良的高温电性能、良好的力学性能、耐热/烧蚀性能、隔热性能以及抗冲击等综合性能，属于热力电一体化的多功能材料。热透波机理研究需要充分利用电介质物理、计算材料学、气动热力学等基础学科的知识和研究成果，以满足航天器的具体使用条件和使用要求为最终目标。

近年来在 973 计划的支持和牵引下，热透波研究取得重要突破，揭示了固液气三相状态热透波机理，建立了高温电性能测试与热透波模拟手段，实现了材料体系的创新。

本书以 973 项目的研究成果为基础，系统论述了热透波的基本概念和科学技术内涵、热透波材料的烧蚀传热行为规律、热电行为规律及热透波特性、高温介电性能测试与模拟以及热透波材料设计与制备技术，内容具有较强的学术性和先进性。

本书是作者和他的团队多年研究的成果，他们精益求精，反复修改，完成了这本不可多得的融合基础理论和工程实践的学术专著。本书是从事相关专业领域工作的科研人员不可或缺的参考书。

是为序。

中国工程院院士

2012 年 12 月北京

前　言

在严重的气动加热环境下，航天器的天线罩和天线窗成为热罩和热窗，其表面温度达到1000～3000K。相比常温状态，雷达波通过热罩（窗）的传输特性可能发生很大的，甚至是根本性的改变，造成信号衰减，使雷达作用距离缩短，甚至通信中断；天线方向图发生畸变，使瞄准精度下降，甚至造成脱靶。热透波就是指雷达波通过高温、超高温，甚至烧蚀状态的非均态、非平衡态罩（窗）壁进行的动态传输过程。

本书系统阐述了热透波相关理论、技术和材料。全书共分5章，第1章介绍了热透波问题的提出，科学技术内涵，研究进展以及发展方向。第2章论述了热透波材料烧蚀传热行为规律，以SiO_2材料、BN材料和SiO_2/Si_3N_4材料为重点，分析了熔融型、气化型和熔融/气化混合型烧蚀传热行为。第3章论述了热透波材料热电行为规律及热透波特性，包括热电行为建模，典型氧化物、氮化物、氮氧化合物热电行为，杂质离子对热电行为的影响以及热透波机理。第4章介绍了高温介电性能测试与热透波模拟，重点介绍了高Q腔法、带状线谐振腔法和终端短路波导法三种测试技术，以及电弧加热器热透波模拟。第5章介绍了热透波材料设计与制备技术，包括热透波材料选材与设计，以及三类典型热透波材料及其制备技术。

本书是对热透波基础研究（973计划支持项目）和航天器天线罩（窗）研制实践的总结，凝结了作者所代表的跨学科、跨单位科研团队的集体劳动和智慧。除航天材料及工艺研究所之外，参与相关科研的单位还包括中国航天空气动力技术研究院、电子科技大学、中科院沈阳金属所、北京航空航天大学、北京理工大学、西安交通大学以及北京航天长征飞行器研究所等。出版本书的宗旨是为相关学者和工程技术人员提供参考和借鉴，并希望在此基础上推动相关学科的发展和工程技术进步。

本书初稿拟于2011年，后几经修改，在此过程中，航天材料及工艺研究所张大海研究员、范锦鹏博士、孙妮娟博士、何凤梅研究员，以及中国航天空气动力技术研究院俞继军博士付出了大量辛勤劳动。

承蒙才鸿年院士、陈福田院士、包为民院士对本书给予的倾心指导，在此一并致谢。

本书的出版得到了“航天科技图书出版基金”的资助。

由于水平所限，书中不尽完善之处在所难免，恳请广大同行、读者不吝指正。

作　者

2012年12月于北京

目　录

第1章　绪论*

1.1　热透波问题的提出

航天器在高超声速飞行时会经受严重的气动加热，出现“热障”(heat barrier)[1]，有时还会伴生“黑障”(blackout)[2]。20世纪五六十年代，在进行鼻锥（nose cone）式再入飞行器和水星号返回舱（mercury capsule)[2]返回大气层试验时，发现在距地面50 km高度左右飞行器与地面的无线电通信出现中断。这一现象很快得到航天界的重视并被定义为黑障。黑障出现与否与飞行器的飞行速度、大气成分和密度、飞行器构型以及通信频率有关，对不同类的航天器，持续时间和影响不尽相同，如表1-1所示。

表1-1　不同航天器及其黑障[2-4]

航天器	构型	黑障时间/min	备注
RAM C	钝头体	～0.5	黑障研究飞行器
Apollo	钝头体	3～4	不同波段各异
Shuttle	升力体	～16	使用TDRSS以前
Mars Pathfinder	钝头体	～0.5	进入火星大气
Galileo	钝头体	～30	进入木星大气
Sharp RV	尖锥体	～0	可能出现秒级黑障

注：RAM (Radio Attenuation Measurements) C——无线电衰减试验飞行器；
Apollo——阿波罗飞船；
Shuttle——航天飞机；
Mars Pathfinder——火星探路者；
Galileo——伽利略木星探测器；
Sharp RV——尖锥式再入飞行器；
TDRSS (tracking and data relay satellite system)——追踪和数据传输卫星系统。

在很长一段时间内，学术和工程界对于黑障现象的研究主要集中在等离子体效应方面，这是由于大多数航天器产生黑障的主要原因为气态电离层的影响，但对于表1-1中的尖锥式再入飞行器（Sharp RV）和正在发展的高超声速飞行器，气态电离层的电子密度可能仅为10^{10} n/cm^3，甚至低于10^9 n/cm^3，其影响对S、C、X、Ku及Ka波段的微波衰减较小，甚至可以忽略，此时，飞行器天线窗口或天线罩高温壁面的影响则会凸显而出。

在20世纪80年代初进行的ABRES（先进再入飞行器，属Sharp RV）热压氮化硼(HPBN）天线窗飞行试验考核时，意外发现微波信号衰减高达40 dB，比预期大20 dB，如图1-1所示[5]。对此现象进行了专门的高温（2 200 K）介电性能测试、电弧加热器模拟试验

---

* 如未经特殊说明，本书中所出现的实验数据均为航天材料及工艺研究所的实测数据。

(关机后快速测试)以及固、气(等离子体)两相建模分析,产生附加衰减的原因被归结为HPBN随温度升高呈指数增加的电导损耗。研究结果表明,在从1 700 K到2 200 K的温升范围内,介电损耗增加两个数量级,而当表面温度继续升高至烧蚀温度(3 300 K ± 150 K)时,介电损耗会再增加3个数量级,达到10^2至10^3水平[6],如图1-2所示。

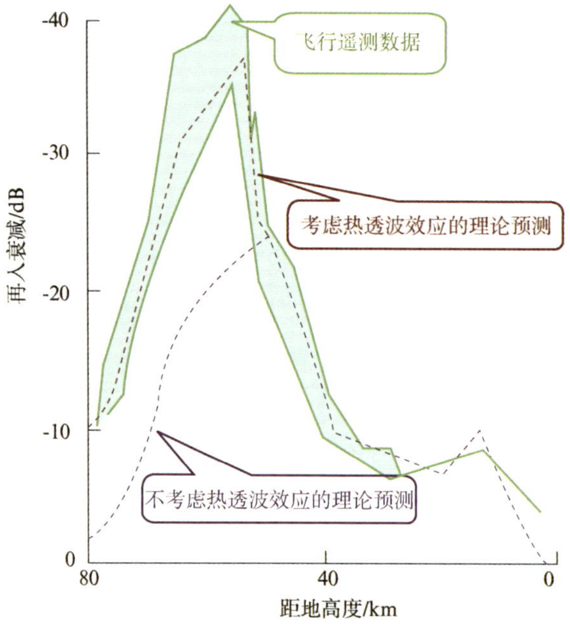

图1-1 HPBN天线窗微波衰减图

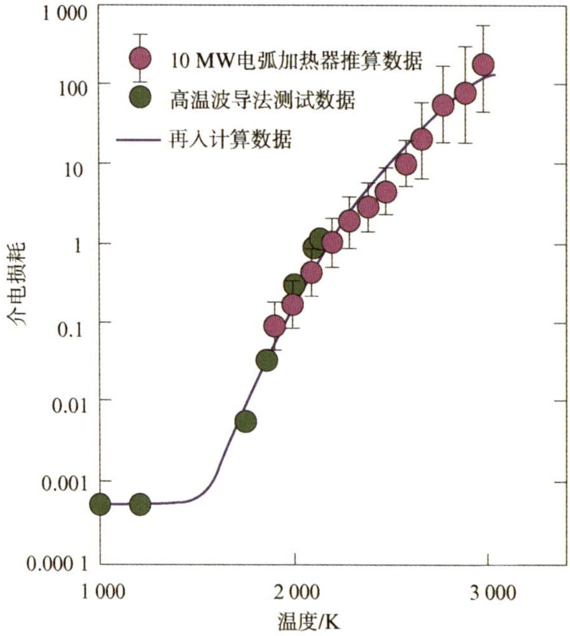

图1-2 不同方法得到的HPBN介电损耗数据

与氮化硼材料不同，氧化硅材料在类似的飞行条件下会发生熔融型烧蚀，出现固液气（等离子体）三相并存状态。采用专用的电弧加热器试验装置，将流场的电子密度降至10^9 n/cm^{3}水平，进行烧蚀状态下的透波试验。基准状态的材料基本无衰减，而某些状态的材料却发生明显衰减，如图 1-3 所示。表明附有熔体的高温壁面是微波衰减的主要影响因素。

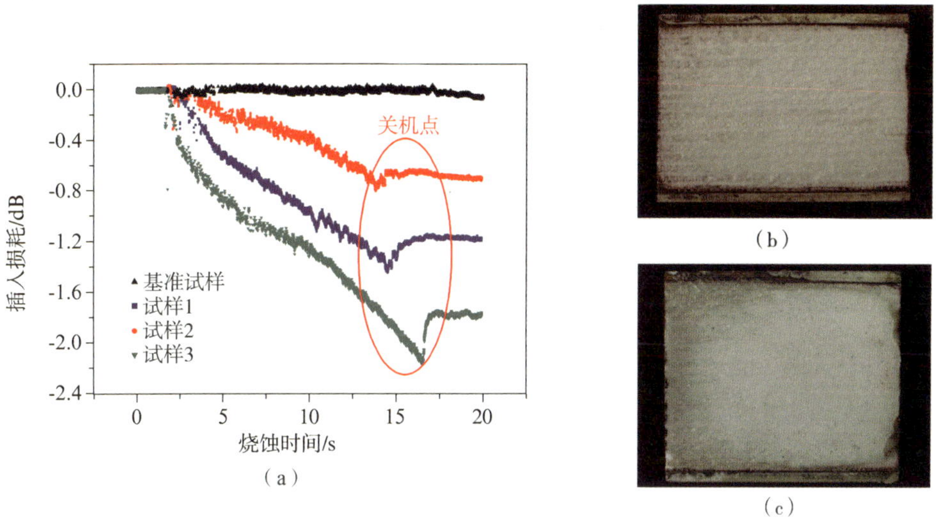

图 1-3　不同氧化硅材料烧蚀透波特性（a）及基准试样（b）与试样 3（c）的烧蚀表面

处于固气两相或固液气三相状态的天线窗或天线罩，当气态层的电子密度低于临界值时，高温壁面则成为影响微波传输的主要因素。为了区别于传统意义的黑障，将微波通过高温壁面的传输定义为“热透波”。

1.2　热透波基本概念与科学技术内涵

热透波是指微波（主要是厘米波至毫米波波段）通过高温、超高温，甚至烧蚀状态的非均态、非平衡态绝缘电介质材料进行的动态传输过程，其物理机制和传输特性远复杂于微波在室温稳态电介质材料中的传输。

在严重的气动加热环境下，航天器的天线罩和天线窗成为热罩和热窗，其表面温度迅速达到 1 000～3 000 K，甚至更高，罩（窗）体由外至内形成明显的温度梯度。天线罩（窗）材料表面高温区将经历相变，或者分解、气化；材料内部也会随温度的变化而发生不同的物理、化学、微观组织结构变化，从而引起材料物性的变化，甚至发生由量到质的突变。而伴随这一变化过程，微波通过材料表层和内部的传输特性可能发生很大的、甚至是根本性的改变。这种热透波效应会造成信号发生衰减，使雷达作用距离缩短、甚至通信中断；天线方向图发生畸变，使瞄准精度下降、甚至造成脱靶，如图 1-4 所示。因此，认识、分析和预测这些变化，即揭示热透波机理，是设计和研制高性能天线罩（窗）等热透波构件的基础。按材料的热响应及雷达工作频段，热透波主要包括烧蚀热透波和高温宽频热透波。

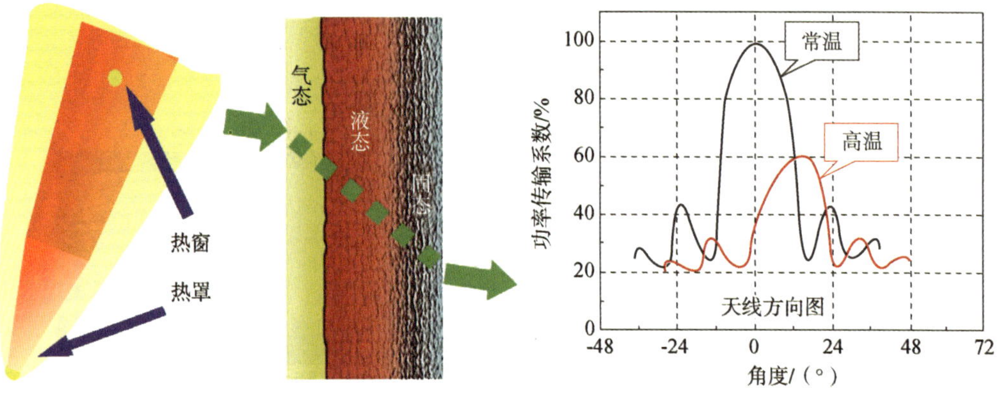

图 1-4　热透波效应示意图

热透波材料是恶劣热环境下能够实现热透波功能的一种多功能材料。天线罩（窗）作为航天器结构的一个重要组成部分，一方面必须在某一频率、甚至很宽的频率范围保持优良的微波传输性能，以保证对通信、探测和制导信号的透明；另一方面，又必须能够承受飞行中的气动热、气动力和冲击、振动、过载的热力联合作用，保持航天器结构的完整性，保护导引头、雷达或天线系统不受外部恶劣环境影响而正常工作。为满足上述要求，作为天线罩（窗）的热透波材料，必须在很宽的温度范围内兼具稳定优良的介电性能、良好的力学性能、耐热/烧蚀性能、隔热性能以及抗热冲击等综合性能，属于热、力、电一体化的多功能材料。

热透波机理和热透波材料研究涉及热、电、材料和凝聚态物理等多个学科和工程技术领域，具有明显的跨学科特点。其研究范畴包括：

1）热透波材料热电行为规律。研究材料从室温至使用温度（高温固态或熔融态）的极化机制、损耗机制以及介电参数的变化规律。

2）热透波材料烧蚀、传热行为规律。研究材料在使用热环境下的烧蚀机理、烧蚀性能，传热机制及传热特性。

3）热透波分析计算方法。利用热透波材料热电行为规律、烧蚀传热行为规律以及电磁场理论、微波传输分析手段进行热罩（窗）电气传输特性的建模分析。

4）高温介电性能测试方法。研究高温固体和高温熔体介电常数和介电损耗的测试方法，根据不同的温度和频率范围以及介电参数的分布区间，设计研制适用的测试系统。

5）热透波模拟试验方法。研究气动加热环境的模拟方法、电气传输性能的测试方法，降低热环境和测试环境的干扰，实现热罩（窗）电气传输特性的动态和逼真模拟。

6）热透波材料设计研制与评价表征。开展热透波材料的多尺度、多参数分析与设计，进行新型热透波材料以及热透波构件研制，采用适用的方法与手段实现材料热、力、电性能和综合使用性能的评价表征。

开展上述研究还涉及热透波构件使用环境分析和结构可靠性分析等。因此，关于热透波机理与热透波材料的研究属于基础性和应用性高度交织的复杂研究领域，需要充分利用电介质物理、计算材料学、气动热力学等基础学科的知识及研究成果，同时需要以满足航天器的具体使用条件和使用要求为最终目标。表 1－2 归纳了热透波机理与热透波材料的研究中需要关注的主要环节。

表 1－2 热透波研究内容汇总

研究环节 \ 类别	烧蚀热透波	高温宽频热透波
设计	· 非平衡态烧蚀热透波机理与分析方法 · 热、力、电匹配与优化	· 大尺度宽带热透波分析 · 宽带透波结构 · 热结构设计
材料	· 现有体系改进提高 · 新体系设计与研制	· 高强低介电无机材料 · 隔热透波材料
工艺	· 大尺寸构件制造方法 · 高效低成本制备方法	· 梯度/多层结构制造工艺 · 多孔结构材料制备方法
测试评价	· 高温介电性能 · 高温透波性能 · 电气均匀性检测 · 烧蚀试验技术	· 高温宽频介电性能 · 高温宽频透波性能 · 电气均匀性检测 · 热结构试验技术
应用	· 电气修调 · 加工、连接 · 环境防护	· 电气修调 · 加工、连接 · 环境防护

1.3 热透波研究进展

对热透波的认识和研究，大致经历了 4 个阶段。

第 1 阶段，20 世纪 60 年代左右开始认识到热透波问题的存在，在设计规范上采取了限制天线罩（窗）材料介电性能变化幅度的方法，如介电常数变化幅度要求小于 1%/100 K[7-8]；

第 2 阶段，20 世纪 70 年代认识到高超声速飞行可能存在严重的热透波问题，着重发展了高温介电性能测试方法与手段，在设计上采取了定性分析与地面模拟试验相结合的方法，热透波验证主要依赖于飞行试验[5,9-12]；

第 3 阶段，20 世纪 80 年代重点针对先进再入飞行器组织了跨学科基础研究[13-14]，基本掌握了典型材料热透波机理，开始由室温稳态电设计向非平衡态热透波设计转变；

第 4 阶段，20 世纪 90 年代至今，为支撑新型高超声速飞行器的发展，针对毫米波、宽频带、高温长时等不同热透波应用需求，发展了多个体系高性能热透波材料和相应的热透波分析计算方法[15-18]。

下面对主要研究进展作一个简要的介绍。

1.3.1　烧蚀传热行为规律

熔融型烧蚀是热透波构件最典型的烧蚀机制[19-20]，代表性材料为氧化硅，对该类材料烧蚀传热行为规律的研究较为深入。迄今的研究表明，氧化硅材料烧蚀受液层消耗速率控制，传热受辐射传热影响，采用固液耦合变粘性系数烧蚀模型并进行辐射传热修正，可以较为准确地预测烧蚀速率[21]、液层厚度和温度分布，如图 1－5 所示。

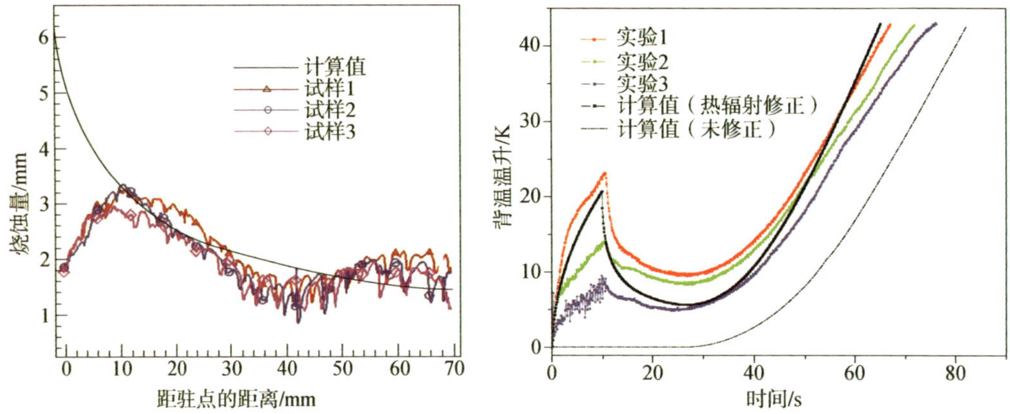

图 1－5　氧化硅烧蚀传热行为规律预测与实验

热分解和热氧化产生气化型烧蚀，代表性的材料为氮化硼。在剥蚀阈值以下其烧蚀可用热化学烧蚀模型准确预测，而在剥蚀阈值以上则需要进行剥蚀修正，这类材料可采用经典的传热理论和手段进行传热分析。图 1－6 是氮化硼材料 5 种典型状态下烧蚀速率的理论预测值与实测值的对比；图 1－7 是发生剥蚀后的表面形貌。

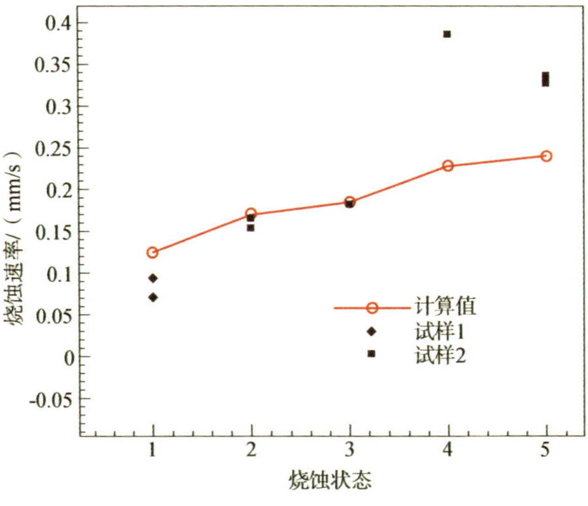

图 1－6　氮化硼烧蚀速率理论计算值与实测值

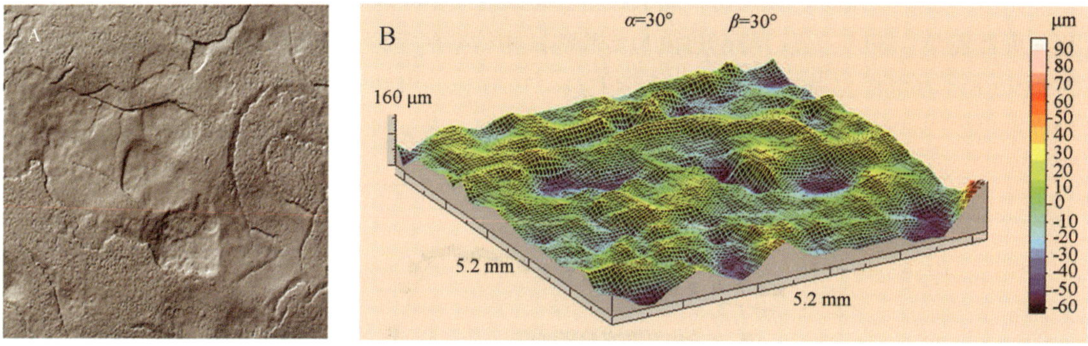

图 1－7　氮化硼剥蚀后表面形貌

一些新成分体系的材料可能出现熔融/气化混合型烧蚀，如硅—氧—氮体系材料。其烧蚀由氧化硅的熔融、蒸发与流失，氮化硅的热氧化，氧化硅与氮化硅的热化学反应 3 个物理化学反应构成。该类材料的烧蚀传热行为受表面熔体状态控制，可能出现连续熔融层、非连续熔融层或无熔融层 3 种情况，需要根据具体条件进行建模分析。当满足成分限制条件和温度限制条件时，烧蚀过程中材料表面可形成连续熔融层，使其具有较低的表面温度和更好的烧蚀性能。图 1－8 给出了硅—氧—氮体系热透波材料烧蚀机理示意图。

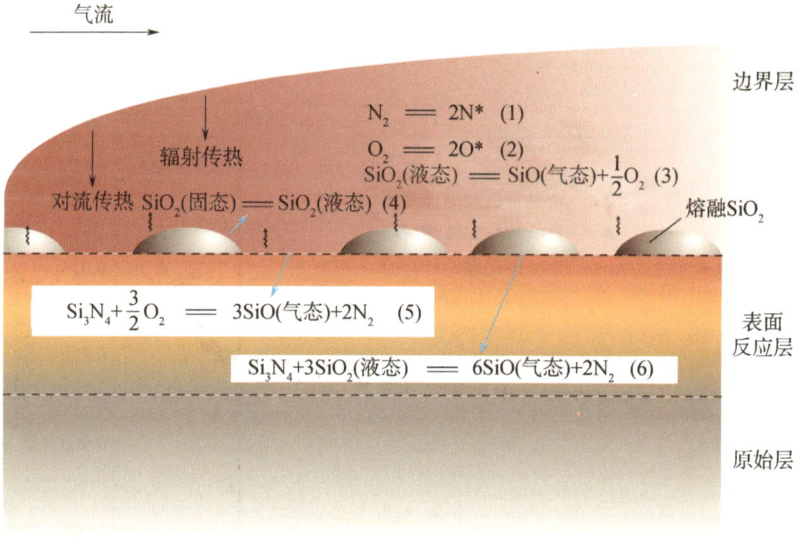

图 1－8　硅—氧—氮体系热透波材料烧蚀机理示意图

1.3.2　热电行为规律与热透波机理

早期对材料热电行为规律的研究主要依赖于实验手段，由于实验条件制约，难以获得材料连续的宽温宽频热电行为规律。近年来发展了理论建模方法，根据材料的物态，按微观结构和价键性质进行极化机制和损耗机制建模分析，并结合实验数据对有关参数进行修正，获得了典型氧化物、氮化物、氮氧化合物室温至 1 900 K，2 GHz 至 18 GHz 介电性能变化的可信规律。同时，采用理论建模和实验测试相结合的手段，获得了氮化硼和氧化硅室温至2 250 K的热电行为规律，如图 1 - 9 和图 1 - 10 所示。其中氧化硅在其熔融区的介电常数和介电损耗均呈现上升趋势，这一规律对认识此类材料的融体结构演变具有重要意义。

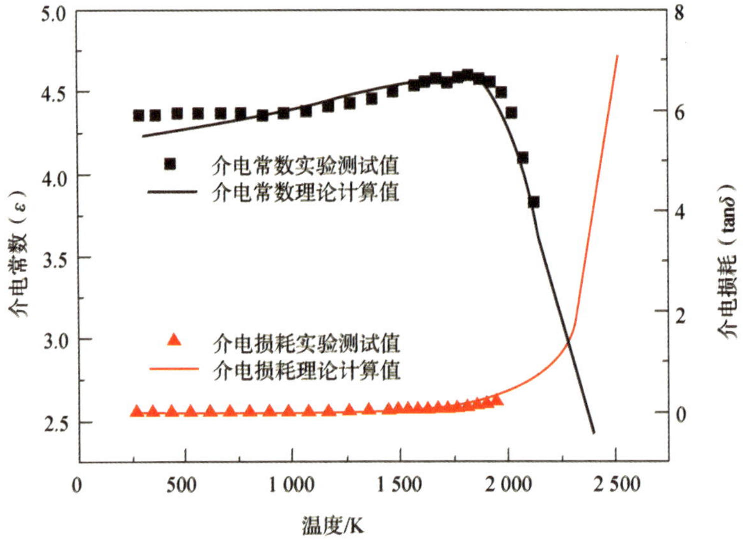

图 1 - 9　氮化硼热电行为规律

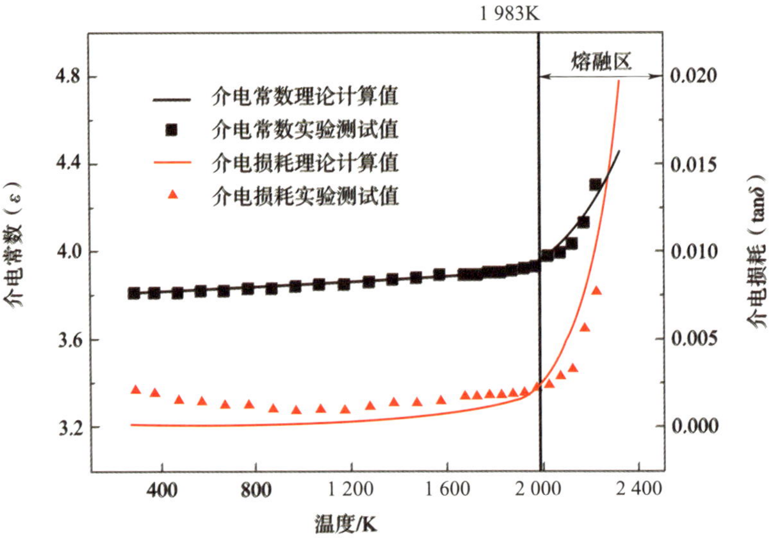

图 1 - 10　氧化硅热电行为规律

针对给定的环境条件和结构构型，选择适用的传输计算方法（物理光学法、矩量法、几何光学法或混合法），并利用热电行为规律和烧蚀传热行为规律进行热电联合分析，可以获得天线罩（窗）的热透波特性。这方面的工作已经取得一定的进展，图 1 - 11 为利用分区分层计算模型和间接射线法计算得到的一种天线罩模型在气动加热环境下的传输特性结果，可见，不对称热环境对传输特性存在明显影响。在已有的热透波材料（氧化物、氮化物、氮氧化合物等无机材料或复合材料）范围内，分解气化型材料（如氮化硼）的传输效率主要受电子电导损耗控制，熔融型材料（如氧化硅）主要受离子电导损耗控制。

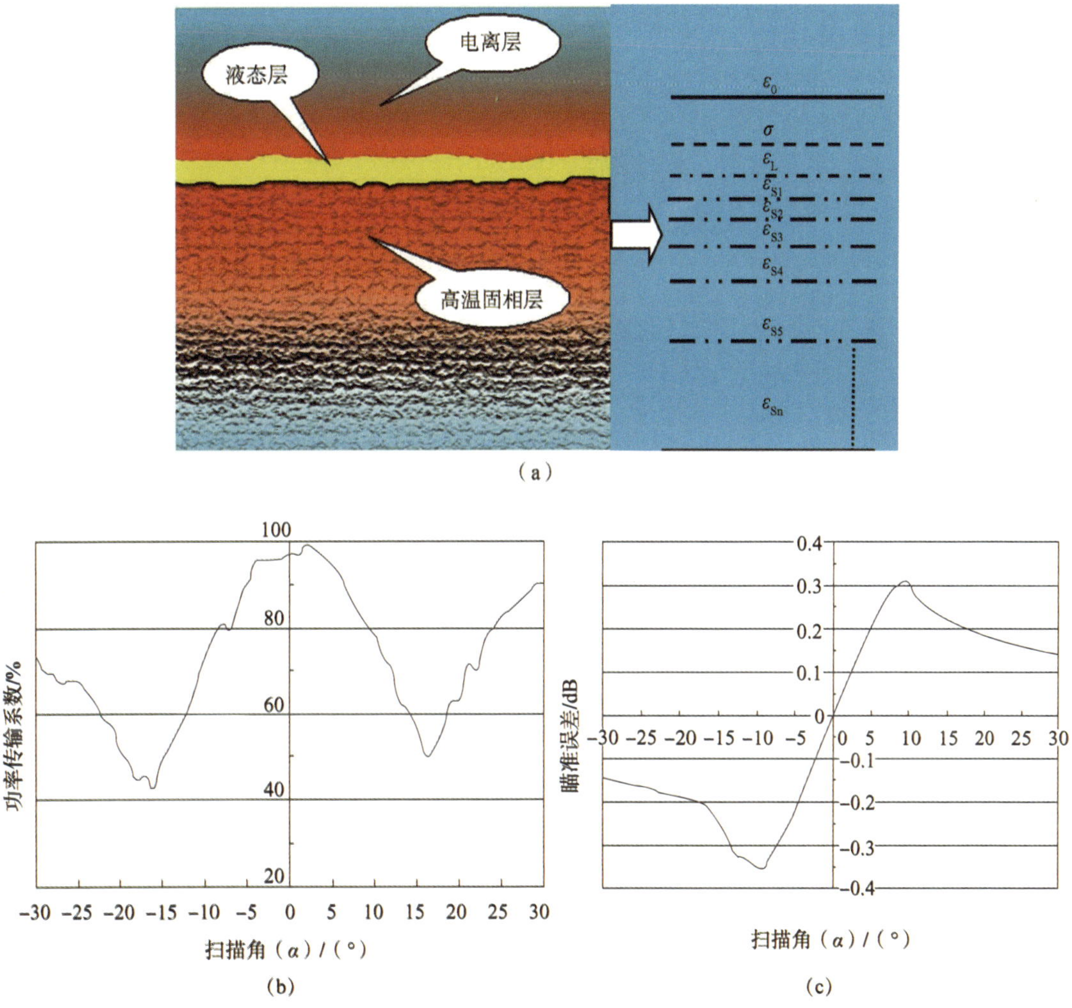

图 1-11　固、液、气三相共存分层计算模型（a）及天线罩热透波特性（b，c）

1.3.3　高温介电性能测试

在 2～18 GHz 频率范围内，可选的高温介电性能测试方法包括高 Q 腔法、终端短路法、微扰法、终端开路法、自由空间法和带状线谐振腔法等，如表 1-3 所示。

表 1-3　候选的高温介电性能测试方法

测试方法	高 Q 腔法	终端短路法	微扰法	终端开路法	自由空间法	带状线谐振腔法
测试物理模型	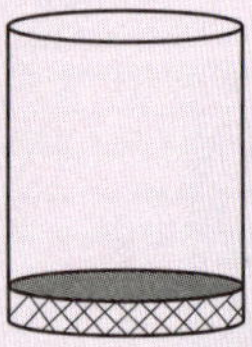		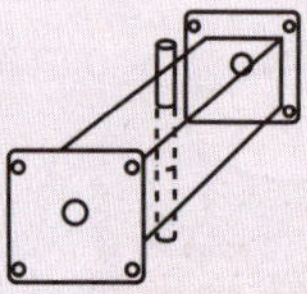	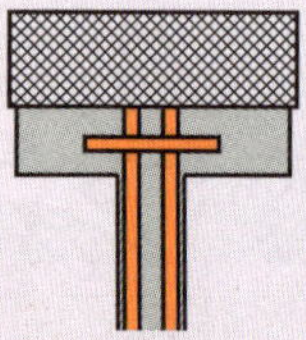	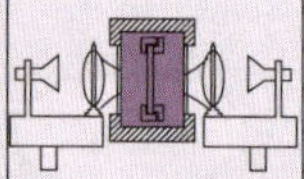	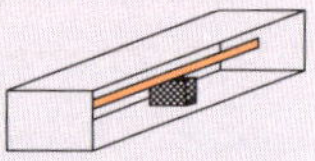
ε' 测试范围	1～20	1～100	1～20	1～100	1～100	1～15
tanδ 测试范围	＜0.05	＜2.0	＜0.1	＜2.0	＜2.0	＜0.05
样品尺寸要求	Φ50 mm (7～18 GHz) Φ300 mm (2～7 GHz)	同轴：外径 Φ7 mm，内径 Φ3 mm 波导：大于 75 mm×30 mm (2 GHz)	Φ4 mm (2～7 GHz) Φ1 mm (7～18 GHz)	大于 Φ14 mm	Φ150 mm (2～7 GHz) Φ50 mm (7～18 GHz)	10 mm×35 mm×5 mm (2～4 GHz) 10 mm×35 mm×2 mm (4～8 GHz)

受测试精度、试样大小、关键器件制造以及高温相容性的多因素制约，目前，小损耗材料主要采用高 Q 腔法测试，较大损耗材料主要采用终端短路法测试。带状线谐振腔法对低频小损耗测试具有试样尺度较小的优势，可作为低频（2～7 GHz）测试的方案，当试样为部分填充时须采用插值法求解。采用 ASTM 标准[22]推荐的铂-铑 20 高温腔体可实现 1 770 K 左右的重复测试，而采用铱作为腔体表层时可实现 1 870 K 左右的重复测试[23]。

采用终端短路法，选择一次性使用的高温腔体及适用的短路板，实现了氧化硅高温熔体的介电性能测试，如图 1-12 所示。

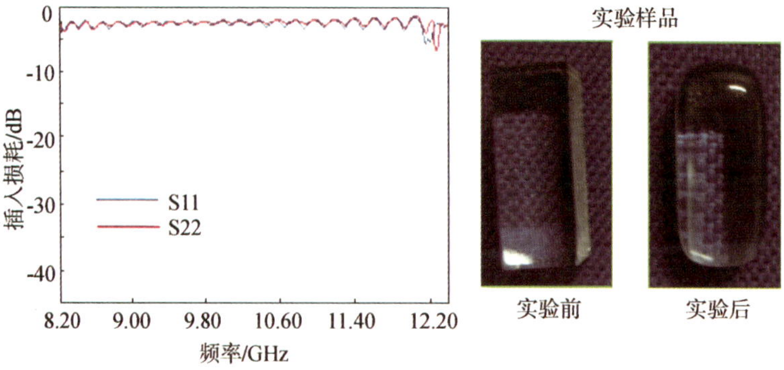

图 1-12　高温熔体介电性能测试

1.3.4　热透波模拟试验

热环境状态较高的热透波模拟试验是一项复杂而困难，但又非常重要的地面试验，可以较为真实地考核材料的热透波性能。其难点在于适宜于电气测量的热环境的获取。迄今主要发展了两种模拟试验方法，太阳炉（塔）法[24]和电弧加热器法[25-26]。太阳炉法产生的热环境对微波的干扰很小，但热场的均匀性、热场尺度及热流密度存在制约，可用于热透波试验的热流峰值较小，在 Φ30 mm 以上区域尚难以达到 1.0 MW/m^2 以上热流密度[27]。电弧加热器法具有较大的热流密度调节范围，但早期的试验只能在加热器关机后测试[28]，原因是流场电子密度过高，流场本身造成微波传输截止。利用流场电子密度调控技术可以将流场的电子密度降至 10^9 n/cm^3 以下，满足主要微波频段热透波模拟试验要求，并且热流密度可达到 10 MW/m^2 量级，如图 1-13 所示。主要的流场调节方法包括降低电极表面温度，增强流场自由电子复合和使用高纯加热介质等。

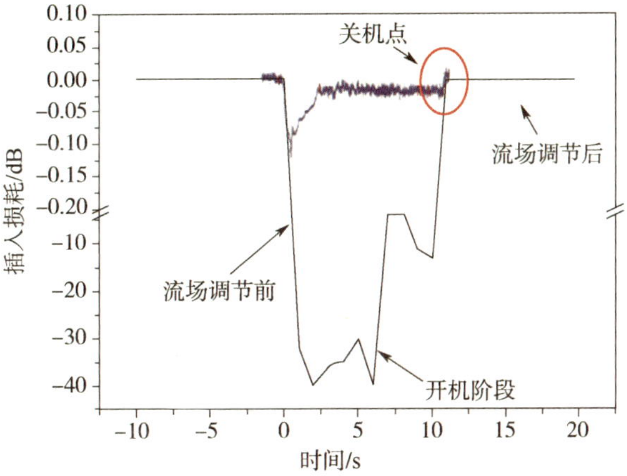

图 1-13　流场调节前后微波衰减

1.3.5　热透波材料

高超声速航天器天线罩（窗）表面温度一般超过 1 000 K，有些高达 2 000 K 以上，天线罩（窗）通常使用无机材料，包括陶瓷材料和陶瓷基复合材料。迄今已发展的重点材料体系如表 1-4 所示，其中几种典型的二元无机材料的热透波性能如图 1-14 所示。

表 1-4　无机热透波材料体系概况[18, 29]

	陶瓷材料	陶瓷基复合材料	
材料体系	氧化铝、微晶玻璃、氧化铍、石英陶瓷、氮化硅、氮化硼、Si-(Al)-O-N 体系陶瓷、氮化物/氧化物复相陶瓷、先驱体转化硅氧氮陶瓷等	基体：磷酸盐、二氧化硅/氧化铝/莫来石及其混合相、氮化硅、氮化硼、先驱体转化陶瓷	增强纤维：高硅氧、石英、氮化硼、氮化硅、氧化铝和莫来石等
制备方法	无压烧结、反应烧结、气压烧结、热压烧结、热等静压烧结和 CVD 等	循环浸渍法、压制成型法、缠绕成型法、先驱体转化法和原位复合法等	

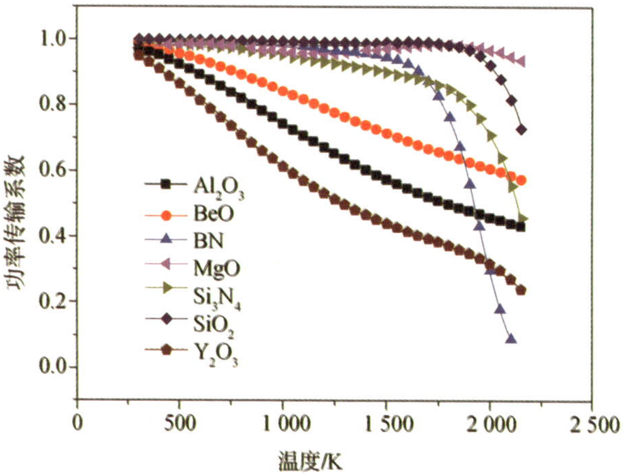

图 1－14　典型二元无机材料热透波性能比较（2 阶壁厚，10 GHz）

在新材料研制方面，两类材料发展较为明显[10-11]。一类是以氮化硅为代表的多孔陶瓷[30-32]，通过孔结构和晶粒形态控制，可以实现热力电性能的良好匹配。另一类是先驱体转化法制备的陶瓷基复合材料，通过纤维和基体成分的调控以及界面设计，可以大幅度提升材料的综合性能[33-35]。

对于新型透波材料的研制，正在发展的多尺度分析是一种重要而有效的辅助手段，在新材料研制中正在发挥着越来越重要的作用，如图 1－15 所示。

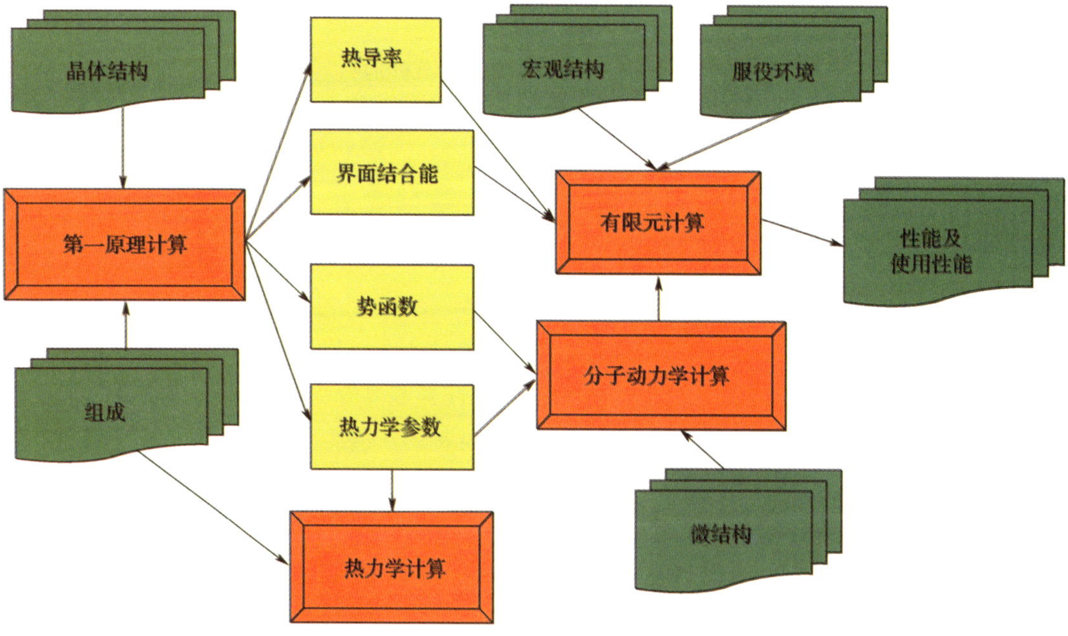

图 1－15　新型热透波材料研制的多尺度分析典型流程

1.4　热透波领域发展方向

现有的热透波研究主要是针对具体的航天器开展的，如航天飞机、先进再入飞行器、中远程精确制导武器等，这些研究为热透波领域的发展积累了工程实践经验和理论基础。随着高超声速技术的快速发展，在相关基础学科的推动下，热透波领域将突破工程应用为主的局限，呈现基础与应用相辅相成、全面发展的局面。总的说来，热透波领域的主要发展方向如下。

1）热电行为规律建模分析向全温域、全频域和高精度方向发展。在完善不同种类材料极化与损耗模型，获取准确模型参数的基础上，拓展频段和温域，准确预测材料从室温至使用温度、从低频至高频的介电参数连续变化规律。

2）烧蚀传热行为规律建模分析向高精度和大热流范围方向发展。在深化完善不同种类材料烧蚀传热机理和非平衡非定常分析方法的基础上，大幅度提高分析预测的精度。同时，阐明新成分体系烧蚀热透波材料烧蚀控制机制和隔热透波材料传热控制机制。

3）热透波分析向一体化、大尺度和高精度方向发展。在一体化方面要解决热环境、烧蚀传热、电磁波传输特性和热结构分析的集成，在大尺度方面要解决电大尺度复杂结构的高效计算，在高精度方面要提高三维结构电磁波传输特性的分析精度。

4）高温介电性能测试向全覆盖和降低不确定度方向发展。从材料介电参数范围、频率范围和温度范围3个方面拓展高温测试的覆盖范围，包括低频和高频（小于1 GHz与大于35 GHz）测试，超高温（大于2 000 K）测试以及宽损耗范围测试（损耗范围10^{-4}～10^{1}）。降低高温介电损耗测试不确定度至$5\times10^{-4}\pm20\%\tan\delta$。

5）热透波模拟试验向大尺度、高热流和长时间方向发展。在大尺度方面实现米级尺度的均匀热场，在高热流方面峰值热流达到20 MW/m^2量级且流场电子密度小于10^{10} n/cm^3，在长时间模拟加热测试方面时间达到千秒级。

6）热透波材料实现材料体系的创新。通过材料设计，制备方法创新，新型先驱体和新型纤维应用以及微成分、微结构调控，实现材料体系由氧化物、氮化物向Si（B）-O-N-（M）体系的扩展，满足高透波、高强韧和低（非）烧蚀要求；同时，突破高温长时隔热透波材料设计与制备技术，满足新型高超声速飞行器使用要求。

参考文献

[1] HEPPENHEIMER T A. Facing the heat barrier: A history of hypersonics. NASA/SP-2007-4232, 2007.

[2] TISCHER F J. Communication blackout at reentry. NASA CR—551673, 1963.

[3] HARTUIAN R A, STEWART G E, FERGASON S D, et al. Causes and mitigation of radio frequency (RF) blackout during reentry of reusable launch vehicles. ATR—2007 (5309) —1, 2007.

[4] KIM M K. Electromagnetic manipulation of plasma layer for re-entry blackout mitigation. The University of Michigan, 2009.

[5] GOLDEN K, HANAWALT B, OSSMANN W. The prediction and measurement of dielectric properties and RF transmission through ablating boron nitride antenna windows. AIAA 81—1085, 1981.

[6] SAVINO R, PATERNA D, DE STEFANO FUMO M, et al. Plasma-radio frequency interactions around atmospheric re-entry vehicles: Modelling and arc-jet simulation. The Open Aerospace Engineering Journal, 2010, 3: 76—85.

[7] CARY R H. Avionic radome materials. Advisory Group for Aerospace Research and Development, France, AGARD—AR—75, 1974.

[8] 彭望泽. 防空导弹天线罩. 北京：宇航出版社，1993.

[9] BRITT C L, RUEDGER W H, WISLER M M. Statistical analyses of RAM-C X-band signal strength data. NASA CR—111810, 1970.

[10] GOODERUM P B, BUSHNELL D M. Atomization, drop size, and penetration for cross-stream water injection at high-altitude reentry conditions with application to the RAM C-I and C-III flights. NASA TN D—6747, 1972.

[11] MELVIN G C, STARK L C. High—temperature dielectric properties of candidate space-shuttle thermal-protection-system and antenna—window materials. NASA TN D—7523, 1974.

[12] WESTPHAL W B, IGLESIAS J. Dielectric measurements on high — temperature materials. ADML—TR—70—138, 1970.

[13] ELLIS C M, PAUL W H. Radio transmission through the plasma sheath around a lifting reentry vehicle. NASA TN D—507.

[14] HSIEH M Y. Low dielectric loss silicon nitride based material: US, 4654315. 1987.

[15] NEIL J T, BOWEN L J, MIEHAUD B E. Fused silica radome: US, 4949095. 1990.

[16] PAQUETTE D G. Method of making a radar transparent window material operable above 2000 ℃: US, 5627542. 1997.

[17] 黎义，张大海，陈英，等. 航天透波多功能材料研究进展. 宇航材料工艺，2000 (5)：1—5.

[18] 张大海，黎义，高文，等. 高温天线罩材料研究进展. 宇航材料工艺，2001 (6)：1—3.

[19] ADAMS M C. Recent advance in ablation. Journal of Spacecraft and Rocket, 1959, 29 (9): 621—

625.

[20] BETHE H A, ADAMS M C. A theory for the ablation of glassy materials. Journal of the Aero/Space Sciences, 1959, 26 (6): 321—328.

[21] 俞继军，姜贵庆，李仲平．高粘度硅基材料烧蚀传热机理及试验验证．空气动力学学报，2008，26 (4): 462—465.

[22] Standard test methods for complex permittivity of solid electrical insulating materials at microwave frequencies and temperatures to 1650℃. ASTM, D2520.

[23] 李恩，李仲平，聂在平，等. 一种用于高温下微波测试的圆柱形高Q谐振腔：中国，200710050347. 7. 2007—10—30.

[24] WEEKESSER L B. Radome aerodynamic heating eggect on boresight error. Applied Physics Laboratory, Johns Hopkins University, 1978.

[25] TILLIAN D J, et al. Thermal performance and radio-frequency transmissivity of candidate ablation materials for S-band antenna window application on manned spacecraft. NASA — TM — X — 68325, 1970.

[26] ARNOLD J, HANAWA L T. Plasma ARC test technique for evaluating antenna window RF transmission performance. Washington D C: American Institute of Aeronautics and Astronautics, AIAA 82—0900, 1982: 138—144.

[27] SPLINTER S C, DARYABEIGI K, HORVATH T J. Solar tower experiments for radiometric calibration and validation of infrared imaging assets and analysis tools for entry aero-heating measurements. AIAA 2008—4025.

[28] LITZ M, ROSARIO R D, LESHICH K. Effects of a radome on a UWB detection system. ARL—SR—73, 1998.

[29] 李仲平. 防热复合材料发展与展望. 复合材料学报，2011 (28)，2：1—9.

[30] HSIEH M Y, MIZUHARA H. Silicon nitride having low dielectric constant: US, 4708943, 1987.

[31] KIRBY K W, JANKIEWICZ A T, KIRBY R F. Near net shape fabrication of ceramic radomes: US, 6083452. 2000—07—04.

[32] 张健，王红洁，范锦鹏，等. 凝胶注模成型多孔 Si_3N_4 陶瓷及其性能. 宇航材料及工艺，2011 (2): 68—71.

[33] BANSAL N P. Handbook of Ceramic Composites. Kluwer Academic Publishers, 2005.

[34] SEMFF L R. High yield low carbon ceramic via silicon based polymers: US, 5948348. 1999—07—07.

[35] JIANG Y G, ZHANG C R, CAO F, et al. Fabrication of high performance 2.5D SiO_{2f}/Si_3N_4—BN composites for high-temperature application. Adv. Eng. Mater, 2007 (1—2): 114—116.

第 2 章　热透波材料烧蚀传热行为规律

2.1　概述

高速飞行引起的气动加热使热透波材料表面温度迅速上升，同时热量向材料内部传递，形成厚度方向的温度梯度；当热环境高达一定状态后，材料会出现烧蚀现象，高温区还可能发生相变。温度、物态和外形的变化直接引起材料介电性能和透波性能的变化，因此，掌握热透波材料的烧蚀传热行为是获取材料与结构状态参数，准确进行热透波分析的基础。

相比于传统的保守防热设计，以热透波分析为目的的烧蚀传热研究具有以下特点：

1）对分析预测的精度要求很高。常规烧蚀防热研究的重点是材料的最大烧蚀量和最高背面温度，分析精度的追求目标是偏差在±30％以内，一般达到±50％～100％即可满足工程应用需求；而对于热透波分析，需要预测烧蚀过程中烧蚀量、物态和温度分布的动态变化，偏差一般要求在±15％之内，甚至更小。

2）研究对象的成分体系与传统烧蚀防热材料差别较大。热透波材料多为氧化物和氮化物等无机材料，除其中二氧化硅材料烧蚀行为研究较多，烧蚀机理相对清楚之外，其他热透波材料的烧蚀机理不尽相同，相关的研究和报道也很少。此外，热透波材料往往具有较好的红外透过性能，高温辐射传热现象明显，而传统的烧蚀防热研究很少涉及此问题。

目前，对热透波材料基本成分体系主要分布在 Si(B)－N－O－M，M 是 Al、Y、Mg、Be 等金属元素，本章选取了该体系中具有代表性的三类典型热透波材料，即石英纤维增强二氧化硅基复合材料（SiO_{2f}/SiO_2）、BN 陶瓷和 SiO_2/Si_3N_4 复相陶瓷，对它们烧蚀传热行为进行了重点论述，涵盖了熔融型、气化型和熔融气化混合型等 3 类典型的烧蚀机理。

2.2　SiO_2 材料烧蚀传热行为

SiO_2 材料很早就在高速航天器上获得了工程应用，有关 SiO_2 材料烧蚀机理和烧蚀特性的研究是相对深入和报道较多的。SiO_2 属于典型的熔融型烧蚀材料，当材料表面达到一定温度时，固体材料开始熔化，在表面形成液态层，液态层一方面通过表面蒸发引射气体，损失质量并带走热量，另一方面在气流的剪应力作用下发生流失，引起质量损失并带走大量热量，从而起到烧蚀防热的作用；此外，在液—固界面处会出现固体的熔化吸热和热量向低温区的传递[1-5]。

二氧化硅烧蚀传热过程中主要传热机制包括：

1）材料熔融吸热；

2）液态层蒸发、流失带走热量；

3）材料向环境的热辐射；

4）液态层和固体的热阻效应；

5）SiO 气体引射到边界层内的“热阻塞”效应。

20 世纪 50 年代末期，Adams[1-3]在分析纯石英熔体流动特性的基础上，最先提出了表面熔融的液态层模型，并建立了液态层流动控制方程。受制于当时的计算条件和实际应用需求，Adams 将液态层假设为固定厚度的薄层，没有考虑液态层与固态层之间的耦合作用问题。20 世纪末，T. F. Zien 等人[4-5]进一步分析了液态层的流动特性，以边界层相似变换为基础，建立了固液耦合求解方法，但求解过程中将熔体的粘度假设为与温度无关的常数。事实上，SiO_2 材料的粘度随温度上升呈现指数关系下降，固定粘度的固液耦合模型难以精确分析其烧蚀行为。

2.2.1　SiO_2 材料的高温粘度

SiO_2 材料的粘温特性是进行变粘度固液耦合分析计算的基础，由于 SiO_2 材料的起始熔融温度超过 1 973 K，准确获得其熔体在不同温度下的粘度参数存在较大的难度，一般需要采用理论分析与实验测量相结合的方法。

SiO_2 材料的粘度与 Si—O—Si 网络的结构及其完整性有很大关系，不同来源的材料因制备历程（影响网络结构）和材料中缺陷（包括各种金属杂质离子、空位和羟基等）的差异，其高温粘度可能存在很大的差别。

SiO_2 材料的粘度与温度的关系早期多采用 Andrade 方程表示[6]

$$\eta(T) = K\exp\left(\frac{E}{RT}\right) \tag{2-1}$$

式中　K——常数；

R——气体常数；

T——绝对温度；

E——粘度活化能。

上式只能适用于较窄的中温区范围，当温度变化较大时，E 需要分段取值。

近期，Michael I. Ojovan 等人[7-9]基于缺陷扩散理论，给出了一个粘度与温度关系的双指数表达式

$$\eta(T) = A\exp\left(\frac{B}{RT}\right)\left[1 + C\exp\left(\frac{D}{RT}\right)\right] \tag{2-2}$$

式中，A 随温度线性变化，B、C、D 是与温度无关的常数，分别可以通过晶格参数、振动频率、缺陷跃迁距离、缺陷形成熵、缺陷形成焓、缺陷移动熵和缺陷移动焓等物理及热力学参数进行求解。

双指数方程适用于粘温特性属于 Arrhenius 型的材料，该类材料的特点是具有较强的

网络结构，在较低的温度下具有较高的活化能，而在较高的温度下具有较低的活化能，SiO_2、GeO_2、B_2O_3 等均属于该类材料。该方程可以同时兼顾较高和较低温区，并能比较清楚地解释材料粘度随温度变化的内在机制。采用该方程计算的 SiO_2 模型材料 1 273～2 755 K范围的粘度值与试验值符合得非常好。双指数方程直接应用于工程的较少，因为实际材料的成分一般比较复杂，基础物性数据缺乏，准确计算出 A、B、C、D 这 4 个参数比较困难。

工程上有时采用参数辨识的方法获取材料的粘温特性[35]，以 SiO_2 材料为例，将其粘温关系简化为包含两个待定参数 A 和 B 的单指数方程

$$\mu(T) = 0.01\exp\left(A + \frac{B}{T}\right)(\mathrm{kg \cdot s/m^2}) \tag{2-3}$$

在液态层质量守恒基础上建立材料烧蚀的状态方程，确定烧蚀速率与材料粘度 $\mu(T)$ 的关系式，结合灵敏度方程和辨识准则函数，通过烧蚀实验确定 A 和 B。图 2-1 是采用参数辨识方法获得的两种 SiO_{2f}/SiO_2 的粘温曲线，因材料工艺的不同，相同温度下，两种材料的粘度存在明显差异。

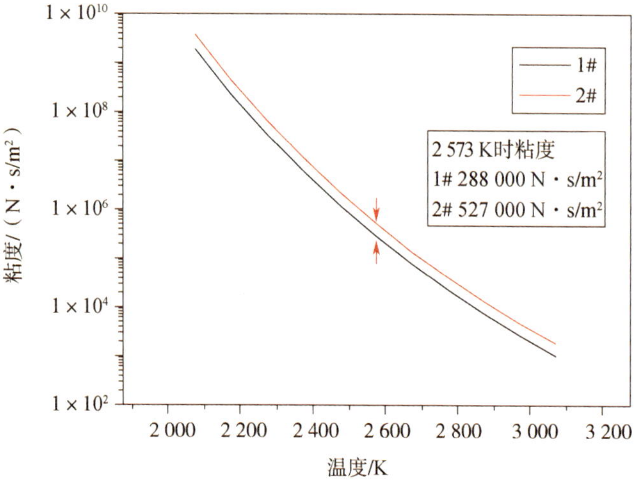

图 2-1　参数辨识法获得的两种二氧化硅复合材料的粘温曲线

2.2.2　SiO_2 材料变粘度固液耦合烧蚀传热模型

为了精确分析材料烧蚀量、液态层厚度、液态层的温度分布及固态层的温度分布，需要建立变粘度的固液耦合烧蚀计算方法。SiO_2 材料熔体粘度高，液态层流失速度相对于气体主流区速度可以忽略不计，因此建模时未考虑气体和液体流场的耦合作用。

SiO_2 材料气动加热条件下的烧蚀过程如图 2-2 所示，图中 $\dot{m}_g$、$\dot{m}_l$ 及 $\dot{m}_s$ 分别代表蒸发质量损失、液层流失质量损失和固体熔融产生的固体质量损失。

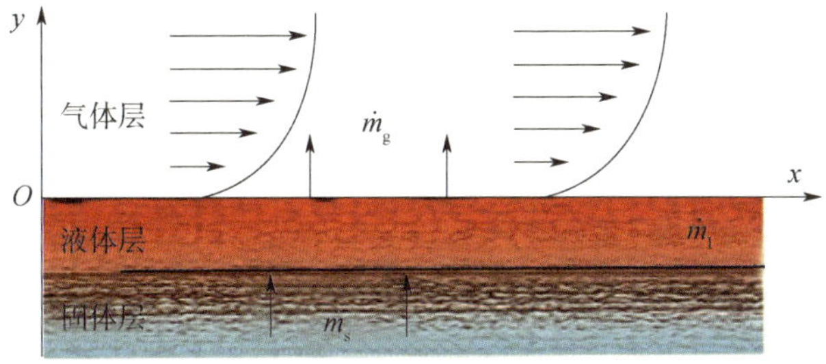

图 2-2　二氧化硅烧蚀过程示意图

假设液态层为有限厚度的连续流动层，在固一液及气一液边界满足相应的热、力边界条件，则有以下液态层流动控制方程组

连续方程
$$\frac{\partial}{\partial x}(ru)+\frac{\partial}{\partial y}(rv)=0 \tag{2-4}$$

动量方程
$$\frac{\partial}{\partial y}\left(\mu\frac{\partial u}{\partial y}\right)=\frac{\mathrm{d}p}{\mathrm{d}x} \tag{2-5}$$

能量方程
$$\rho_l c_{pl}\left(\mu\frac{\partial T}{\partial x}+v\frac{\partial T}{\partial y}\right)=\frac{\partial}{\partial y}\left(k_l\frac{\partial T}{\partial y}\right) \tag{2-6}$$

式中　r——轴对称坐标中的径向距离；

u，v——分别为液态层流向和法向速率；

μ——液态层的粘度；

T——绝对温度；

k_l，ρ_l，c_{pl}——分别为液层的导热系数、密度和定压比热容。

在气一液边界满足传热边界条件和剪应力边界条件

$$y=0,\qquad k_l\left.\frac{\partial T}{\partial y}\right|_{y=0}=\psi q-\rho_l v_w\Delta H_{SiO_2}$$

$$y=0,\qquad \mu_{y=0}\left.\frac{\partial \mu}{\partial y}\right|_{y=0}=\tau_w$$

$$y=0,\qquad v=v_w$$

式中　ψ——质量引射因子；

q——气体的对流加热热流；

τ_w——液层表面的摩擦力；

ΔH_{SiO_2}，v_w——分别为 SiO_2 的蒸发潜热和蒸发速率。

在固一液界面，满足无滑移、熔化温度及速度边界条件

$$y=-\delta,\qquad u=0$$

$$T=T_{melt}$$

$$v=v_{-\delta}$$

式中　δ——液层的厚度；

$v_{-\delta}$——固体的熔化速率；

T_{melt}——固体的熔化温度。

利用上述液态层流动控制方程组和相应的边界条件，可以推导出液态层温度场分布方程、液态层厚度方程和液态层流失速度方程。

（1）液态层温度场分布方程

忽略液态层流动方向的温度梯度，根据能量方程和固一液边界条件得到液态层温度场分布方程

$$T(y)=T_{melt}+\frac{T_w-T_{melt}}{1-\exp(-v_w\delta/k)}[\exp(-v_wy/k)-\exp(v_w\delta/k)] \quad (2-7)$$

式中　T_w——液态层表面温度；

$k=k_l/(\rho_l c_{pl})$。

（2）液态层厚度方程

对于高粘度的 SiO_2 熔体，粘度与温度的关系式近似满足

$$\frac{\mu}{\mu_w}=\left(\frac{T}{T_w}\right)^{-n}=\left\{\frac{T_{melt}+\frac{T_w-T_{melt}}{1-\exp(-v_w\delta/k)}[\exp(v_wy/k)-\exp(-v_w\delta/k)]}{T_w}\right\}^{-n} \quad (2-8)$$

式中　μ_w——对应液态层表面温度的粘度；

n——粘度随温度变化的指数因子。

根据能量方程和固一液边界能量平衡条件，得到液态层厚度方程

$$\delta=-\frac{k\ln[b/(1+b)]}{v_w} \quad (2-9)$$

$$b=\frac{k(q_s+\rho_l v_w\Delta H_l)}{k_l v_w[T_w-T(-\delta)]}=\frac{\exp(-v_w\delta/k)}{1-\exp(-v_w\delta/k)} \quad (2-10)$$

式中　q_s——进入固体内部的热流；

ΔH_l——固体的熔化热。

（3）液态层流失速度方程

根据动量方程和连续方程，应用气一液边界条件和粘度与温度的关系式，得到熔化速率、蒸发速率与液态层流失速率之间的关系，即

$$v_{-\delta}-v_w=\frac{1}{r}\frac{\partial}{\partial x}\int_{-\delta}^{0}ru\,dy=\frac{1}{r}\frac{\partial}{\partial x}\int_{-\delta}^{0}\left[\frac{r}{\mu_w}\int_{-\delta}^{y}f(y)(\tau_w+p_xy)dy\right]dy \quad (2-11)$$

$$f(y)=\left\{\frac{T_{melt}+\frac{T_w-T_{melt}}{1-\exp(-v_w\delta/k)}[\exp(v_wy/k)-\exp(-v_w\delta/k)]}{T_w}\right\}^{n} \quad (2-12)$$

式中　p_x——表面压力梯度。

（4）液态层蒸发速度方程

蒸发速率采用相关文献[11]中的计算模型，SiO_2 浓度与蒸发速度 v_w 之间的关系式

$$\rho_l v_w=\left(\frac{C_w}{1-C_w}\right)\left(\frac{\psi q_{or}}{h_r}\right) \quad (2-13)$$

式中　q_{or} ——气体边界层对流热流密度；

h_r ——边界层气体的恢复焓；

C_w ——SiO_2 的壁面质量浓度。

C_w 由下式确定

$$C_w = \left[1 + M_{av}\left(\frac{P_e}{P_v} - 1\right)\right]^{-1} \tag{2-14}$$

式中　P_e ——边界层外缘气体压力；

P_v ——蒸气压；

M_{av} ——空气的平均分子量与 SiO_2 分子量之比。

上述液态层温度场分布方程、液态层厚度方程、液态层流失速度方程和液态层蒸发速度方程共同组成了变粘度的固液耦合烧蚀传热数理模型，可以对 SiO_2 材料的烧蚀传热行为进行较为精确的分析预测。

2.2.3　SiO_2 模型材料烧蚀传热行为分析

利用 2.2.2 节建立的分析模型，可以分析不同热环境下 SiO_2 复合材料平板试样和平头圆柱试样的烧蚀传热行为，计算中涉及的材料参数选取见表 2-1。

表 2-1　计算用材料参数

材料参数	液态层	固体层
热容/（$J \cdot kg^{-1} \cdot K^{-1}$）	1 047	1 450
密度/（$kg \cdot m^{-3}$）	2 200	1 700
熔化温度/K	—	2 000
蒸发热/（$kJ \cdot kg^{-1}$）	12 726	—
熔化热/（$kJ \cdot kg^{-1}$）	—	174.72
粘度 μ_w/（$kg \cdot s \cdot m^{-2}$）	0.01exp［（68 890/T_w）－20］	—
（空气分子量/SiO_2 分子量）M_{av}	0.72	—
辐射系数	0.4	0.4

2.2.3.1　平板试样

（1）烧蚀特性分析

SiO_2 材料平板试样在烧蚀过程中的边界层压力梯度近似为零，因而材料表面液态层的流失速度可用下式计算

$$v_w - v_{-\delta} = -\frac{\partial}{\partial x}\int_{-\delta}^{0}\left[\frac{1}{\mu_w}\int_{-\delta}^{y} f(y)\tau_w \mathrm{d}y\right]\mathrm{d}y \tag{2-15}$$

表 2-2 是进行理论计算和试验所选用的具体热环境参数，烧蚀试样的厚度为 20 mm。

表 2-2　理论计算和试验用热环境参数

状态	热流密度 Q/（kW/m²）	焓值 H/（kJ/kg）	时间 t/s
1	8 400	13 460	20
2	15 910	11 580	10

图 2-3 是平板试样烧蚀后的表面形貌，可以看见试样表面存在一层明显的熔融层，状态 1 的熔融层比状态 2 更厚一些。因气流的冲刷作用，熔融层并不是光滑平整的，有波纹状起伏。

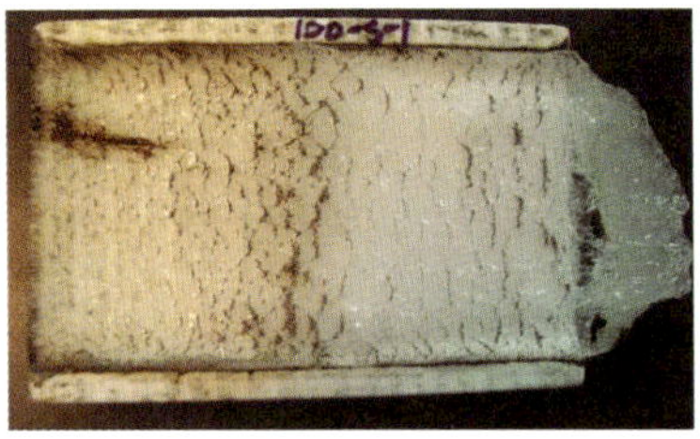

（a）状态 1

（b）状态 2

图 2-3　SiO_2 材料平板试样烧蚀后的典型表面形貌

为获得准确的实验数据，对状态 1 和状态 2 分别进行了 4 个和 3 个样品的重复性烧蚀实验。材料的烧蚀量测量采用 Talyscan 150 型表面粗糙度测量仪进行，测量精度达微米量级。

图 2-4 是理论计算的烧蚀量与实验测量值的比对，可以看出，理论预测值与实测值整体上符合很好，实测曲线上的少数尖峰是试样表面的细小孔洞造成的。

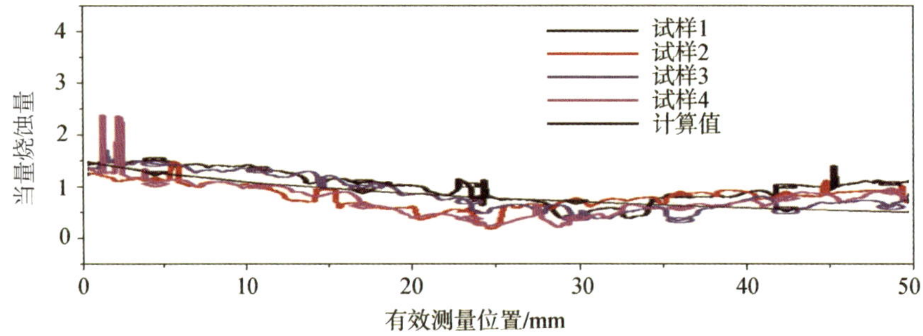

（a）状态1

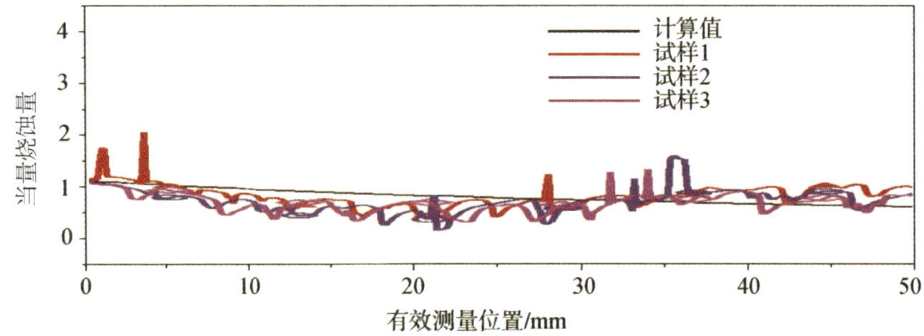

（b）状态2

图 2-4　烧蚀量计算值与实验测量数据的对比

图 2-5 是计算出的试样熔化速率随烧蚀时间的变化曲线，可以看见，材料在状态 2 下的熔化速率大约是状态 1 的两倍，两者都在烧蚀进行到约 2 s 时开始进入平衡状态，此后熔化速率基本保持恒定。

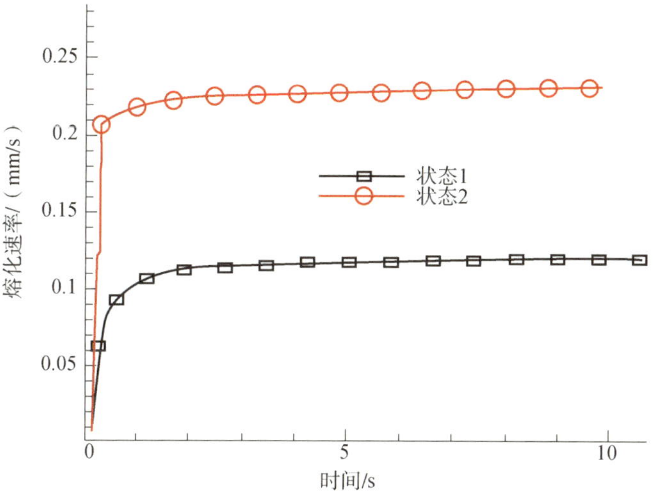

图 2-5　不同烧蚀状态下平板上 60mm 位置处固体熔化速率对比

图 2-6 是计算出的试样表面的液态层和温度分布，选取的时刻是烧蚀开始后 10 s，此时烧蚀已处于平衡状态。可以看出，与状态 2 相比，状态 1 因热环境较低，液态层的流失和蒸发较少，因而液态层相对较厚；沿着流场的流动方向，两种烧蚀状态的液态层厚度均呈现增大趋势。这些液态层分布特点与烧蚀后对试样表面残留熔融层的观察相一致。

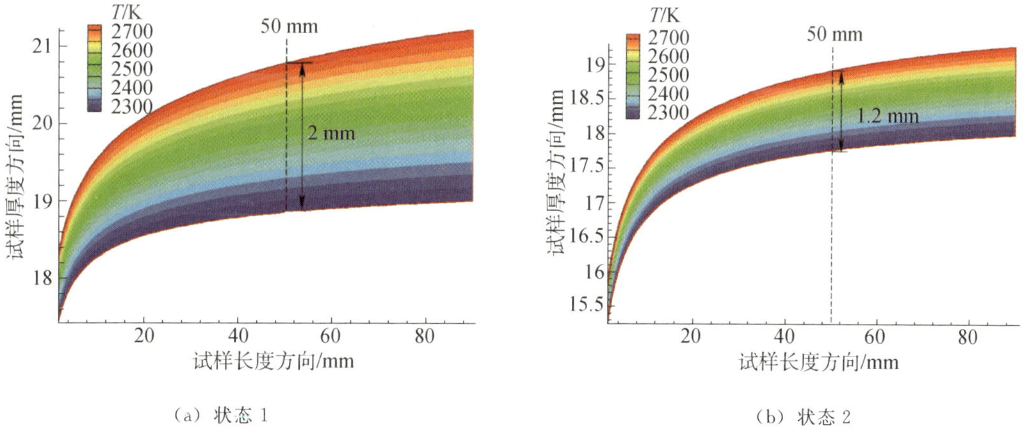

图 2-6　平板试样的液态层及温度分布

表 2-3 是烧蚀后试样中心位置熔融层厚度和热影响区厚度测量结果，状态 1 的熔融层明显厚于状态 2，与图 2-6 中虚线所示位置的液态层厚度基本相同。

表 2-3　典型区域熔融层及热影响层厚度

	状态 1	状态 2
熔融层厚度/mm	2.0	1.3
热影响层厚度/mm	0.6	0.4

(2) 传热特性分析

图 2-7 是状态 1 条件下 SiO_2 材料背温实测值随时间的变化，及其与传统防热材料高硅氧/酚醛的背温变化的对比。可以看出，两种材料的背温整体上随时间延长而上升，在大约 120 s 时达到最高值，然后开始下降。不同的是，SiO_2 材料的背温在电弧加热器开机后出现了一个短暂的快速上升阶段，在对应电弧加热器关机时刻（大约 20 s）转为快速下降，形成了一个小的峰值。这一特殊现象是由 SiO_2 材料很高的热辐射透过特性引起的。电弧加热器开机时，高温气流产生的热辐射直接透过材料，而固体热传导相对滞后，热辐射对背温起主导作用，引起背温立即快速上升；关机后，高温气流热辐射源消失，由于试样较厚（20 mm），固体热传导对背温尚未发生明显影响，背温开始下降，形成峰值；随着时间延长，固体热传导成为影响背温的主导因素，背温重新上升。热辐射本质上也是电磁波，不少热透波材料具有较好的热辐射透过性能，在进行该类材料的高温传热分析时，需要考虑热辐射问题。

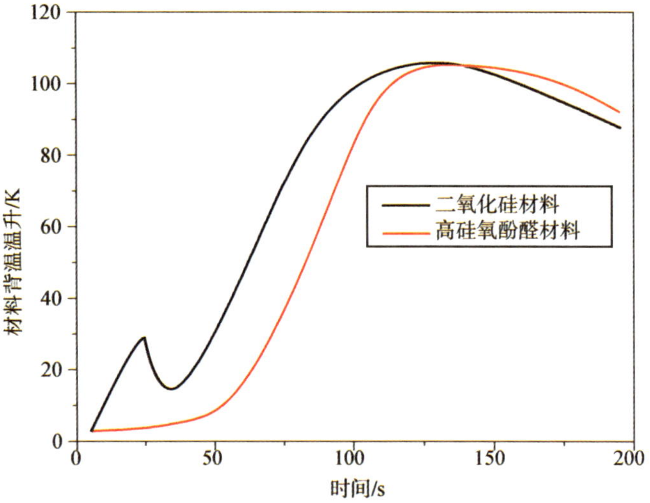

图 2-7　材料背面温度实测值随时间的变化

对传统的传热分析模型进行热辐射修正的近似计算方法如下（未考虑气体热辐射）。

固体传热采用一维热传导方程[36]

$$\rho_s c_p \frac{\partial T}{\partial t} = k_s \frac{\partial^2 T}{\partial x^2} + \frac{\partial q_r''}{\partial x} \tag{2-16}$$

式中　ρ_s——固体的导热系数；

c_p——定压比热容；

k_s——固体的密度。

边界条件满足 $T_{y=0}=T_{\text{melt}}$。

辐射热流梯度由下式给出

$$\frac{\partial q_r''}{\partial x}=\beta(1-w)(G-4\sigma T^4) \tag{2-17}$$

式中　q_r''——辐射热流密度；

β——衰减系数；

w——散射的反射率；

G——入射辐射能；

σ——Stefan－Boltzmann 常数。

假设散射各向同性，并满足灰体及漫反射条件，应用两热流的近似方法得到

$$q_r''=-\frac{1}{3\beta}\frac{\partial G}{\partial x} \tag{2-18}$$

入射辐射能 G 由以下 2 阶微分方程得到

$$-\frac{1}{3\beta^2(1-w)}\frac{\partial^2 G}{\partial x^2}+G=4\sigma T^4 \tag{2-19}$$

材料的边界处满足如下边界条件

$$-\frac{2}{3\beta^2\left(\dfrac{\varepsilon_i}{2-\varepsilon_i}\right)}\frac{\partial G}{\partial x}+G=4\sigma T_i^4,\qquad \frac{2}{3\beta^2\left(\dfrac{\varepsilon_{i+1}}{2-\varepsilon_{i+1}}\right)}\frac{\partial G}{\partial x}+G=4\sigma T_{i+1}^4$$

式中　ε——材料的热辐射系数。

在材料的非加热面附加绝热条件

$$-k_s\frac{\partial T}{\partial y}\bigg|_{y=0}=0$$

应用传统方法和上述方法分别计算了材料的背温变化曲线，热传导方程及边界条件的处理均采用 2 阶精度的离散格式。从图 2－8 可以看出，传统方法除了不能预测出背温的峰值，各个时刻背温的预测值也存在较大偏差，明显低于实测值；进行热辐射修正后，背温的理论计算值与实验值吻合较好。

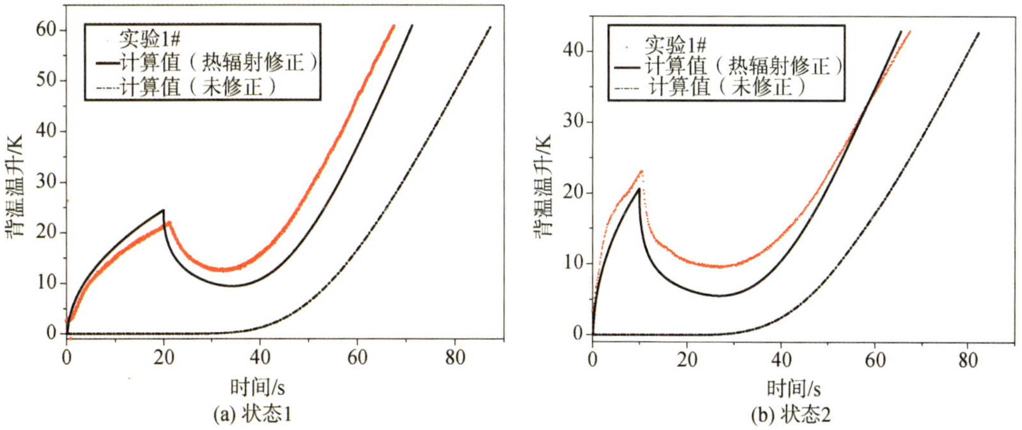

图 2－8　背面温升计算结果与实验数据的对比

2.2.3.2　平头圆柱试样

根据驻点烧蚀的特点，得到驻点的液态层流失速率表达式为

$$v_w - v_{-\delta} = -\frac{1}{r}\frac{\partial}{\partial x}\int_{-\delta}^{0} ru\mathrm{d}y = -\frac{1}{r}\frac{\partial}{\partial x}\int_{-\delta}^{0}\left[\frac{r}{\mu_w}\int_{-\delta}^{y} f(y)(\tau_w + p_x y)\mathrm{d}y\right]\mathrm{d}y$$

$$= -\frac{2}{\mu_w}\int_{-\delta}^{0}\left[\int_{-\delta}^{y} f(y)(\tau_{wx} + p_{xx} y)\mathrm{d}y\right]\mathrm{d}y \qquad (2-20)$$

式中　τ_{wx}——表面剪切力的 1 阶导数；

p_{xx}——表面压力的 2 阶导数。

液态层厚度、温度分布、蒸发速度及传热过程等的计算方法与平板相同。

对图 2-1 中两种不同粘度的二氧化硅复合材料 1# 和 2# 进行了 4 个热环境状态（见表 2-4）的烧蚀传热过程模拟和烧蚀实验。

表 2-4　实验状态

状态	总焓 H_0/（MJ/kg）	驻点冷壁热流 $q_{s,cw}$/（MW/m^2）	驻点压力 P_s/MPa
1	4.3	5.2	0.275
2	6.0	7.5	0.220
3	7.3	8.8	0.217
4	8.2	12.6	0.260

图 2-9 和图 2-10 分别是两种二氧化硅复合材料烧蚀速率和液态层厚度的理论计算值与实验测量值的对比。可以看出，烧蚀速率和液态层厚度的预测值与试验结果吻合较好，其中，1# 材料的液态层粘度略小于 2# 材料，因而烧蚀速率略大于后者。

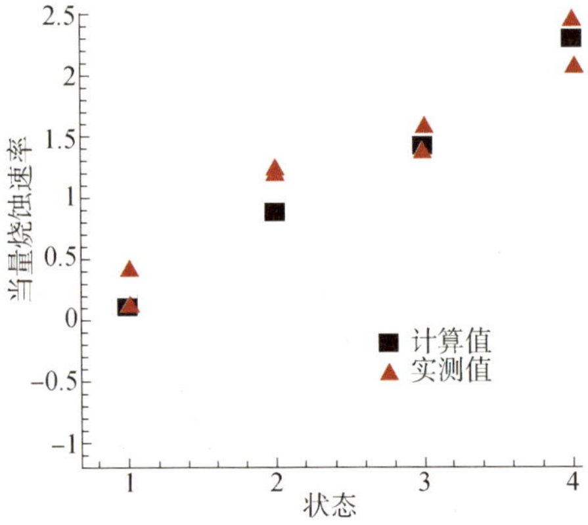

（a）1# 试样

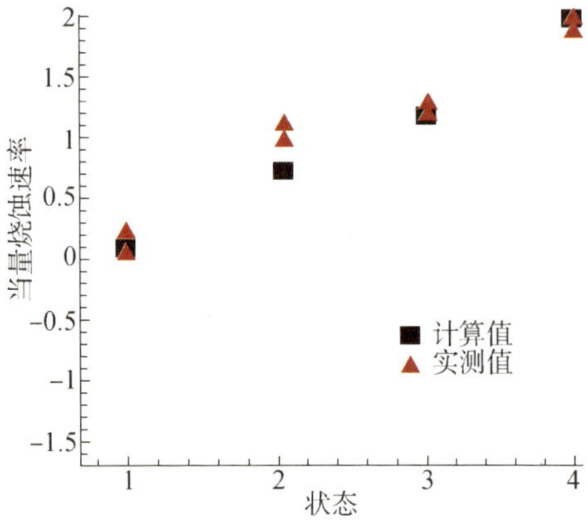

（b）2# 试样

图 2-9　当量烧蚀速率计算值与实验测量数据的对比

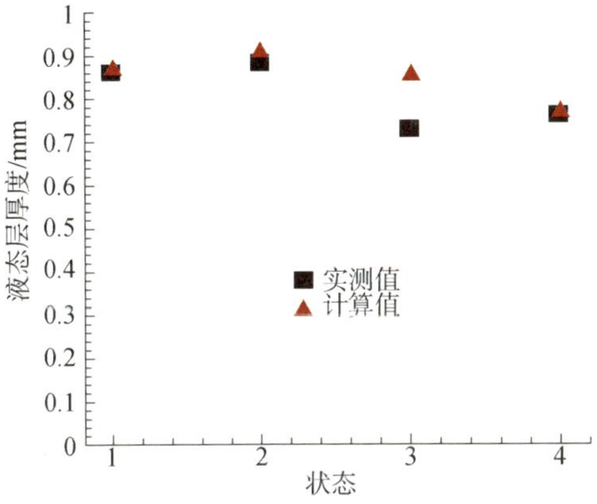

(a) 1#试样

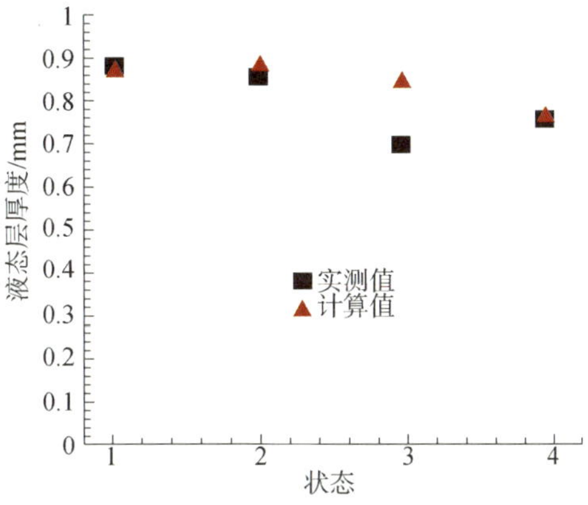

(b) 2#试样

图 2-10　液态层厚度计算值与实验测量数据的对比

图 2-11 是材料表面当量烧蚀速率和熔融层厚度随时间的变化关系及其与 Adams 模型计算结果的对比，图中，从状态 1 到状态 4 热流逐渐升高。可以看出，在烧蚀的初始阶段，由于固体的热传导效应，材料的当量烧蚀速率并不是瞬间达到一个平衡值，而是逐渐增大，即是一个非定常过程；随烧蚀时间的延长，固体热传导趋于平衡，当量烧蚀速率也趋于一个常数；从状态 1 到状态 4，随着热流和焓值的提高，当量烧蚀速率趋于常数的时间缩短，即非定常过程的时间缩短。材料表面熔融层厚度的变化具有相似的规律，在烧蚀初始阶段，液态层的厚度随时间的延长逐渐增大，并趋于一个平衡值；烧蚀状态越高，液态层厚度趋于平衡的时间越短，平衡厚度越薄。Adams 模型中的液态层厚度远远小于实际测量值，采用变粘度固液耦合模型后，得到的液态层演变过程与真实烧蚀过程更为接近，液态层厚度计算精度明显提高，与实验结果也吻合较好。相比于 Adams 模型，变粘度的固液耦合模型更加精细地描述了实际烧蚀过程，计算结果也更符合真实物理现象。

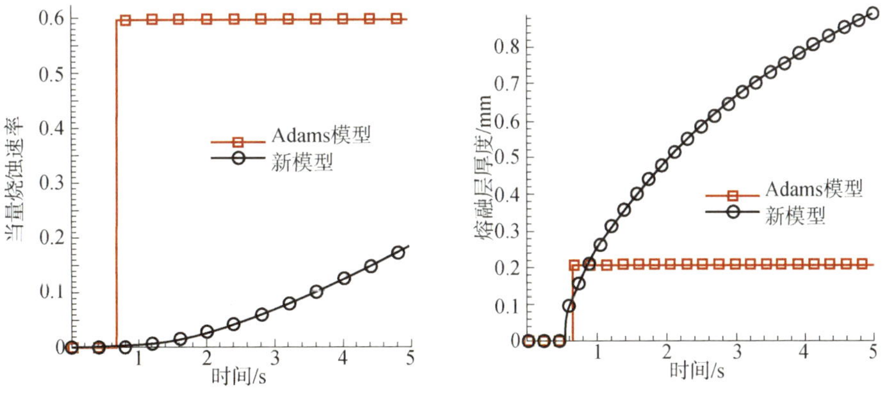

(a) 状态 1

图 2-11　材料表面当量烧蚀速率和熔融层厚度随烧蚀时间的变化

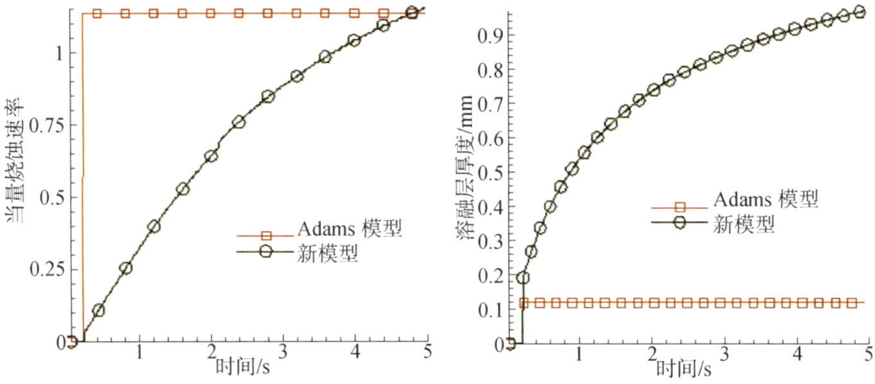

(b) 状态 2

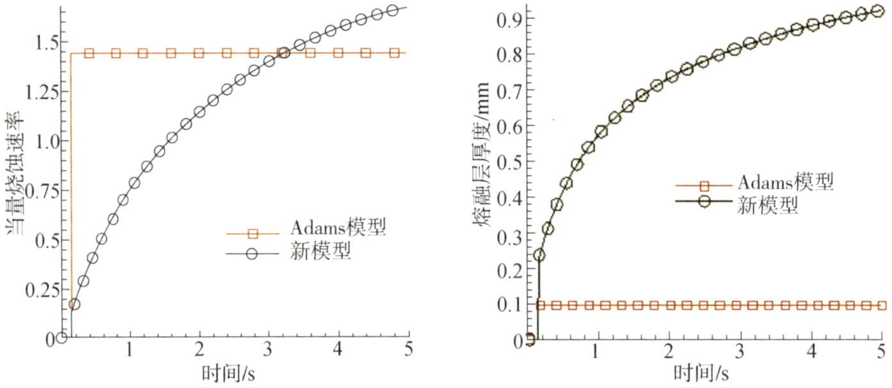

(c) 状态 3

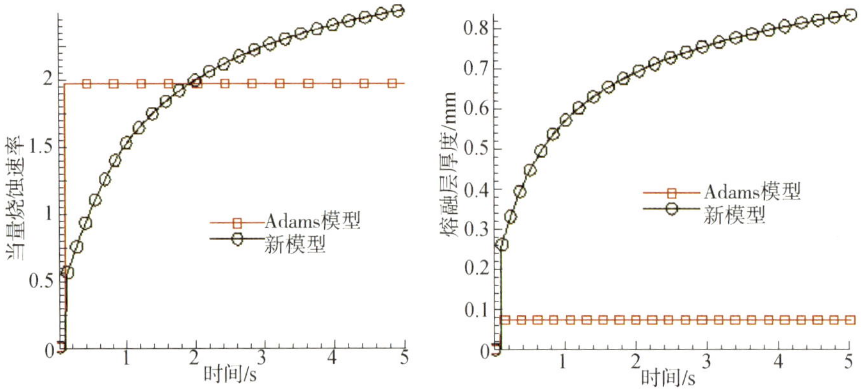

(d) 状态 4

图 2-11　材料表面当量烧蚀速率和熔融层厚度随烧蚀时间的变化（续）

2.2.4　典型 SiO_2 复合材料烧蚀形貌分析

SiO_{2f}/SiO_2 主要由石英纤维增强织物和二氧化硅基体组成，二氧化硅基体分布在织物的结构单元空隙和纤维束内部的单丝间隙。增强体石英纤维是致密的玻璃材料，而基体二氧化硅是含有大量纳米级微孔的非晶材料，比表面积一般在 150～250 m^2/g 之间。因具体使用要求的不同，一些材料中引入了少量的有机防潮剂，主要存在于基体的孔隙中。

SiO_{2f}/SiO_2 的典型烧蚀特征如图 2－12 所示，烧蚀后试样沿厚度方向大致可以分为熔融层、热影响层和无影响层 3 个区域。不同工艺制备的材料的烧蚀形貌存在一定差异，主要表现在表面高温层。

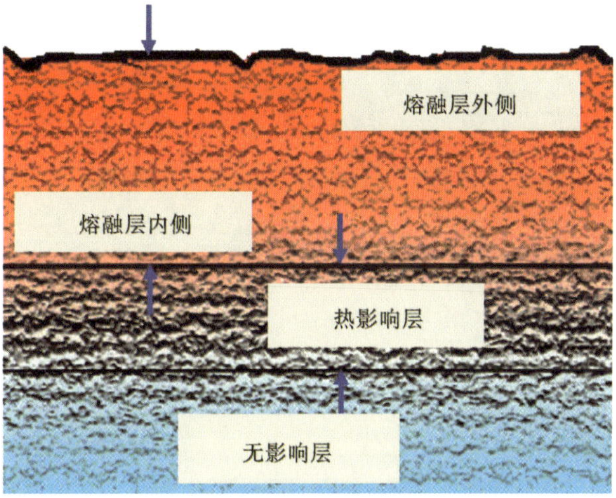

图 2－12　SiO_{2f}/SiO_2 烧蚀后的 3 个区域示意图

2.2.4.1　含有机组分的 SiO_{2f}/SiO_2

图 2－13 是含有少量有机组分的 SiO_{2f}/SiO_2 平板试样烧蚀后的剖面形貌。可以看见，在表层大约 2 mm 厚度范围，材料呈现明显的黑色，这主要是由于有机组分高温下分解和逸出，在表面高温区碳化造成的。

图 2－13　含有防潮剂的 SiO_{2f}/SiO_2 试样烧蚀后剖面照片

材料的烧蚀表面被一层多孔的熔融层覆盖，在熔融层靠近烧蚀外表面的一侧，存在 3 种不同的典型形貌，如图 2－14 所示：1）原石英纤维束区（图中的 A 位置），烧蚀后形成较为致密的玻璃态带状区，分辨不出单根纤维的形态，可以观察到少量气体逸出形成的孔洞；2）原基体区（图中的C位置），烧蚀后完全熔融，并呈现蜂窝状结构，分布着大量孔径约5～30 μm的孔洞，这些孔洞主要是由有机物分解气化逸出造成；3）原纤维束和基体的界面区（图中的B位置），烧蚀后形成大约100 μm的过渡区，分布着较多的孔洞，介于A和C之间。

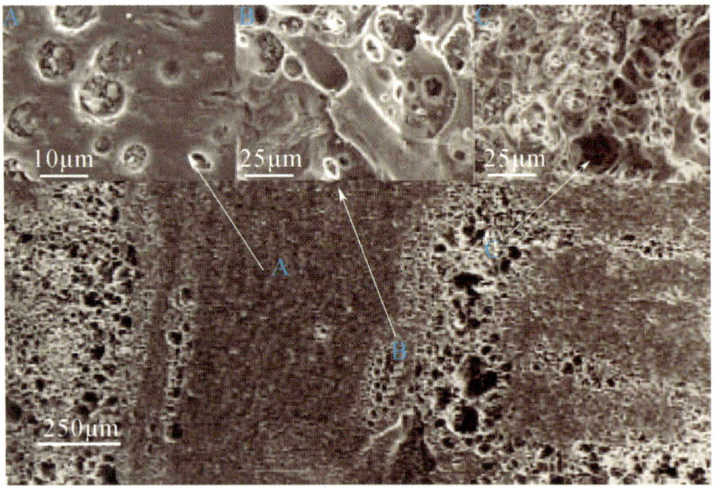

图 2－14　含有防潮剂的 SiO_{2f}/SiO_2 烧蚀表层典型形貌

在熔融层靠近热影响层的内侧区域，石英纤维和二氧化硅基体整体上融为一体，呈现多孔的玻璃态，典型形貌如图 2－15 所示。

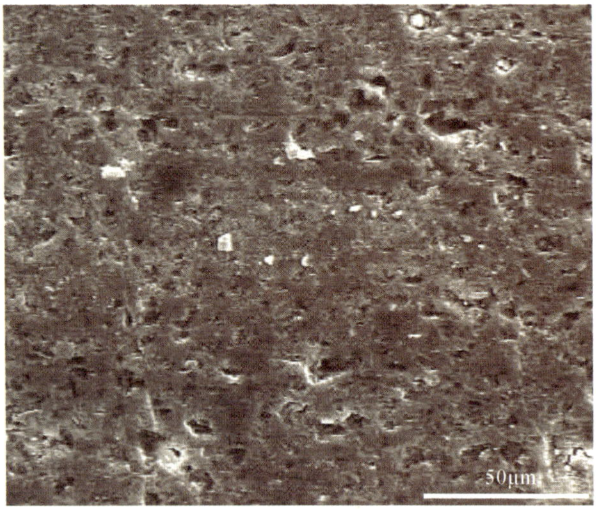

图 2－15　熔融层内侧区域典型形貌

图 2－16　是热影响层和无影响层的典型形貌，可以看出，热影响层中石英纤维和基体的界面比较模糊，靠近熔融层的一侧有熔融合并的迹象；无影响层中的石英纤维和基体界面清晰，与烧蚀前形貌无明显差异。

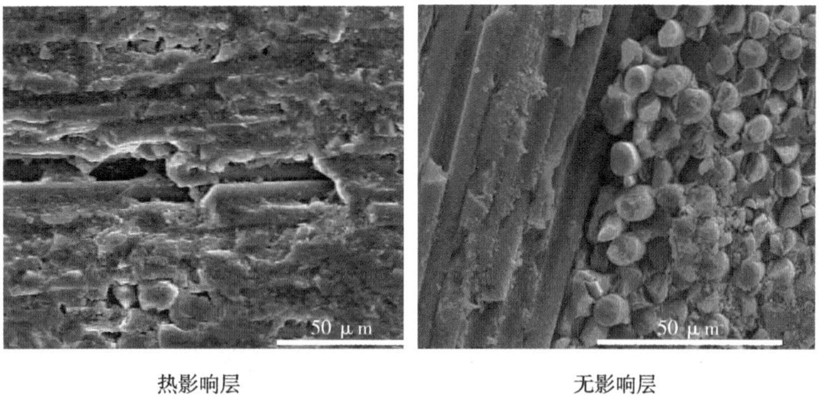

图 2-16　热影响层和无影响层典型形貌

表 2-5 是采用碳硫分析仪测试的烧蚀后试样的碳含量，由材料内部向烧蚀表面，碳含量总体上呈现逐渐降低趋势。其中，无影响层的碳含量与烧蚀前材料原有碳含量基本相同；热影响层因有机防潮剂发生了分解和小分子气体逸出，平均碳含量明显下降；熔融层的防潮剂除了温度更高分解更快，还容易接触到周围环境中的氧，碳被氧化后以气体形态逸出，因此熔融层的平均碳含量最低。需要注意的是，虽然整个高温区的碳含量相对较低，但大多以游离碳形态存在，可能对材料透波性能的影响更大。

表 2-5　不同温度区域碳含量测试分析结果

	熔融层	热影响层	无影响层
碳含量/%	0.158	0.488	0.728

图 2-17 是烧蚀试样表层沿厚度方向不同位置的 XRD 分析结果，可以看出，烧蚀后材料表层基本保持非晶形态，在表层最外侧出现了 α—SiC 和 β—SiC 的衍射峰，表明烧蚀过程中表层高温区发生了 SiO_2 和 C 的反应。

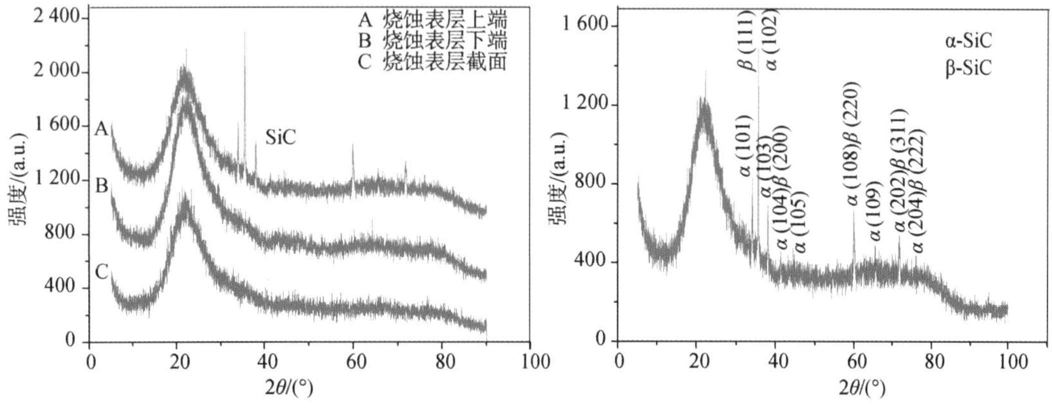

（a）烧蚀表层沿厚度方向不同位置　　（b）烧蚀最表层

图 2-17　含防潮剂的 SiO_{2f}/SiO_2 烧蚀表层 XRD 分析结果

图 2-18 是烧蚀表层明场像和选区电子衍射分析结果，A 区对应的电子衍射花纹是非晶二氧化硅的宽晕环，属于典型的非晶结构质量衬度图像；B 区对应的不连续的衍射环上，能够分辨出被拉长的衍射斑点，表明有部分非晶二氧化硅经历短时高温过程后发生了析晶，并开始形成 α—方石英纳米尺度的晶体团簇；C 区的衍射斑点对应面心立方 β—SiC，进一步证实了烧蚀表层确实存在 SiC 微晶颗粒。

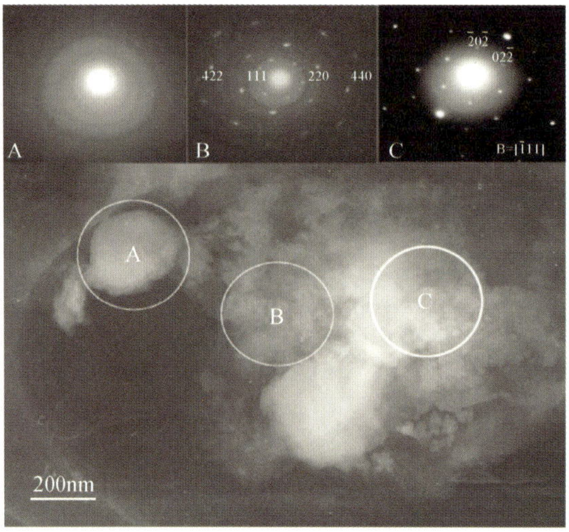

图 2-18　含防潮剂的 SiO_{2f}/SiO_2 烧蚀表层明场像及选区电子衍射（SEAD）

含有机组分 SiO_2 材料的烧蚀行为比较复杂，一方面，有机组分的裂解和生成 SiC 的反应都是吸热反应，有利于减小材料的烧蚀速率；另一方面，有机组分裂解逸出的气体会在液态层中鼓泡，减小液态层粘度，加速液态层流失，增大烧蚀速率。多种机制的共同作用会导致材料的实际烧蚀行为偏离理论预测。

2.2.4.2　不含有机组分的 SiO_{2f}/SiO_2

不含有机组分的 SiO_{2f}/SiO_2 烧蚀后，表观上与含有机组分的材料存在明显差别，其烧蚀面的高温层仍保持原有的白色，烧蚀表面覆盖着一层较厚的熔融层，呈透明的玻璃态，如图 2-19 所示。

图 2-19　无防潮剂 SiO_{2f}/SiO_2 复合材料烧蚀表面典型形貌

图 2－20 是熔融层及其下方相邻区域的典型形貌（图中左侧为原始熔融层，其余部分剥离了表面熔融层），可以看出，熔融层十分致密，光滑无孔洞；熔融层下方相邻区域的石英纤维和二氧化硅基体基本融合为一体，形态比较致密，仅可观察到少量的小孔。

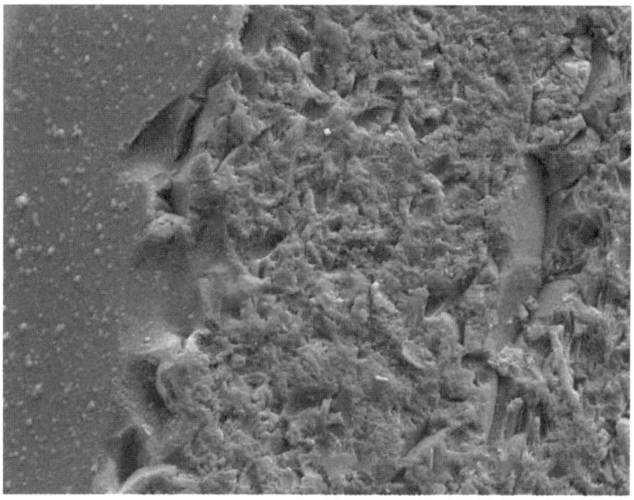

图 2－20　熔融层及其下方相邻区域的典型形貌

图 2－21 是热影响层和无影响层典型形貌，可以看出，热影响层中石英纤维和基体有熔融合并的迹象，无影响层中的石英纤维和基体界面清晰，与烧蚀前形貌无明显差异。

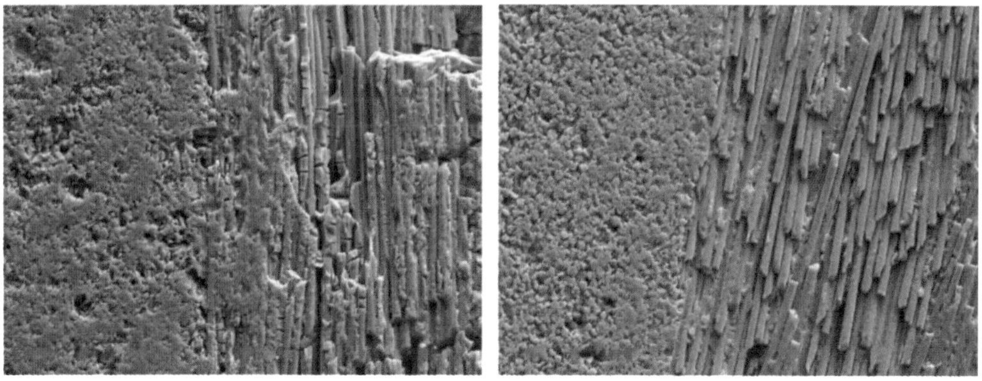

热影响层　　无影响层

图 2－21　热影响层和无影响层典型形貌

不含有机组分的 SiO_{2f}/SiO_2 复合材料烧蚀过程中没有大量气体逸出，烧蚀后的熔融层及其下方相邻区域均比较致密，其烧蚀行为与理论预测符合较好。

2.3　BN 陶瓷烧蚀传热行为

热透波用氮化物材料大多属于共价键原子晶体，高温下主要发生升华或分解反应，一般不会出现液态层，该类材料的升华或分解温度通常较高，热化学烧蚀机理属于气化型，烧蚀机制包括升华、分解和高温固一气及气体产物间反应[37]。由于该类材料多为硬脆性的陶瓷材料，烧蚀过程的大温度梯度会导致较高的热应力，轻则引起烧蚀面的机械剥蚀，甚至形成剥蚀坑，显著增大材料的烧蚀量和表面粗糙度，严重时试样热震破坏，难以得到有效数据。对氮化物材料烧蚀性能的研究只有零星的报道，系统性研究很少。

氮化硼是研究相对较早的氮化物热透波材料，其升华温度高达约 3 273 K，属于比较典型的气化型烧蚀材料，烧蚀具有以下特点：

1）高温升华带走大量热量；

2）在高温有氧气氛下发生复杂的氧化反应，生成氧化硼等多种气体。

不同的热环境下，氮化硼材料的主导烧蚀机制不尽相同。当烧蚀面温度较低时（约 2 573 K以下，随边界层条件不同略有变化），没有达到热化学平衡状态，烧蚀过程主要受化学反应动力学控制；当热环境较高，达到化学平衡状态时，热化学烧蚀受扩散过程控制，遵循表面质量守恒原理和热化学平衡原理；在更高的热环境下，会出现明显机械剥蚀，引起附加质量损失。

2.3.1　BN 材料烧蚀传热模型

2.3.1.1　扩散控制的热化学平衡模型

受扩散控制的热化学烧蚀是一个开放的热化学平衡系统，这个系统主要遵循表面质量守恒方程和系统化学反应的热化学平衡方程。扩散控制的热化学平衡建模分析采用了以下假设：

1）烧蚀过程中表面没有液态产物产生，表面气态层及气一固化学反应均处于化学平衡状态；

2）表面气态组元的质量扩散采用双组元等扩散系数，材料热化学烧蚀产生的质量损失由表面组元扩散特性确定。

（1）表面热化学平衡方程

考虑具有 i 种组元、k 种元素的热化学平衡系统，基本组元数为 N_k，非基本组元数为 $N_j(j=i-k)$，其关系式为

$$\sum_k v_{kj} N_k \to N_j \tag{2-21}$$

式中　v_{kj} ——基本组元的化学计量系数。

系统处于化学平衡状态，熵增为零，可得化学平衡常数 $K_{pj}(T)$ 的关系式

$$K_{pj}(T) = p_j \prod_k p_k^{-v_{kj}} \tag{2-22}$$

式中　p ——压力。

根据元素当量浓度及平均分子量的定义，可得系统内元素的质量浓度 $\tilde{c}_k$ 及平均分子量 $\overline{M}$ 的关系式

$$\tilde{c}_k = \frac{M_k}{p\overline{M}} \sum_i x_{ki} p_i \tag{2-23}$$

$$\overline{M} = \frac{1}{p}\sum_{i} M_i p_i \tag{2-24}$$

式（2－23）和式（2－24）中

$p = \sum_{i} p_i$ ——混合气体的总压力；

M_k ——k 元素的分子量；

p_i ——i 气体的分压；

x_{ki} ——i 组元中元素 k 原子数目。

烧蚀过程是一个开放的热化学平衡系统，边界层内存在质量交换，因此，除了上述关系式，热化学平衡系统还应满足表面的质量守恒方程。

（2）表面质量守恒方程

对于在烧蚀条件下表面具有 k 种元素的气—固质量交换系统来说，其表面控制体内的元素质量守恒如图 2－22 所示。

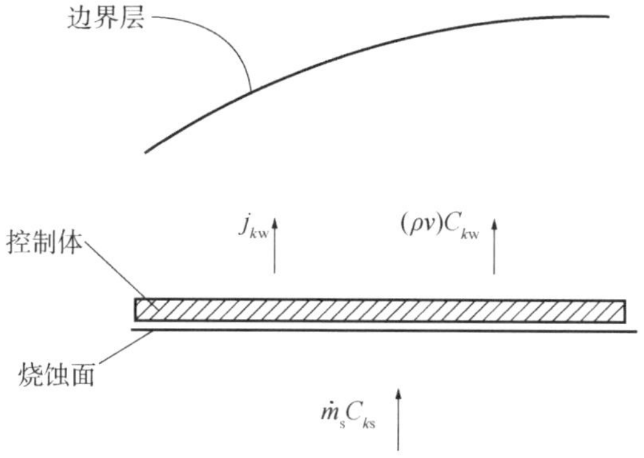

图 2－22　烧蚀条件下壁面元素的质量守恒

表面控制体的质量守恒方程为

$$\tilde{J}_{k_w} + \rho_w v_w \tilde{c}_{k_w} = \dot{m}_s \tilde{c}_{k_s} \tag{2-25}$$

式中　$\tilde{J}_{k_w}$ ——化学元素 k 在壁面扩散流率；

ρ_w ——壁面气体的密度；

v_w ——壁面引射气体的速度；

$\tilde{c}_{k_w}$ ——元素 k 在壁面的质量浓度；

$\dot{m}_s$ ——壁面固体的质量损失率；

$\tilde{c}_{k_s}$ ——壁面固体的质量损失中元素 k 质量浓度。

对 k 种元素进行求和，得

$$\sum_{k} \tilde{J}_{k_w} + \rho_w v_w = \dot{m}_s \tag{2-26}$$

质量扩散流率 j_{k_w} 通过传导势的方法求得

$$j_{k_w} \approx \rho_e u_e C_M (Z^*_{k_w} - Z^*_{k_e}) \tag{2-27}$$

式中　ρ_e ——边界层外缘气体密度；

u_e ——边界层外缘气体速度；

C_M ——质量交换系数；

Z^* ——质量比数和摩尔比数的扩散系数加权平均量。

在等扩散系数条件下 $\tilde{c}_k$ 与 Z_k^* 等效，则有

$$\rho_w v_w = \dot{m}_s \tag{2-28}$$

(3) 表面热化学平衡分析

在空气气氛烧蚀条件下，根据氮化硼本身可能产生的气体组元及氮化硼表面可能的空气组元，进行化学反应的平衡常数分析，确定如下化学反应

$$N_2 = 2N \tag{2-29}$$

$$O_2 = 2O \tag{2-30}$$

$$2BN（固态）+O_2 = 2BO（气态）+N_2 \tag{2-31}$$

$$2BN（固态）+2O_2 = 2BO_2（气态）+N_2 \tag{2-32}$$

$$2BN（固态）+\frac{1}{2}O_2 = B_2O（气态）+N_2 \tag{2-33}$$

$$2BN（固态）+O_2 = B_2O_2（气态）+N_2 \tag{2-34}$$

$$2BN（固态）+\frac{3}{2}O_2 = B_2O_3（气态）+N_2 \tag{2-35}$$

$$BN（固态）= BN（气态）\tag{2-36}$$

$$2BO（气态）= 2B（气态）+O_2$$

上述反应满足以下化学平衡关系

$$K_{p1} = \frac{P_N^2}{P_{N_2}},\quad K_{p2} = \frac{P_O^2}{P_{O_2}},\quad K_{p3} = \frac{P_{N_2} P_{BO}^2}{P_{O_2}} \tag{2-37}$$

$$K_{p4} = \frac{P_{N_2} P_{BO_2}^2}{P_{O_2}^2},\quad K_{p5} = \frac{P_{N_2} P_{B_2O}}{P_{O_2}^{\frac{1}{2}}},\quad K_{p6} = \frac{P_{N_2} P_{B_2O_2}}{P_{O_2}} \tag{2-38}$$

$$K_{p7} = \frac{P_{N_2} P_{B_2O_3}}{P_{O_2}^{\frac{3}{2}}},\quad K_{p8} = P_{BN},\quad K_{p9} = \frac{P_{O_2} P_B^2}{P_{BO}^2} \tag{2-39}$$

式中　K_{pi} ——化学反应平衡常数；

P_X ——组元 X 的分压。

(4) 热化学平衡条件下材料表面相容性分析

根据式 (2—23)，表面气态产物元素的当量浓度分别为

$$\tilde{C}_{Ow} = C_O + C_{O_2} + \frac{M_O}{M_{BO}} C_{BO} + \frac{2M_O}{M_{BO_2}} C_{BO_2} + \frac{M_O}{M_{B_2O}} C_{B_2O} + \frac{2M_O}{M_{B_2O_2}} C_{B_2O_2} + \frac{3M_O}{M_{B_2O_3}} C_{B_2O_3} \tag{2-40}$$

$$\tilde{C}_{Nw} = C_N + C_{N_2} + \frac{M_N}{M_{BN}} C_{BN} \tag{2-41}$$

$$\tilde{C}_{Bw} = C_B + \frac{M_B}{M_{BO}} C_{BO} + \frac{M_B}{M_{BO_2}} C_{BO_2} + \frac{2M_B}{M_{B_2O}} C_{B_2O} + \frac{2M_B}{M_{B_2O_2}} C_{B_2O_2} + \frac{2M_B}{M_{B_2O_3}} C_{B_2O_3} + \frac{M_B}{M_{BN}} C_{BN} \tag{2-42}$$

式中　$\widetilde{C}_{Ow}$，$\widetilde{C}_{Nw}$，$\widetilde{C}_{Bw}$ ——为氧、氮及硼元素的壁面当量质量浓度；

C_X ——X 元素在壁面的质量浓度；

M_X ——X 元素的分子量。

取材料的无因次质量损失率 $B = \dfrac{\dot{m}}{\rho_e u_e C_m}$，则有

$$\widetilde{C}_{Ow} = \frac{\widetilde{C}_{Oe}}{1+B} \tag{2-43}$$

$$\widetilde{C}_{Nw} = \frac{\widetilde{C}_{Ne} + B\dfrac{M_N}{M_{BN}}}{1+B} \tag{2-44}$$

$$\widetilde{C}_{Bw} = \frac{B\dfrac{M_B}{M_{BN}}}{1+B} \tag{2-45}$$

式中　$\widetilde{C}_{Oe}$ ——边界层外缘氧的质量分数；

$\widetilde{C}_{Ne}$ ——边界层外缘氮的质量分数；

$\dot{m}$ ——材料的质量损失率。

(5) 热化学平衡烧蚀模拟

根据表面化学平衡关系、相容性条件，给定表面温度，可进行氮化硼烧蚀条件下表面气体浓度、产物及无因次质量损失率的模拟。

图 2-23 和图 2-24 分别是不同压力下氮化硼材料烧蚀过程中各组分的表面组元浓度分布随温度的变化，可以看出，氮化硼表面的氧元素基本被消耗掉，反应主要产物为 BO，B_2O，B_2O_2 及 B_2O_3，而 BO_2 和 BN 的含量较少。在计算的温度和压力范围内，B_2O_3 的含量随着温度的升高逐渐降低，BO 和 B_2O 的含量随着温度的升高逐渐升高，B_2O_2 的含量则随着温度的升高呈现先升高再降低的变化趋势。

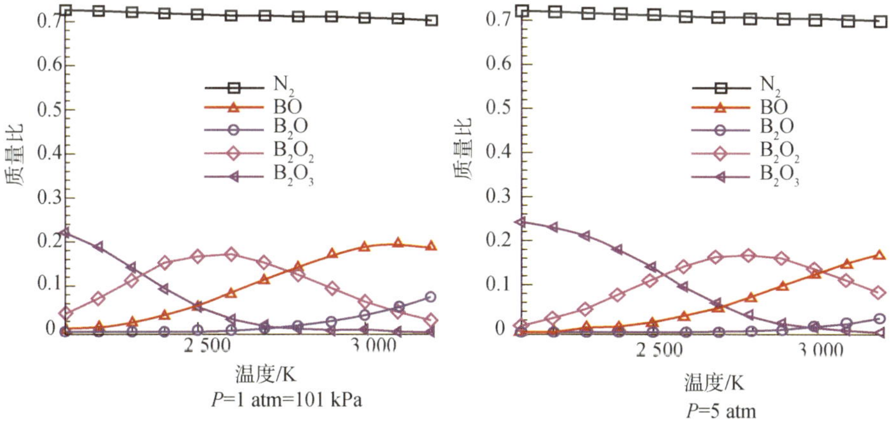

图 2-23　氮化硼在不同压力条件下的烧蚀主要产物

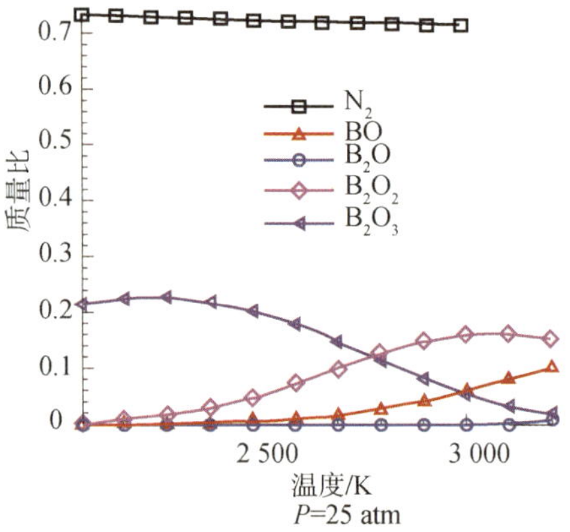

图 2-23　氮化硼在不同压力条件下的烧蚀主要产物（续）

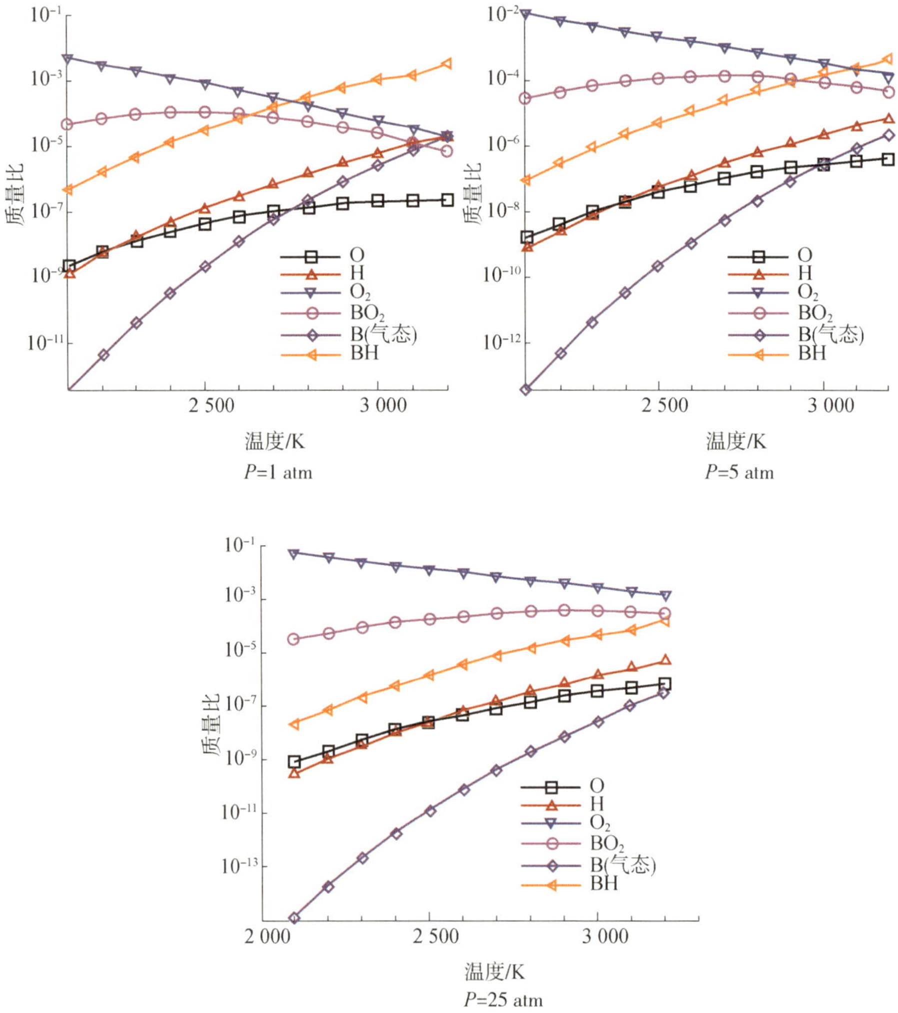

图 2-24　氮化硼在不同压力条件下的烧蚀次要产物

图 2-25 是不同压力条件下氮化硼的无因次质量损失率随表面温度的变化，可以看出，无因次质量损失率随温度升高而增大，表明热化学烧蚀随温度升高而加剧；无因次质量损失率随压力升高而减小，表明提高压力对气化型烧蚀有抑制作用。

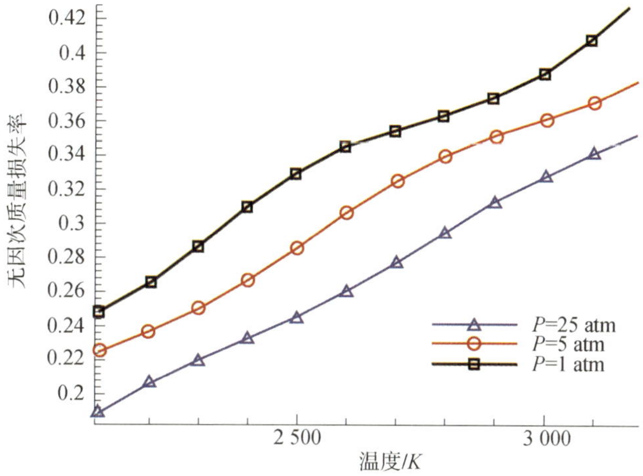

图 2-25　不同压力下的无因次质量损失率

2.3.1.2　化学反应动力学及动力学极限模型

从图 2-23 可以知道，当温度较低时，主要的烧蚀气体产物是 B_2O_3，因此在进行氮化硼表面烧蚀的动力学过程分析时进行了简化处理，只考虑了表面生成 B_2O_3 的动力学过程。

(1) 化学动力学模拟

表面氧化的化学反应速率主要受氧分压的影响。根据 B_2O_3 生成的化学反应式，得到化学反应速率关系式如下

$$\alpha_{ch} = K_0 e^{-E/(RT_w)} P_{O_2}^{3/4} = K_0 e^{-E/(RT_w)} \left(\frac{P_e \overline{M} C_{O_2}}{M_{O_2}}\right)^{3/4} \tag{2-46}$$

式中　α_{ch}——氮化硼由于氧化产生的质量损失率；

K_0——反应的频率因子；

E——反应的活化能；

T_w——表面温度；

P_e——边界层外缘气体的静压；

C_{O_2}——壁面氧浓度（包含少量离解的 O 原子）；

$\overline{M}$——混合气体的平均分子量。

由相容性关系得到 B_2O_3 在壁面的浓度为

$$C_{B_2O_3} = \frac{B\dfrac{M_B}{M_{BN}}}{1+B}\frac{M_{B_2O_3}}{2M_B} = \frac{M_{B_2O_3}}{2M_{BN}} + \frac{B}{1+B} \tag{2-47}$$

根据表面氧的质量守恒特性，可得到壁面氧的浓度为

$$C_{O_2} = \frac{\widetilde{C}_{Oe}}{1+B} - \frac{3M_O}{M_{B_2O_3}} C_{B_2O_3} = \frac{\widetilde{C}_{Oe}}{1+B} - \frac{3M_O}{2M_{BN}} \cdot \frac{B}{1+B} \tag{2-48}$$

根据分压与氧浓度的关系式，得到表面化学动力学关系为

$$\alpha_{ch} = K_0 e^{-E/(RT_w)} \left(\frac{P_e \overline{M} C_{O_2}}{M_{O_2}}\right)^{3/4} = K_0 e^{-E/(RT_w)} \left[\frac{P_e \overline{M}}{M_{O_2}} \cdot \frac{\widetilde{C}_{Oe} - \dfrac{3M_O}{2M_{BN}} B}{1+B}\right]^{3/4} \tag{2-49}$$

根据氧气、氮气及 B_2O_3 在壁面的浓度关系，混合气体平均分子量 $\overline{M}$ 可用下式计算

$$\overline{M} = \frac{1}{\dfrac{C_{B_2O_3}}{M_{B_2O_3}} + \dfrac{1 - C_{B_2O_3}}{M_{N_2+O_2}}} \tag{2-50}$$

式中　$M_{N_2+O_2}$ ——表面氧气和氮气的混和平均分子量，可近似求解。

反应活化能 E 和反应频率因子 K_0 近似为常数，选取两个反应状态，通过质量损失测量，可以求解出 E 和 K_0 。

(2) 化学动力学氧化极限分析

随着反应温度的提高，反应速率由非平衡态的动力学控制转向化学平衡态的扩散控制，动力学计算存在一个适用上限。具体而言，就是化学反应动力学计算出的 BN 质量损失率不能超过扩散控制计算出的质量损失率。

扩散控制下的 BN 质量损失率可以根据 BN 的表面相容性关系和氧的表面相容性关系得到。

无因次质量损失率

$$B = \frac{2M_{BN}}{3M_O} \widetilde{C}_{Oe} \tag{2-51}$$

质量损失率

$$\alpha_d = \frac{2M_{BN}}{3M_O} \widetilde{C}_{Oe} \frac{\psi q_{or}}{h_r} \tag{2-52}$$

2.3.1.3　表面能量守恒方程

进入材料内部的净热流，可由以下关系式确定

$$q_b = -k_g \frac{\partial T}{\partial y} - \rho \sum D_{12} h_i \frac{\partial C_i}{\partial y} + \dot{m}[h_{BN}(s) - h_w(g)] - \varepsilon\sigma T_w^4 \tag{2-53}$$

式中　k_g ——气体导热系数；

D_{12} ——组元扩散系数；

C_i ——组元浓度；

h_i ——组元的焓；

ε ——材料的热辐射系数；

$h_{BN}(s)$ ——固态氮化硼的焓；

$h_w(g)$ ——壁面气体的焓。

式中右边第 1 项为气体给予壁面的对流热流，第 2 项为组元浓度引起的气流给予壁面的扩散热流，第 3 项为烧蚀带走的热量，第 4 项为带走的壁面辐射热。

引进壁面处空气冻结焓 $h_T = \sum C_{ie} h_{iw}$ ，根据边界层的相关理论，对上式进行转化，

可得：

$$
\begin{aligned}
q_b = {} & \rho_e u_e s_t \times \\
& \Big[h_s - h_T + (1+B)\frac{M_O}{M_{BO}} C_{BO}(\Delta H_{BO} - \Delta H_{O_2}) + (1+B)\frac{2M_O}{M_{BO_2}} C_{BO_2}(\Delta H_{BO_2} - \Delta H_{O_2}) + \\
& (1+B)\frac{M_O}{M_{B_2O}} C_{B_2O}(\Delta H_{B_2O} - \Delta H_{O_2}) + (1+B)\frac{2M_O}{M_{B_2O_2}} C_{B_2O_2}(\Delta H_{B_2O_2} - \Delta H_{O_2}) + \\
& (1+B)\frac{3M_O}{M_{B_2O}} C_{B_2O_3}(\Delta H_{B_2O_3} - \Delta H_{O_2}) + (1+B)\frac{M_N}{M_{BN}} C_{BN}(\Delta H_{BN} - \Delta H_{N_2}) - \\
& B\frac{M_N}{M_{BN}}(\Delta H_{BNs} - \Delta H_{N_2}) \Big]
\end{aligned}
\tag{2-54}
$$

式中　s_t ——stanton 数；

h_s ——气体的滞止焓；

$\Delta H_{BO}, \Delta H_{BO_2}, \Delta H_{B_2O}, \Delta H_{B_2O_2}, \Delta H_{B_2O_3}$ ——分别为 BO，BO_2，B_2O，B_2O_2，B_2O_3 的氧化反应热；

$\Delta H_{BN}, \Delta H_{BNs}$ ——分别为由气态的 B 和 N 生成气态、固态 BN 的反应热；

$\Delta H_{O_2}, \Delta H_{N_2}$ ——分别为 O_2 和 N_2 的分解热。

2.3.2　BN 模型材料烧蚀传热行为

利用表面热化学平衡模型、化学反应动力学模型和表面能量守恒方程，结合固体热传导方程，可以进行材料的热化学烧蚀特性分析预测。计算了氮化硼材料在 5 种不同热环境下的烧蚀性能，并与实验结果进行了比对。烧蚀实验采用平头圆柱模型，材料为致密的热压氮化硼陶瓷。理论计算和烧蚀实验所采用的热环境参数见表 2-6。

表 2-6　热环境状态参数

状态	总焓 h_0/（MJ/kg）	驻点热流 q/（MW/m^2）	总压 P_0/MPa
1	4.0	5.5	0.135
2	6.0	7.5	0.152
3	7.0	9.0	0.155
4	8.3	12.5	0.156
5	9.0	14.0	0.266

表 2-7 给出了烧蚀过程中实测的材料表面温度和烧蚀后测量的材料烧蚀速率。

表 2-7　试样表面温度和烧蚀速率

热环境状态	试样	表面温度/K	线烧蚀率 /（mm/s）
1	1	2548	0.0714
	2	2747	0.09394
2	3	2953	0.1532
	4	2978	0.1654
3	5	3088	0.1828
4	6	3098	0.3860
5	7	3088	0.3201
	8	3090	0.3325
	9	3097	0.3245

图 2－26 是 5 种热环境状态下烧蚀速率理论计算值与实验测量值的对比。其中状态 1 的材料表面温度相对较低，烧蚀基本处于化学动力学控制阶段，计算采用了动力学控制模型；从状态 2 到状态 5，因烧蚀表面温度较高，化学平衡过程占主导地位，均采用了扩散控制的热化学平衡模型。

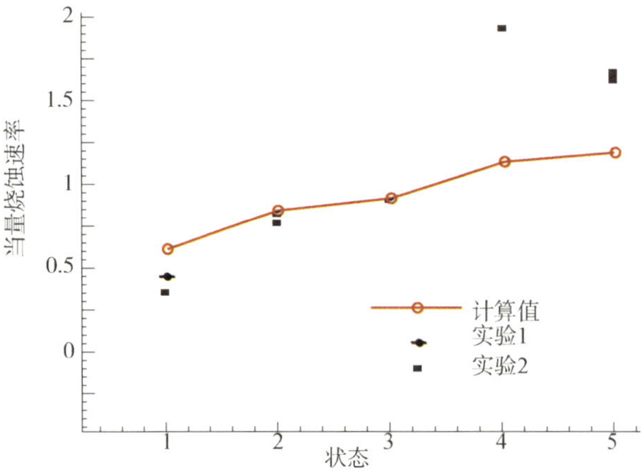

图 2－26　烧蚀速率理论计算值与实验测量值的对比

从图 2－26 可以看见，在状态 1 下，计算值与实测值有一定的偏差，这与动力学计算模型的简化有关，模型只考虑了主要氧化产物 B_2O_3 的动力学生成过程，对于 B_2O_2、BO 等有一定含量的其他反应产物未加考虑；在状态 2 和状态 3 下，热化学平衡烧蚀占主导，计算值和实测值吻合很好，表明扩散控制的热化学平衡模型在此热环境范围具有很好的烧蚀量预测精度；在状态 4 和状态 5 下，实测烧蚀量显著大于热化学平衡模型的计算值，主要是由于材料的烧蚀表面发生了明显的机械剥蚀（参见图 2－29）。

选取 1、3、4 等具有代表性的热环境状态，对烧蚀后的模型材料进行了形貌分析，采用 Talyscan 150 型表面粗糙度仪测量了烧蚀面的三维形貌，统计分析了测量结果。

图 2－27 是状态 1 烧蚀后试样的烧蚀面形貌，可以看见，烧蚀面整体上较为光滑平整，无明显的凹坑和剥蚀痕迹。采用粗糙度测量数据三维重构的烧蚀表面形貌进一步证实了材料表面平整的烧蚀特征，测量范围内的最大凹坑深度 23.5 μm，平均凸起高度 1.56 μm，均方差 2.02 μm。表征粗糙度的主要几项参数值均很小，材料表现出较为典型的表面热化学烧蚀特征。

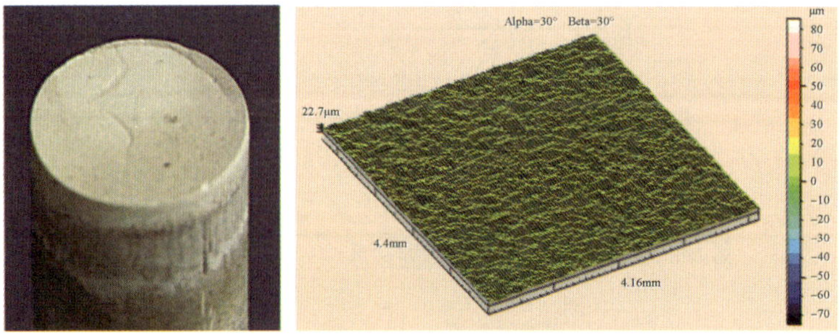

图 2－27　状态 1 试样的烧蚀表面形貌

图 2-28 是状态 3 烧蚀后试样的烧蚀面形貌，可以看见，烧蚀面整体上基本平整，样品边缘有轻微的机械剥蚀痕迹，三维重构的烧蚀表面形貌显示出一定程度的高低起伏，测量范围内的最大凹坑深度 85 μm，平均凸起高度 9.76 μm，均方差 12.8 μm。表征粗糙度的主要几项参数值比状态 1 均有明显增大，材料表现出表面热化学烧蚀加轻微机械剥蚀的特征。

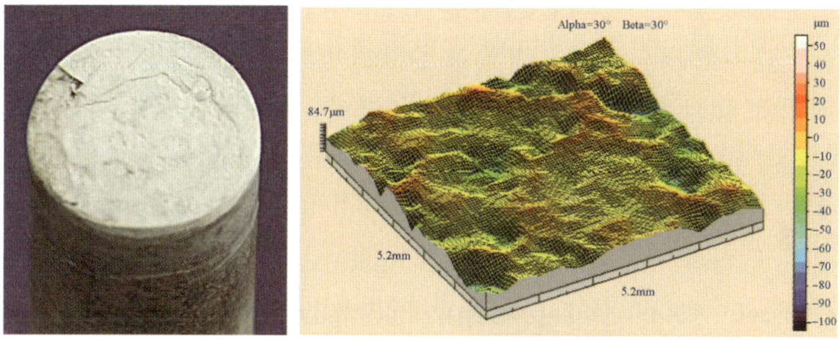

图 2-28　状态 3 试样的烧蚀表面形貌

图 2-29 是状态 4 烧蚀后试样的烧蚀面形貌，可以看见，烧蚀面整体上较为粗糙，有明显凹坑和机械剥蚀痕迹，三维重构的烧蚀表面形貌显示出较大的高低起伏，测量范围内的最大凹坑深度为 161 μm，平均凸起高度为 15.9 μm，均方差 20.3 μm。表征粗糙度的主要几项参数值比前两个状态进一步明显增大，材料表现出较为典型的表面热化学烧蚀加机械剥蚀的特征。

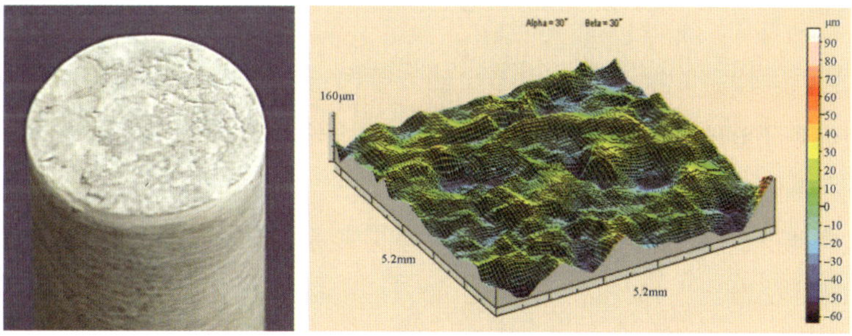

图 2-29　状态 4 试样的烧蚀表面形貌

对于气化型烧蚀，高状态条件下发生的机械剥蚀显著影响材料的烧蚀性能，是一个不容忽视的重要问题。机械剥蚀的产生原因比较复杂，与热环境参数及材料的成分、结构和缺陷等多种因素有关，目前定量的理论预测还存在较大难度，对于 BN 材料的机械剥蚀问题，可参照"碳基"烧蚀防热材料在不同状态时选取不同剥蚀因子的方法进行处理。

2.4　SiO_2/Si_3N_4 材料烧蚀传热行为

SiO_2 和 Si_3N_4 材料分别具有优异的高温介电性能和高温力学性能，是目前热透波材料的主要品种，有着广泛而重要的工程应用价值，而 SiO_2/Si_3N_4 体系材料有望同时具备两者的性能优势。

由熔融型烧蚀的 SiO_2 材料和气化型烧蚀的 Si_3N_4 材料共同组成的 SiO_2/Si_3N_4 体系材料，除了接近两端组成的极限情况，总体上属于熔融/气化混合型烧蚀，具有十分复杂的烧蚀机理。材料会发生固/液/气多相高温化学反应，热化学反应烧蚀和熔融流失同时存在，占据主导地位的烧蚀机制会随着热环境条件和材料成分比例的变化而改变，不同的烧蚀机制间可能发生强烈的耦合作用。有关该类材料烧蚀性能的理论和实验研究的报道均很少，相应的物理模型和预测方法尚不够成熟，本节对近期取得的一些研究进展进行了介绍。

2.4.1 SiO_2/Si_3N_4 材料烧蚀传热模型

为了深入分析 SiO_2/Si_3N_4 体系材料的烧蚀传热行为，首先应该了解该体系中相对简单的两种极端情况，即 Si_3N_4 材料和 SiO_2 材料的烧蚀传热行为。SiO_2 材料已经在本章的 2.2 节中进行了介绍，本节对 Si_3N_4 材料的烧蚀行为作简要介绍。

2.4.1.1 Si_3N_4 材料烧蚀传热分析

Si_3N_4 在较低温度下以惰性氧化为主，随着表面氧分压的降低和表面温度的升高，向活性氧化的方向发展[18-29]。Si_3N_4 材料的热化学烧蚀低温时符合反应动力学控制模型，高温时符合扩散控制的热化学平衡模型，可以采用 2.3 节与 BN 材料类似的分析方法。有所不同的是，由于反应产物中可能存在液态 SiO_2，需要分析烧蚀表面液态层产生的可能性和生成条件。

分析采用了以下假设：

1）材料表面所有的气态及气－固－液化学反应均处于化学平衡状态，不考虑表面的液态产物对表面热化学反应的影响；

2）表面气态组元的质量扩散采用双组元等扩散系数，热化学烧蚀产生的质量损失由表面的组元扩散特性确定。

在空气气氛烧蚀条件下，通过化学反应平衡常数分析，选取如下的几组反应

$$N_2 = 2N,\ O_2 = 2O \tag{2-55}$$

$$Si_3N_4 + 3O_2 = 3SiO_2\ (\text{液态}) + 2N_2 \tag{2-56}$$

$$Si_3N_4 + 3SiO_2\ (\text{液态}) = 6SiO\ (\text{气态}) + 2N_2 \tag{2-57}$$

$$SiO_2\ (\text{气态}) = SiO\ (\text{气态}) + \frac{1}{2}O_2 \tag{2-58}$$

当上述反应达到平衡时，满足以下的化学平衡关系

$$K_{p1} = \frac{p_N}{(p_{N_2})^{\frac{1}{2}}},\ K_{p2} = \frac{p_O}{(p_{O_2})^{\frac{1}{2}}},\ K_{p3} = \frac{(p_{O_2})^{\frac{1}{2}} p_{SiO}}{p_{SiO_2}},$$

$$K_{p4} = \frac{(p_{N_2})^2}{(p_{O_2})^3},\ K_{p5} = (p_{N_2})^2 (p_{SiO})^6$$

式中　K_{pi}——化学反应平衡常数；

p_X——组元 X 的分压。

由平衡关系得到表面气态元素的当量浓度为

$$\widetilde{C}_{Ow} = C_O + C_{O_2} + \frac{M_O}{M_{SiO}} C_{SiO} + \frac{2M_O}{M_{SiO_2}} C_{SiO_2} \tag{2-59}$$

$$\widetilde{C}_{Nw} = C_N + C_{N_2} \tag{2-60}$$

$$\widetilde{C}_{Siw} = \frac{M_{Si} C_{SiO}}{M_{SiO}} + \frac{M_{Si} C_{SiO_2}}{M_{SiO_2}} \tag{2-61}$$

式中　$\widetilde{C}_{Ow}$，$\widetilde{C}_{Nw}$，$\widetilde{C}_{Siw}$——分别为氧、氮及硅元素在壁面的当量质量浓度；

C_O，C_{O_2}，C_{SiO}，C_{SiO_2}，C_N，C_{N_2}——分别为 O，O_2，SiO，SiO_2，N 及 N_2 在壁面的质量浓度；

M_O，M_{O_2}，M_{SiO}，M_{SiO_2}，M_N，M_{N_2}——分别为 O，O_2，SiO，SiO_2，N 及 N_2 的分子量。

此时，烧蚀表面可能存在液态 SiO_2 产物，取 $B_1 = \frac{m_1}{\rho_e u_e C_m}$，$B_2 = \frac{m_2}{\rho_e u_e C_m}$，分别为反应（2-56）和反应（2-57）的液态的 SiO_2 无因次质量生成率和无因次质量损失率，m_1 和 m_2 分别为反应生成和消耗的液态 SiO_2 质量，由表面相容性关系可得

$$(\widetilde{C}_{Ow} - \widetilde{C}_{Oe}) + \left(\frac{320}{180}B_2 - \frac{40}{180}B_1\right)C_{Ow} + (B_1 - B_2)\frac{32}{60} = 0 \tag{2-62A}$$

$$(\widetilde{C}_{Nw} - \widetilde{C}_{Ne}) + \left(\frac{320}{180}B_2 - \frac{40}{180}B_1\right)C_{Nw} - \frac{140}{180}(B_1 + B_2)\frac{56}{140} = 0 \tag{2-62B}$$

$$\widetilde{C}_{Siw} + \left(\frac{320}{180}B_2 - \frac{40}{180}B_1\right)C_{Siw} - \frac{140}{180}(B_1 + B_2)\frac{84}{140} + (B_1 - B_2)\frac{28}{60} = 0 \tag{2-62C}$$

当温度较高时，化学反应（2-57）为自发反应，反应的平衡关系不再成立，反应(2-56)生成的液态 SiO_2 将被完全消耗。

取 $B = \frac{\dot{m}_{Si_3N_4}}{\rho_e u_e C_m}$ 为 Si_3N_4 材料的无因次质量损失率，$\dot{m}_{Si_3N_4}$ 为 Si_3N_4 材料的质量损失率，可以得到烧蚀表面无液态产物时的相容性关系

$$\widetilde{C}_{Ow} - \widetilde{C}_{Oe} + B\widetilde{C}_{Ow} = 0 \tag{2-63A}$$

$$\widetilde{C}_{Nw} - \widetilde{C}_{Ne} + B\widetilde{C}_{Nw} - B\frac{56}{140} = 0 \tag{2-63B}$$

$$\widetilde{C}_{Siw} + B\widetilde{C}_{Siw} - B\frac{87}{140} = 0 \tag{2-63C}$$

应用上述两组相容性关系，采用数值求解方法，计算了 Si_3N_4 材料烧蚀表面组元浓度分布随表面温度的变化，结果见图 2-30，可以看出，Si_3N_4 材料烧蚀过程中的表面气体主要为 SiO 和 N_2，随着温度的升高，N_2 的质量浓度比逐渐减少，而 SiO 气体的质量浓度比逐渐增加。图 2-31 是 Si_3N_4 材料烧蚀过程中的固体无因次质量损失和表面 SiO_2 液态产物的无因次质量流失，可以看出，当温度较低时，烧蚀表面存在着一定量的 SiO_2，并随温度升高而减少，到大约 2 000 K 时完全消失，材料的质量损失转而以 SiO 气体扩散到边界层中。

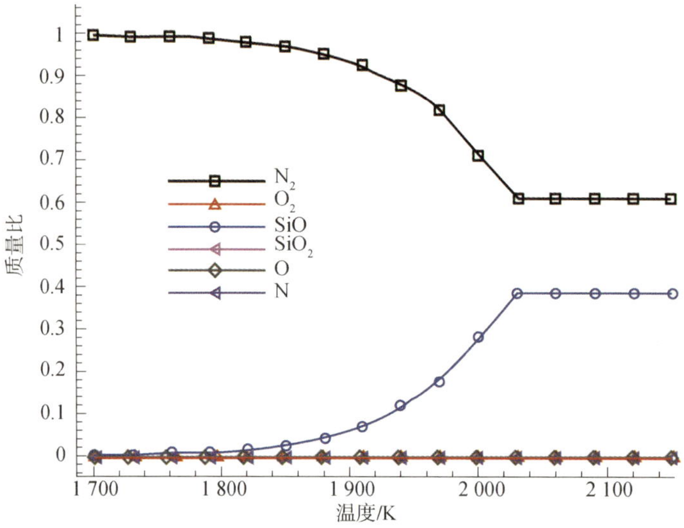

图 2-30　Si_3N_4 烧蚀表面组元浓度

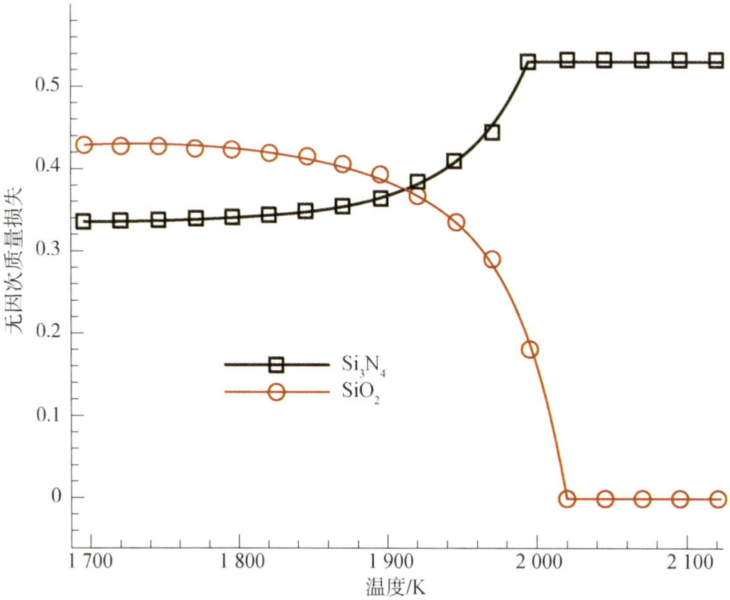

图 2-31　Si_3N_4 烧蚀的无因次质量损失

2.4.1.2　SiO_2/Si_3N_4 材料高温化学反应的选取与计算方法

在本节研究所选取的热环境下，材料发生明显烧蚀，处于气、固、液并存状态，质量损失是典型的活性氧化与液态层流失的耦合作用结果。由于材料表面温度显著高于 2 000 K，Si_3N_4 的氧化产物主要为气态 SiO，材料表面的液态层主要来源于 SiO_2 组分的熔融。

在空气气氛烧蚀条件下，SiO_2/Si_3N_4 材料的表面质量损失方式主要包括 Si_3N_4 的氧化、SiO_2 的熔融流失、SiO_2 的蒸发及 Si_3N_4 与液态 SiO_2 的反应

Si_3N_4 的氧化　$$Si_3N_4+\frac{3}{2}O_2=3SiO\text{（气态）}+2N_2 \tag{2-64}$$

Si_3N_4 与液态 SiO_2 的反应　$Si_3N_4+3SiO_2$（液态）$=6SiO$（气态）$+2N_2$　(2-65)

对于化学反应式（2-64），参考相关文献的处理方法[33-34]，考虑壁面氧浓度对化学反应速率的影响，采用如下假设的方法计算质量损失率

$$\dot{m}_1 = K_1(p_{O_2})^{3/2}e^{-\frac{E}{RT}} \tag{2-66}$$

式中　$\dot{m}_1$ ——氮化硅由于氧化产生的质量损失率；

K_1 ——反应的频率因子；

E ——反应的活化能；

T ——表面温度；

p_{O_2} ——表面的氧分压。

对于化学反应式（2-65），鉴于反应过程的复杂性，考虑参与反应的固体或液体的质量分数特性，采用如下假定的方法计算氮化硅的质量损失率

$$\dot{m}_2 = K_2(\rho C_{SiO_2})^3(\rho C_{Si_3N_4})e^{-\frac{E}{RT}} \tag{2-67}$$

式中　$\dot{m}_2$ ——Si_3N_4 和 SiO_2 反应产生的质量损失率；

K_2 ——反应的频率因子；

ρ ——材料密度；

E ——反应的活化能；

T ——表面温度；

C_{SiO_2} ——参与反应的二氧化硅的质量分数；

$C_{Si_3N_4}$ ——参与反应的氮化硅的质量分数。

SiO_2 的蒸发质量损失 $\dot{m}_4$ 采用相关文献[10]的方法

$$\dot{m}_4 = [\phi q_0/(h_s - h_w)][C_{SiO_2}/(1 - C_{SiO_2})] \tag{2-68}$$

式中　ϕ ——质量引射因子；

q_0 ——边界层内的非烧蚀壁的对流热流；

h_w ——气体壁面焓。

其中壁面 SiO_2 的质量分数可近似表达为

$$C_{SiO_2} = 1/\{1 + M[(p_s/p_{SiO_2}) - 1]\} \tag{2-69}$$

式中　M ——空气的分子量与 SiO_2 的分子量之比；

p_s，p_{SiO_2} ——分别为边界层内的混合气体压力和 SiO_2 的蒸气压。

液态流失的 SiO_2 除了产生质量损失，还会影响材料表面的氧化过程，很难对这一复杂耦合过程直接模拟，采用了以下近似处理方法：当材料表面形成连续的液态层时，采用液态层流动方程为主进行求解；当表面不形成连续液态层时，采用基于边界层的热化学烧蚀理论进行求解，并考虑液态产物的存在对氧化过程的影响[11,14]。

（1）表面连续液态层的判别条件

材料氧化和流失过程的分析一般需要采用不同的物理模型进行，因此在两种机制均有可能发生的条件下，确定质量损失主控机制的判别条件对精确分析具有重要意义。如果烧蚀表面形成连续 SiO_2 液态层，完全覆盖材料表面，反应式（2-64）将不再发生，烧蚀主

要受液态层流动控制。发生上述情况需要两个基本条件：一是通过反应式（2－57），Si_3N_4 完全消耗，而 SiO_2 还有剩余，即材料的原始成分比满足 Si_3N_4 的摩尔数小于 SiO_2 摩尔数的 3 倍，换算成质量比为［Si_3N_4］：［SiO_2］$\leqslant M_{Si_3N_4}$ ：$3M_{SiO_2}$ ，$M_{Si_3N_4}$ 和 M_{SiO_2} 分别为 Si_3N_4 和 SiO_2 的分子量；二是需要达到临近反应温度 T_c。

当材料表面被连续液态层覆盖时，Si_3N_4 的质量损失率可以由式（2－38）计算，设原始材料 SiO_2 的质量含量为 x，则有

$$\dot{m}'_2 = K_2[(1-x)\rho](x\rho)^3 e^{-E_a/(RT)} \tag{2-70}$$

在连续液态层形成的临界点，Si_3N_4 的质量损失率等于表层 Si_3N_4 的质量分数 $v\rho(1-x)$，即材料表层的 Si_3N_4 正好由反应式（2－57）消耗掉，因此

$$K_2[(1-x)\rho](x\rho)^3 e^{-E_a/(RT)} = v\rho(1-x)$$

由上式可以得到形成连续液态层的临界温度 T_c

$$T_c = -\frac{E_a}{R\ln\left(\dfrac{v}{K_2\rho^3x^3}\right)} \tag{2-71}$$

综上所述，形成连续 SiO_2 液态层的基本判据为：

1）材料原始组成中，Si_3N_4 的质量分数 $\leqslant \dfrac{M_{Si_3N_4}}{M_{Si_3N_4}+3M_{SiO_2}}$ ；

2）材料表面温度 $\geqslant T_c$ 。

（2）表面不形成连续液态层的质量损失率计算方法

Si_3N_4 氧化产生的质量损失的分析方法同 2.4.1.1 节所述，此外，需要考虑液态产物及其流失对氧化过程的影响。表面存在的液态 SiO_2 减小了 Si_3N_4 同氧气的接触面积，引入液态产物覆盖率来处理其对化学反应速率的影响。

定义材料烧蚀过程中 SiO_2 的表面覆盖率为 ψ，则根据液态层流失的质量关系有

$$\psi = \frac{\dot{m}_3}{\rho_l\delta} = \frac{\dot{m}_{all}x - \dfrac{3M_{SiO_2}\dot{m}_2}{M_{Si_3N_4}} - \dot{m}_4}{\rho_l\delta} \tag{2-72}$$

式中　$\dot{m}_3$ ——由于 SiO_2 流失而产生的质量损失率；

$\dot{m}_{all}$ ——总的质量损失率；

δ ——表面形成液态层的厚度；

ρ_l ——液态层密度。

考虑液体流动对氧化的影响，则材料的总质量损失率可表示为

$$\begin{aligned}\dot{m}_{all} &= \frac{\dot{m}_1(1-\psi)+\dot{m}_2}{1-x} \\ &= \left[(\dot{m}_1+\dot{m}_2)\rho_l\delta + \dot{m}_1\dot{m}_4 + \frac{3M_{SiO_2}}{M_{Si_3N_4}}\dot{m}_1\dot{m}_2\right]\Big/\left[(1-x)\rho_l\delta + \dot{m}_1 x\right]\end{aligned} \tag{2-73}$$

（3）表面形成连续液态层的质量损失率计算方法

当表面有连续液态层时，材料的烧蚀主要由反应式（2－65）引起的 Si_3N_4 和 SiO_2 的质量损失，以及液态产物流失的质量损失

$$\rho_s v_{all} = \rho_s v_{all}(1-x) + \rho_s v_{all}(1-x)\frac{3M_{SiO_2}}{M_{Si_3N_4}} + \rho_l v_{melt} \tag{2-74}$$

进一步有

$$v_{all} = \rho_l v_{melt}/\{\rho_s[(3M_{SiO_2} + M_{Si_3N_4})x/M_{Si_3N_4} - 3M_{SiO_2}/M_{Si_3N_4}]\} \tag{2-75}$$

式中　v_{all} ——材料的总体烧蚀速度；

v_{melt} ——由于流失而产生的速度；

ρ_s ——原始材料的密度；

ρ_l ——液态产物的密度。

根据表面能量守恒关系，得到

$$\phi q_0 - \rho v_w \Delta H_{SiO_2} - \varepsilon\sigma T^4 = \rho_l v_{melt} C_l (T_w - T_c) + q_s + \dot{m}_2 \Delta H_{Si_3N_4} \tag{2-76}$$

式中　q_s ——进入固体材料内部的温度；

$\Delta H_{Si_3N_4}$ ——反应式（2-65）的反应热；

q_0 ——边界层内的对流热流。

上式左侧依次为表面气体边界层的对流热流、SiO_2 蒸发带走的热量、表面辐射带走的热量，右侧为液态层流失带走的热量、由于传导进入固体材料内部的热量、反应式（2-65）产生的热量。q_s 可由固体热传导方程求解。

考虑 Si_3N_4 的质量含量，则烧蚀速率为

$$\dot{m}_2 = \rho_l v_{melt}(1-x)/[(3M_{SiO_2} + M_{Si_3N_4})x/M_{Si_3N_4} - 3M_{SiO_2}/M_{Si_3N_4}] \tag{2-77}$$

可以得到液态产物的流失速率为

$$v_{melt} = \frac{\phi q_0 - \rho v_w \Delta H_{SiO_2} - \varepsilon\sigma T^4 - q_s}{\rho_l C_l (T_w - T_c) + \rho_l (1-x)\Delta H_{Si_3N_4}/[(3M_{SiO_2} + M_{Si_3N_4})x/M_{Si_3N_4} - 3M_{SiO_2}/M_{Si_3N_4}]} \tag{2-78}$$

由于表面形成的液态层很薄，其厚度可根据液态层的传热性质进行计算，在液体和固体表面之间满足能量守恒关系

$$\left(k_l \frac{\partial T}{\partial y}\right)_{-\delta} - q_s = \rho v_{all}(1-x)\Delta H_{Si_3N_4} \tag{2-79}$$

参考 Adams 等对液态层温度分布的处理方法[1]，得到

$$k_l \frac{T_w - T(-\delta)}{\frac{k}{v_{melt}}[1-\exp(-v_{melt}\delta/k)]}\exp(-v_{melt}\delta/k) = q_s + \rho v_{all}(1-x)\Delta H_{Si_3N_4} \tag{2-80}$$

则有

$$\frac{k[q_s + \rho v_{all}(1-x)\Delta H_{Si_3N_4}]}{k_l v_{melt}[T_w - T(-\delta)]} = \frac{\exp(-v_{melt}\delta/k)}{1-\exp(-v_{melt}\delta/k)} = b \tag{2-81}$$

进一步得到液态层厚度 δ 为

$$\delta = -\frac{k\ln[b/(1+b)]}{v_{melt}} \tag{2-82}$$

由 SiO_2 液态层流失的计算方法和能量守恒方程得到的质量损失率计算方法，可以耦合求解得 SiO_2/Si_3N_4 材料的烧蚀速率。

2.4.2 SiO_2/Si_3N_4 模型材料烧蚀传热行为分析

利用上节建立的理论模型，分析了 3 种不同成分比例的 SiO_2/Si_3N_4 平头圆柱模型材料在 4 种热环境下的烧蚀传热行为，并与试验结果进行了比对，计算与实验所用热环境参数见 2.2.3.2 节中的表 2－4。模型材料为 SiO_2/Si_3N_4 复相陶瓷，其中，第 1 组试样 Si_3N_4 质量含量为 70%，第 2 组试样 Si_3N_4 质量含量为 60%，第 3 组试样 Si_3N_4 质量含量为 20%。

第 1 组试样成分比例不满足连续熔融层生成基本条件，Si_3N_4 的表面氧化反应和表面高温层内的固液反应同时存在。氧化反应在低状态下受化学动力学过程控制，高状态下由氧扩散过程控制，固液反应受化学反应动力学控制。图 2－32 和图 2－33 是计算出的不同热环境下氧化和固液反应引起的质量损失率，可以看出，较低热环境下（状态 2），Si_3N_4 氧化反应引起的质量损失明显高于固液反应，随着热环境状态的提高，固液反应逐渐占据优势地位，状态 4 时，氧化和固液反应均对质量损失有重要贡献。

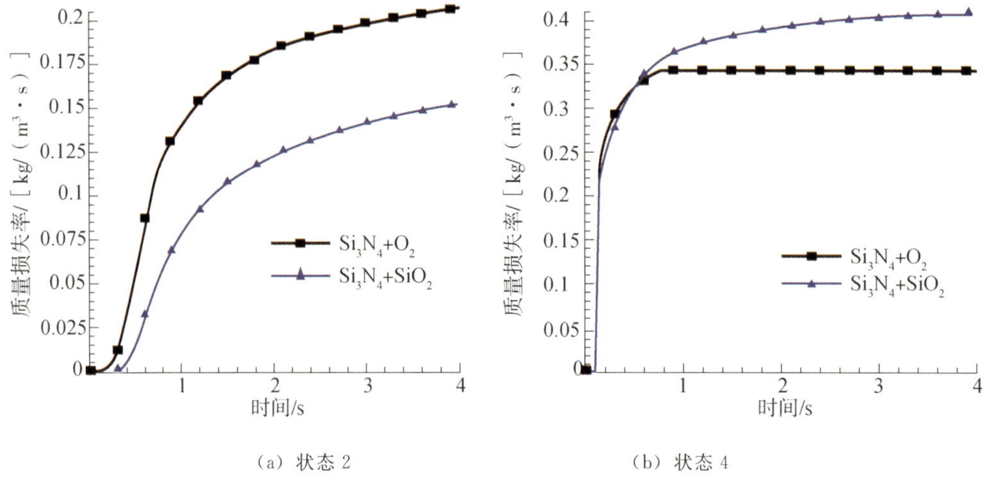

图 2－32 第 1 组试样热化学烧蚀质量损失率随时间的变化

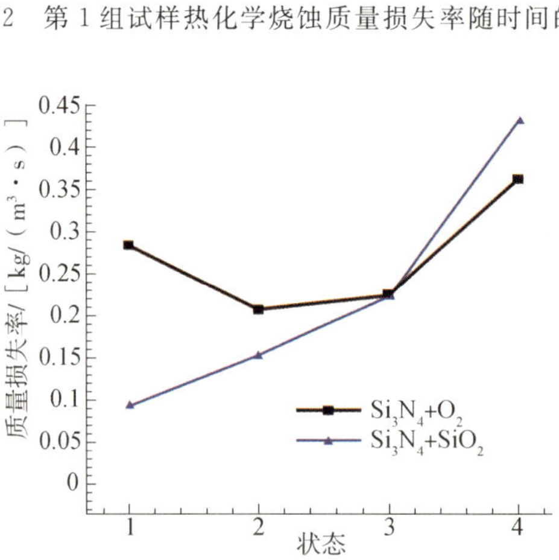

图 2－33 第 1 组试样热化学烧蚀质量损失率随烧蚀状态的变化

第 2 组试样与第 1 组试样的成分较为接近，烧蚀行为也与第 1 组试样类似。

图 2-34 给出了第 1 组和第 2 组试样不同状态下的烧蚀速率计算值和实验测试值的对比，可以看出，计算值和实测值吻合较好，误差小于 15%。

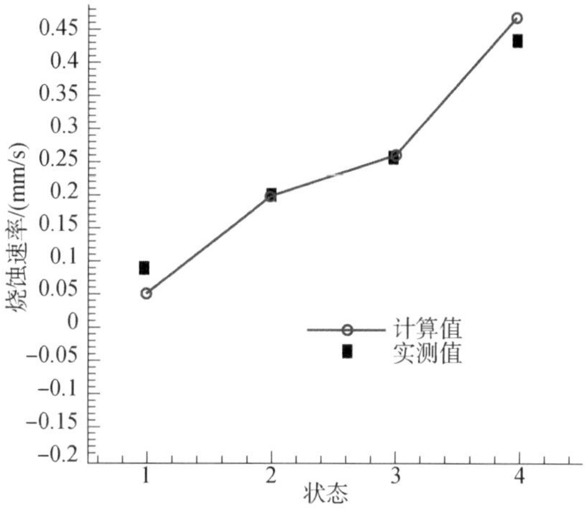

(a) 第 1 组

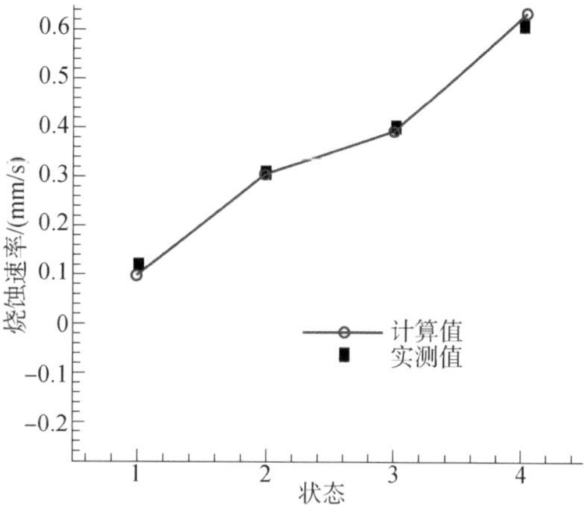

(b) 第 2 组

图 2-34　第 1 组和第 2 组试样烧蚀速率计算值和实测值的对比

第 3 组试样 SiO_2 质量含量为 80%，成分比例满足连续熔融层形成的基本条件，材料的烧蚀行为主要受表面熔融层的流失、气化和固液反应控制。图 2-35 是计算出的典型热环境下熔融层厚度随烧蚀时间的变化，可以看出，状态 3 条件下，熔融层出现在大约1.1 s 时刻，状态 4 条件下，熔融层出现在大约 0.1 s 时刻，这是因为连续熔融层的形成需要达到临界温度 T_c，热环境越高，所需时间越短；连续熔融层厚度随烧蚀时间的延长趋于平衡，大约在几十微米量级，并随热环境状态的提高而变薄，其变化规律与 SiO_2 材料相似。图 2-36 是不同状态下烧蚀速率理论计算值和实验测试值的对比，两者吻合较好。

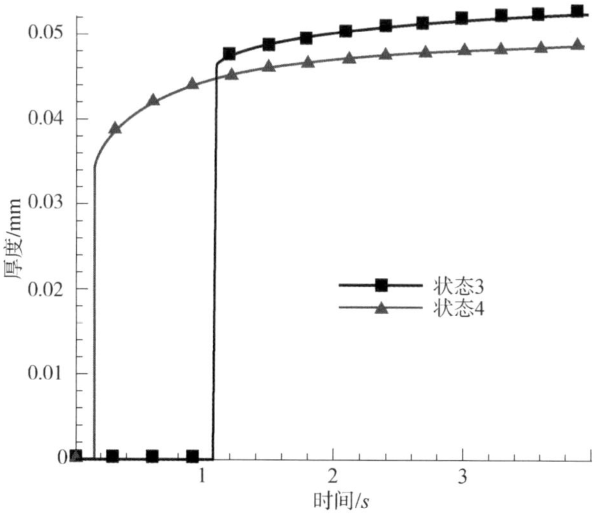

图 2-35　第 3 组试样液态层厚度变化

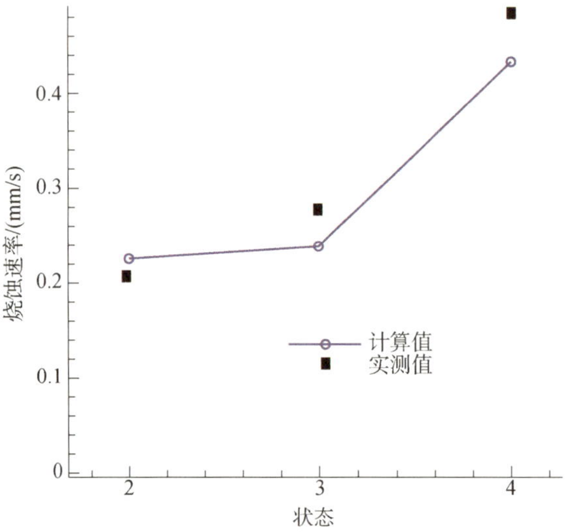

图 2-36 第 3 组试样烧蚀速率计算值与实测值对比

2.4.3 典型 SiO_2/Si_3N_4 材料烧蚀特性

2.4.3.1 SiO_2/Si_3N_4 陶瓷材料

图 2-37 是第 1 组、第 2 组和第 3 组模型材料烧蚀后的典型形貌，可以看出，3 组试样的烧蚀面边缘都有液态 SiO_2 流失形成的玻璃态环状物，其中，第 1 组和第 2 组试样因成分比例较为接近，材料的烧蚀形貌十分相似，烧蚀面上残留的熔融层均不明显；第 3 组试样因 SiO_2 含量很高，熔体玻璃环的体积相对较大，表面也残留了较为明显的熔融层。

图 2-37 试样烧蚀后典型形貌

图 2-38 是第 2 组试样在 4 种热环境状态下烧蚀后的剖面显微照片。状态 1 时，因烧蚀温度相对较低，液态 SiO_2 粘度相对较大，液态 SiO_2 通过反应式（2-65）消耗及流失损失的速率均较低，烧蚀后试样表面存在一层含部分孔洞的 SiO_2 熔体薄层，平均厚度约 150 μm，熔体和材料本体的界面处过渡比较清晰，无明显的固液反应中间层。随着烧蚀状态的提高，液态 SiO_2 与 Si_3N_4 的反应及其流失作用加剧，烧蚀面上残留的 SiO_2 熔体迅速减少，呈现出明显的不连续分布；状态 4 时，烧蚀表面已基本无熔融产物，呈现典型的氧化反应主控烧蚀特征。

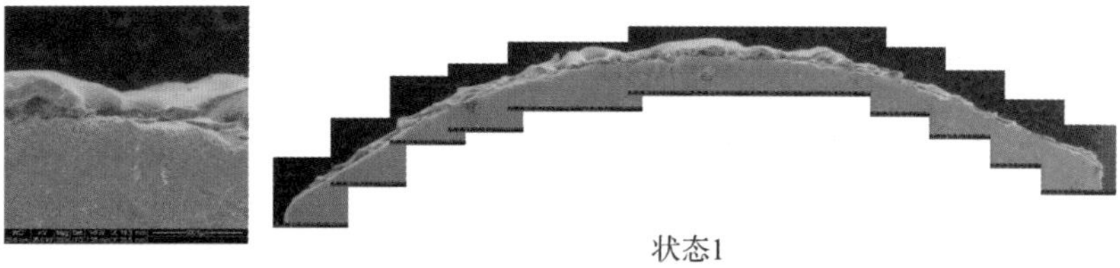

状态1

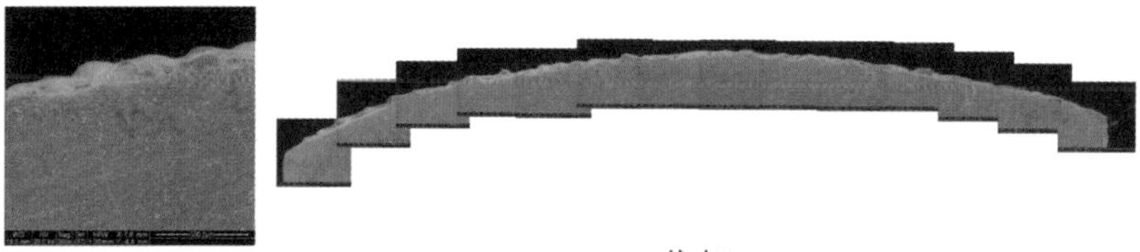

状态2

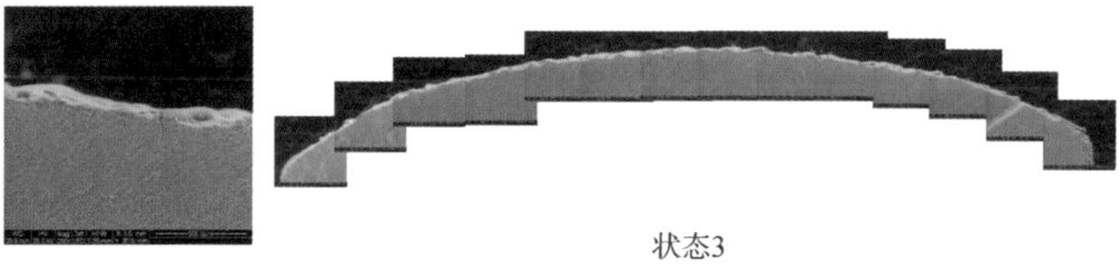

状态3

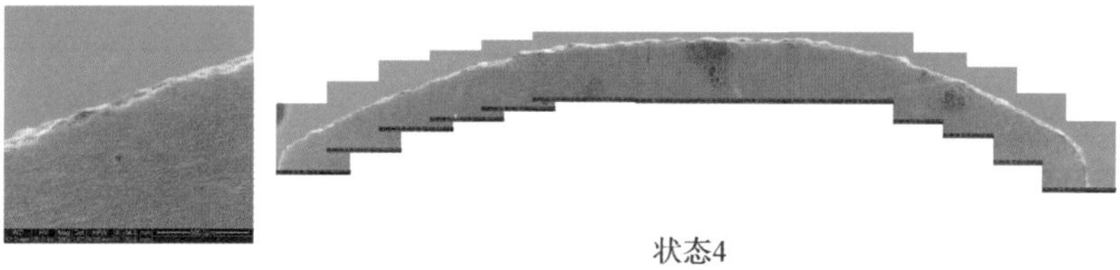

状态4

图 2 - 38　第 2 组试样 4 个状态下的烧蚀剖面显微形貌

图 2 - 39　是第 1 组试样和第 3 组试样状态 3 烧蚀后的剖面显微形貌对比，可以看出，第 1 组试样的烧蚀表面存在着很薄的不连续 SiO_2 熔体，与图 2 - 38 中的第 2 组试样类似，而第 3 组试样表面覆盖着明显的一层连续熔融层；第 1 组试样表面的熔体与材料本体间无

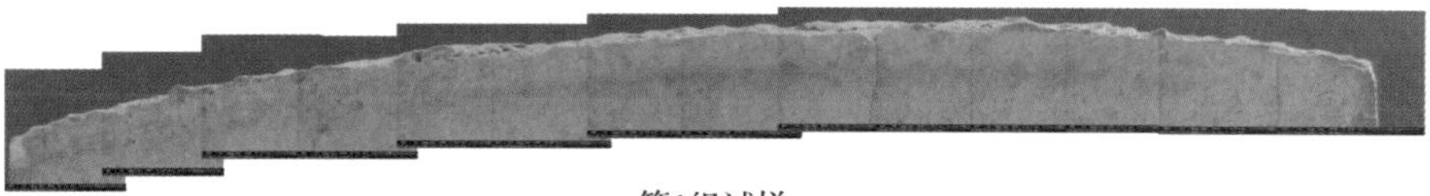

第1组试样

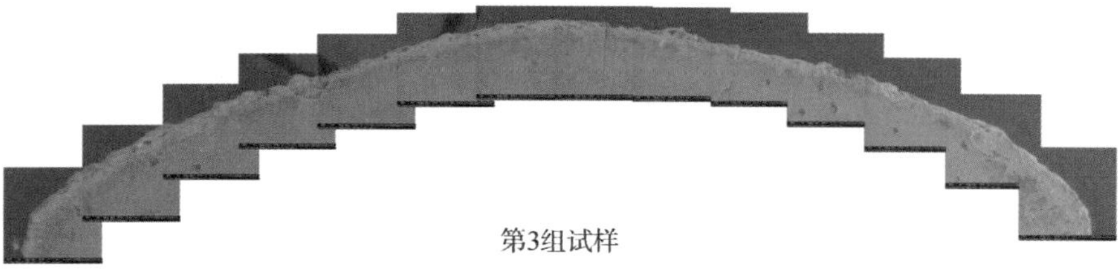

第3组试样

图 2 - 39　第 1 组和第 3 组试样状态 3 烧蚀后的剖面显微形貌

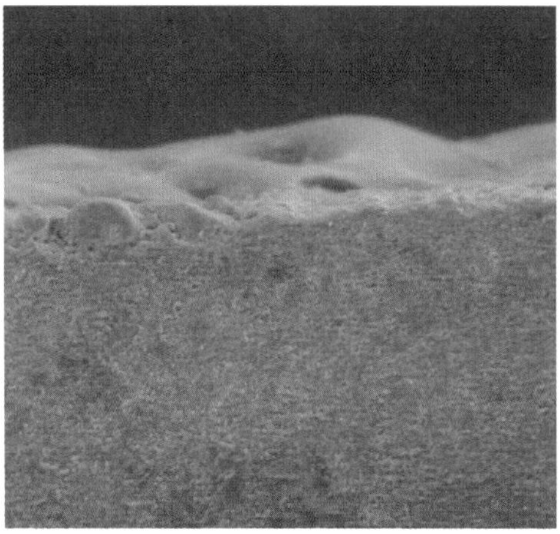

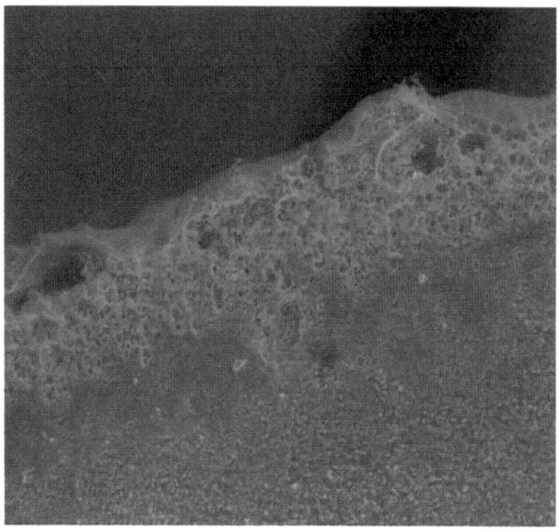

图 2-39　第 1 组和第 3 组试样状态 3 烧蚀后的剖面显微形貌（续）

明显的反应中间层，表明反应主要发生在烧蚀面最表层，而第 3 组试样的熔融层下方，SiO_2 熔体与 Si_3N_4 发生了显著的固液化学反应，逸出的气体产物在熔融层中形成了大量的孔洞，表明烧蚀过程中材料表面始终被 SiO_2 熔体覆盖，Si_3N_4 主要通过固液反应产生质量损失，烧蚀过程受 SiO_2 熔体的流失主控。

2.4.3.2　SiO_{2f}/Si_3N_4 复合材料

本节介绍的 SiO_{2f}/Si_3N_4 复合材料采用循环浸渍/裂解工艺制备，材料的增强相为石英纤维，质量含量为 50%，基体相由全氢聚硅氮烷裂解得到，形态为非计量比非晶氮化硅，因裂解工艺温度较低，裂解不完全，含有质量含量分数约 1%的 H 元素及很少量 C 元素。SiO_{2f}/Si_3N_4 复合材料的基体比较致密，无明显孔洞，见图 2-40。

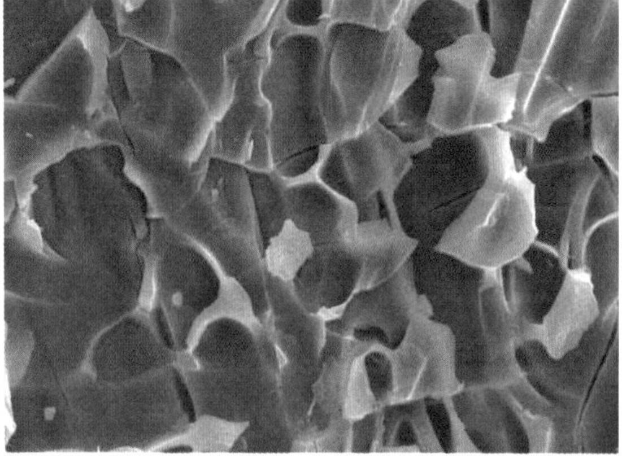

图 2-40　SiO_{2f}/Si_3N_4 复合材料基体 SEM 形貌

图 2-41 是 SiO_{2f}/Si_3N_4 复合材料平板试样烧蚀后的表面形貌，烧蚀面整体上较为平整，覆盖着很薄的熔融层。

图 2-41　SiO_{2f}/Si_3N_4 复合材料烧蚀后形貌

图 2-42 是试样烧蚀后剖面形貌，可以看出，材料最表层的熔融层为蜂窝状的多孔结构，次表层中有大量的球状鼓泡，部分鼓泡已经破裂，表明烧蚀过程中有大量气体产物逸出，这些气体可能还与基体在很高的烧蚀温度下进一步裂解，放出氢气及其他小分子产物有关。

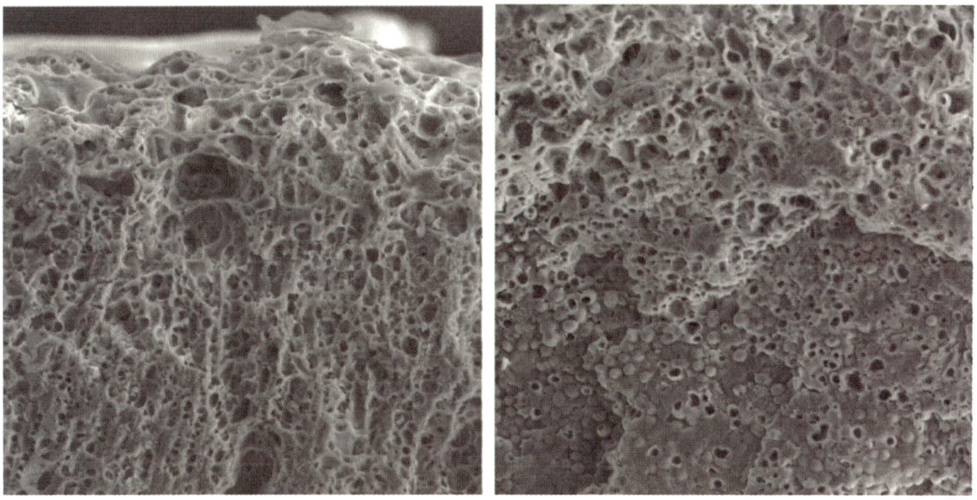

表层　　次表层

图 2-42　SiO_{2f}/Si_3N_4 复合材料烧蚀表面层剖面形貌

图 2-43 是试样烧蚀后热影响区的剖面形貌，可以看出，鼓泡现象主要发生在基体区，且靠近上方高温的一侧鼓泡尺寸相对较大；纤维束有熔融合并趋势，无明显的鼓泡现象，进一步表明鼓泡与基体的高温裂解有关。

图 2-44 是试样烧蚀后无影响区的形貌，纤维和基体结合较好，两者都保持了完好的原始形态。

综上所述，SiO_{2f}/Si_3N_4 体系材料的烧蚀行为十分复杂，因材料成分比例和热环境条件的不同，存在着不同的主控烧蚀机制，表现出不同的烧蚀特性。采用组成和结构相对简

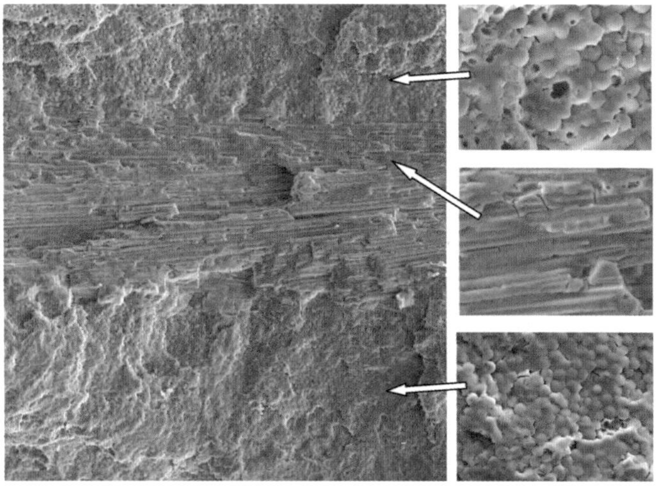

图 2-43　SiO_{2f}/Si_3N_4 复合材料烧蚀试样热影响区剖面形貌

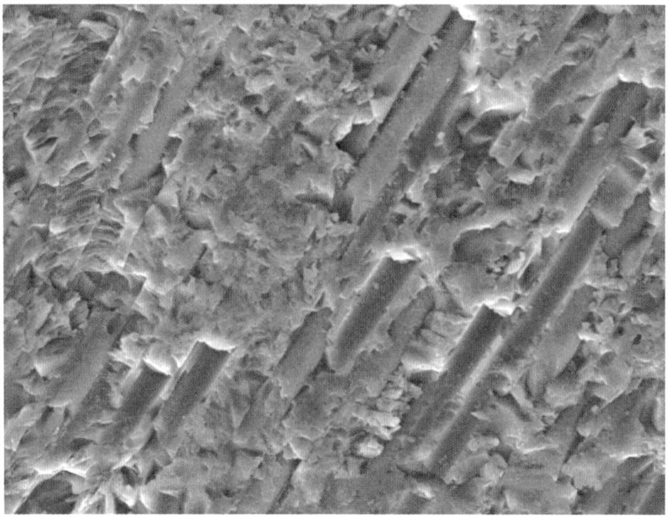

图 2-44　SiO_{2f}/Si_3N_4 复合材料烧蚀试样无影响区剖面形貌

单的复相陶瓷模型材料进行研究时，获得的烧蚀表面熔体形态及分布特性、高温反应层形貌特征等实验结果与 2.4.1 节中介绍的氧化反应主控烧蚀行为、液态层流失主控烧蚀行为以及不同烧蚀机制间转换的判别条件等理论分析吻合较好。而对于 SiO_{2f}/Si_3N_4 复合材料，除了上述几种烧蚀机制之外，还涉及基体材料的热分解问题，使材料的烧蚀特性和内在机制变得更加复杂，需要进一步开展深入的研究工作。

参考文献

[1] ADAMS M C. Recent advance in ablation. A. R. S. Journal, 1959, 29 (9): 621—625.

[2] LUBARD S. Two layer ablation at an axisymmetric stagnation point. AD—683354.

[3] BETHE H A, ADAMS M C. A theory for the ablation of glassy materials. A. S, 1959, 26 (6): 321—328.

[4] ZIEN T F. Heat transfer in the melt layer of a simple ablation model. AIAA 99—0470.

[5] WEI C Y, ZIEN T F. Integral calculations of melt-layer heat transfer in aerodynamic ablation. AIAA 2000—0205.

[6] LAIDLER E K J, EYRING H. The theory of rate glass stone processes. McGraw-Hill Book Company, 1941: 134—135.

[7] OJOVAN M I. Viscosity and glass transition in amorphous oxides. Advances in Condensed Matter Physics, 2008: 1—23.

[8] OJOVANA M I, LEE W E. Viscosity of network liquids within Doremus approach. J. Appl. Phys. 2004: 95 (7): 3803—3810.

[9] MARCIO LUIS FERREIRA NASCIMENTO, EDGAR DUTRA ZANOTTO. Diffusion processes in vitreous silica revisited. Phys. Chem. Glasses: Eur. J. Glass Sci. Technol. B, 2007, 48 (4): 201—217.

[10] CHAMKHA A J, AL—HUMOUD J M. Mixed convection heat and mass transfer of non-newtonian fluids from a permeable surface embedded in a porous medium. International Journal of Numerical Methods for Heat & Fluid Flow, 2007, 17 (2): 195—212.

[11] KENDALL R M, RINDAL R A, BARTLETT E P. Thermochemical ablation. AIAA 65—0642.

[12] KEENAN J A, CANDLER G V. Simulation of graphite siblimation and oxidation under re-entry conditions. AIAA 94—2083.

[13] KEENAN J A, CANDLER G V. Simulation of ablation in earth atomospheric entry. AIAA 93—2789.

[14] MILOS F S, MARSCHALL J. Thermochemical ablation model for TPS materials with multiple surface constituents. AIAA 94—2042.

[15] DIMITRIENKO Y I. Thermal stresses and heat-mass transfer in ablating composite materials. Int. J. Heat Transfer, 1995, 38 (1): 139—146.

[16] JACOBSON N S, ROTH D J, RAUSER R W, et al. Oxidation through coating cracks of SiC-protected carbon/carbon. NASA/TM—2007—214834.

[17] ROTH D J, RAUSER R W, JACOBSON N S, et al. Nondestructive evaluation (NDE) for characterizing oxidation damage in cracked reinforced carbon-carbon (RCC). NASA/TM—2009—215489.

[18] WAGNER C. Passivity of the oxidation of silicon at elevated temperatures. J. Appl. Phys. 1959, 29: 1295—1297.

[19] SINGHAL S C. Thermodynamics and kinetics of oxidation of hot-pressed silicon nitride. J. Mater. Sci. 1976, 11: 500—512.

[20] SINGHAL S C. Thermodynamics analysis of the high-temperature stability of silicon nitride and silicon carbide. Ceram Int., 1976, 2: 123—130.

[21] SHEEHAN J E. Passive and active oxidation of hot-pressed silicon nitride materials with two magnesia contents. J. Am. Ceram. Soc., 1982, 65: C111—113.

[22] VAUGHN W L, MAAHS H G. Active-to-passive transition in the oxidation of silicon carbide and silicon nitride in air. J. Am. Ceram. Soc., 1990, 73: 1540—1543.

[23] KIM H E, MOORHEAD A J. High temperature gaseous corrosion of Si_3N_4 in H_2-H_2O and $Ar-O_2$ environments. J. Am. Ceram. Soc., 1990, 73: 3007—3014.

[24] JACOBSON N S. Corrosion of silicon-based ceramics in combustion environments. J. Am. Ceram. Soc., 1993, 76: 3—28.

[25] NARUSHIMA T, LIN R Y, IGUCHI Y, et al. High-temperature active oxidation and active-to-passive transition of chemically vapor-deposited silicon nitride in N_2-O_2 and $Ar-O_2$ atmospheres. J. Am. Ceram. Soc., 1994, 77: 2369—2375.

[26] GOTO T, NARUSHIMA T, IGUCHI Y, et al. Active to passive transition in the high-temperature oxidation of CVD SiC and Si_3N_4. Corr. Adv. Ceram., 1994, 267: 165—176.

[27] BALAT M, CZERNIAK M, BERJOAN R. Oxidation of silicon nitride under standard air or microwave-excited air at high temperature and low pressure. J. Mater. Sci., 1997, 32: 1187—1193.

[28] GOTO T, NARUSHIMA T, IGUCHI Y, et al. High-temperature passive/active oxidation for CVD SiC and Si_3N_4. Ceram. Trans., 1994, 42: 307—318.

[29] DEAL B E, GROVE A S. General relationship for the thermal oxidation of silicon. Journal of Applied Physics, 1965, 36 (12): 3770—3778.

[30] MARSCHALL J, CHEN Y K. Modeling surface oxidation in transient aerothermal heating environments. AIAA 2004—0485.

[31] ZIERING M B. Thermochemical ablation of ceramic heat shields. AIAA Journal, 1975, 13 (5): 610—616.

[32] STERN K H. Oxidation of silicon, silicon carbide (SiC) and silicon nitride (Si_3N_4). AD—A168886.

[33] SCALA S M. The ablation of graphite in dissociated air. JAS Paper, 1962: 62—154.

[34] NOLAN E J, SCALA S M. Aerothermodynamic behavior of pyrolytic graphite during sustained hypersonic flight. ARS J., 1962, 32 (1).

[35] 姜贵庆，李仲平，俞继军．硅基复合材料粘性系数的参数辨识．空气动力学学报，2008，26 (4)：452—455.

[36] KAMVAN DARJABCIG. Thermal analysis and design optimization of multilayer insulation for reentry aerodynamic heating. Journal of Spacecraft and Rockets, 2002, 39 (4): 509—514.

[37] 俞继军，姜贵庆，李仲平．烧蚀条件下氮化硼材料表面的产物分析．宇航材料工艺，2008，38 (4)：18—21.

第3章　热透波材料热电行为规律及热透波特性

3.1　概述

热透波材料属于绝缘电介质材料。热透波涉及材料介电性能随温度的变化规律以及电磁波在高温介质中的传输特性。认识和掌握材料介电性能随温度的变化规律，即热电行为规律，是开展热透波分析的前提条件，也是热透波设计选材的重要依据。

经典的电介质理论已有百年以上历史[1-3]，但较少涉及材料的高温介电行为，尤其是1 000K以上的介电行为。自20世纪六七十年代开始，以美国麻省理工学院（MIT）[4]、美国国家航空航天局兰利研究中心（NASA LRC）[5]为代表的研究机构陆续报道了部分热透波材料高温介电性能实测数据。80年代为分析ABRES天线窗高衰减，进行了氮化硼高温介电行为的建模研究，但迄今为止，基于理论建模的高温热电行为研究尚未见系统报道。

本章以电介质物理为基础，从极化与损耗机制建模出发，结合实验研究，详述了典型氧化物、氮化物、氮氧化物热透波材料室温～3 000 K，2～18 GHz的热电行为规律；利用热电行为规律和烧蚀传热行为规律，采用分区分层计算模型分析了材料固、液、气三相共存状态下的热透波特性。

3.2　热透波材料热电行为建模分析

3.2.1　热透波材料热电行为基础理论

3.2.1.1　极化机制

热透波材料的极化机制主要包括电子位移极化、离子位移极化、偶极子转向极化和热离子极化4种基本类型[6-7]。

（1）电子位移极化

在外电场作用下，原子外围的电子云中心相对于原子核发生位移，由此产生的极化称为电子位移极化，其极化率称为电子位移极化率 α_e，在外电场作用下，电子云中心相对原子核产生的位移，其振动频率在光频范围，所以电子极化又称光极化，极化建立和消除的时间极短，约为 $10^{-14}\sim10^{-16}$ s，与紫外线的频率相当。当电子位移极化简化为“球状原子模型”或“圆周轨道模型”时（分别见图3-1和图3-2[8]），电子位移极化率

$$\alpha_e = 4\pi\varepsilon_0 r^3 \tag{3-1}$$

式中　r——原子半径；

ε_0 ——真空介电常数。

电子位移极化只与电子在原子中的分布有关。当温度升高时，热透波材料体积发生变化，多数情况下为膨胀，造成单位体积内的原子数减少，使得电子位移极化所贡献的极化强度减弱，引起材料介电常数略为下降。

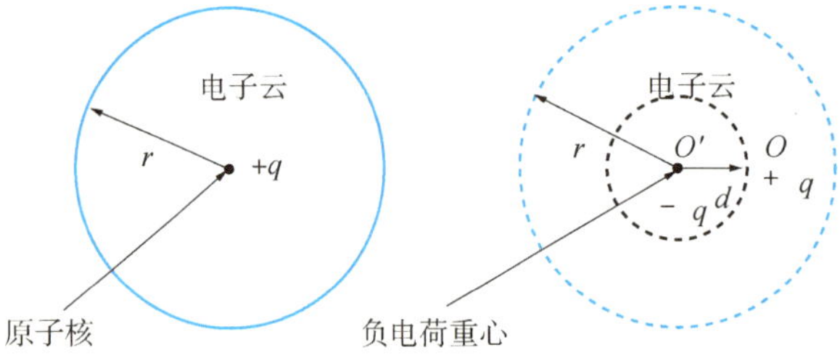

图 3-1　球状原子模型[8]

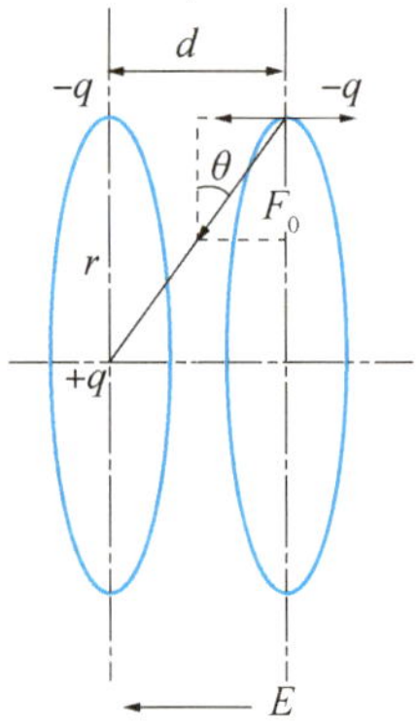

图 3-2　圆周轨道模型[8]

(2) 离子位移极化

在外电场的作用下，正、负离子发生相对位移而形成的极化称之为离子位移极化（见图 3-3)。离子位移极化建立或消除的时间与晶格振动周期的数量级相当，约为 10^{-12}～10^{-13} s，与红外线的频率相当。

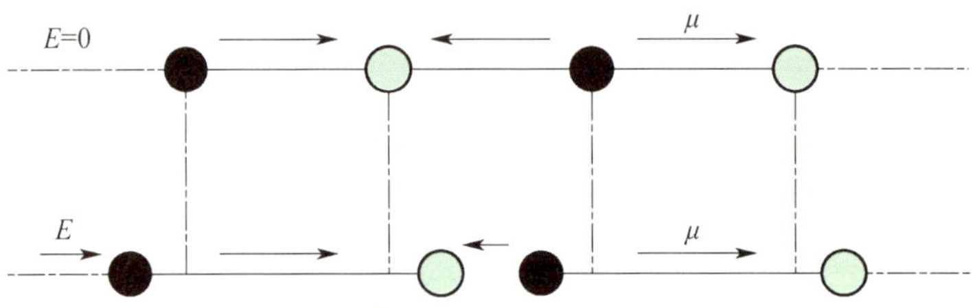

图 3-3　离子位移极化前后示意图

μ—离子位移极化产生的偶极矩

离子位移极化率 α_i 的计算公式为

$$\alpha_i = \frac{q^2}{K} \tag{3-2}$$

式中　q——电子电荷；

K——原子间的弹性系数。

离子位移极化与离子电荷及晶体结构直接有关。但当温度升高时，一方面电介质材料密度发生变化，多数情况下为减小，使之极化程度下降；另一方面离子间的结合力降低，即离子间的弹性联系减弱，使之极化程度加强；一般情况下，后者的影响程度大于前者，即温度升高时，介电常数有增大的趋势。

离子间的弹性系数 K 有两种计算方法。

其一，根据正负离子对的固有谐振频率求得

$$K = \frac{4\pi^2 c^2 M_1 M_2}{\lambda^2 (M_1 + M_2) N_0} \tag{3-3}$$

式中　c——光速；

λ——对应于谐振频率 ν_0 的波长；

M_1, M_2——分别为正负离子的原子量；

N_0——阿伏加德罗常数。

其二，根据离子对相互作用能求得

$$K = \frac{A(n-1)q^2}{12\pi\varepsilon_0 a^3} \tag{3-4}$$

式中　A——马德隆常数，该常数与晶体结构有关；

n——晶面能指数；

q——电子电荷；

a——正负离子间的距离。

随温度升高，离子间的距离增大，它们之间的相互作用减弱，即弹性联系减弱，K 减小，因此离子位移极化会随温度的升高而增大，但增加值并不大。

（3）偶极子转向极化

极性电介质具有非零的固有电偶极矩 μ_0，受外电场作用时，偶极矩沿电场方向发生转动（如图 3-4 所示）而产生的极化称为偶极子转向极化，其极化率 α_d 为

$$\alpha_d = \frac{\mu_0^2}{3kT} \tag{3-5}$$

式中　k——波尔兹曼常数；

μ_0——固有电偶极矩；

T——绝对温度。

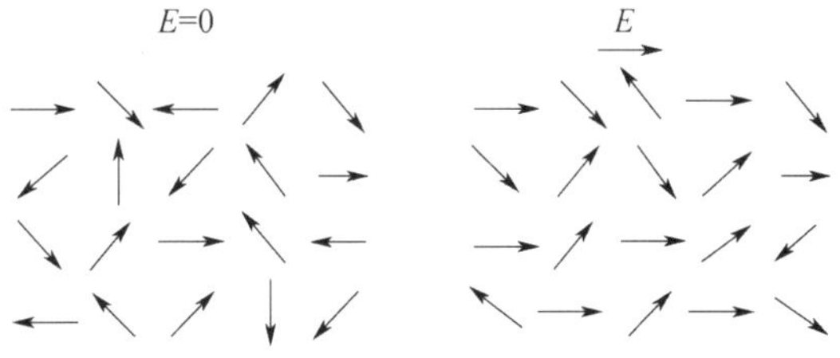

(a)极化前　　(b)极化后

图 3-4　偶极子转向极化前后

偶极子转向极化属于慢极化形式，受分子热运动的无序化作用、电场的有序化作用以及分子间的长程作用的影响，极化建立和消除的时间通常约为 $10^{-6} \sim 10^{-2}$ s，其过程中伴随着能量的损耗，在气体和液体以及某些特定晶体中，固有偶极矩转向需要几秒钟甚至更长的时间。

偶极子转向极化是一种与热运动有关的极化形式，其极化率随温度升高而降低，但在高温下，材料凝聚态结构和价键结构的变化会引起“冻结”偶极矩的释放或附加偶极极化，造成偶极极化强度的增加。

（4）热离子极化

热离子极化是由于电介质中存在某些弱联系的离子，在电场的作用下发生沿电场方向的跃迁运动而引起的。所谓弱联系离子一般是指电介质中存在的杂质离子和本征缺陷，它们的能量状态比较高，不太稳定，容易被激活。

在未加外加电场时，弱联系离子在平衡位置处于不断振动的热运动状态，如图 3-5 所示，离子在平衡位置 A、B 的能量是相等的，当存在外电场 E 时，离子在电场中的势能曲线发生变化，离子从 A 位置跃迁到 B 位置的几率增大，热运动动能超过其束缚能的离子将离开原来 A 位置沿电场方向发生迁移，经过一段与离子尺寸可比拟的路程（δ），又被束缚在新的 B 位置上振动，这一过程造成电介质内部电荷分布的畸变，形成电矩。这里需要指出的是，离子脱离平衡位置并不是由于电场所引起的，而是热运动的结果，电场的作用只是使已经脱离平衡位置的弱联系离子做定向迁移。

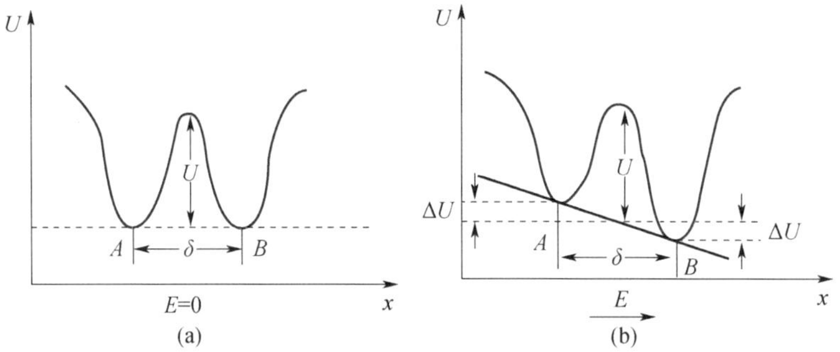

图 3-5 电场对弱联系离子势垒曲线的影响

该过程产生的热离子极化率 α_T 为

$$\alpha_T = \frac{\mu_0^2}{3kT} = \frac{(q\delta)^2}{12kT} \tag{3-6}$$

式中 q——离子的电荷；

δ——离子越过势垒的平均距离；

μ_0——固有电矩。

可以看到，热离子极化同偶极子转向极化类似，是与热运动有关的极化方式，反映热离子极化强弱的宏观极化强度及微观极化率均与温度 T 有关，当温度升高时，一方面能量增加使越过势垒的热离子数量增加，另一方面热运动加强造成无序运动加强，使热离子的定向迁移运动阻碍作用增大，导致热离子宏观极化强度减弱。这种极化建立与消除的时间较长，约为 $10^{-6} \sim 10^{-2}$ s之间，属于慢极化类型，受电场的频率的影响，当电场频率较高时，极化方向的改变会滞后于外电场的变化，介电常数往往随频率的升高而减小。

3.2.1.2　有效电场及弛豫模型

(1) 有效电场

有效电场 E_e 与外加的宏观电场 E 不同，它是指作用在某一极化粒子上的电场，该场强是极板上的电荷以及除该极化粒子以外其他极化粒子形成的偶极矩共同在该点形成的场强。要由电介质的微观参数求得介电常数等宏观参数，必须先得到其有效电场强度。电介质理论中经典的有效电场模型主要有洛伦兹（Lorentz）有效电场模型和昂沙格（Onsager）有效电场模型。

洛伦兹有效电场的计算模型是设想在介质中“割取”一个球，所考察的极化粒子处于球心，且球的半径应比极化粒子间距大得多，如图 3－6 所示。

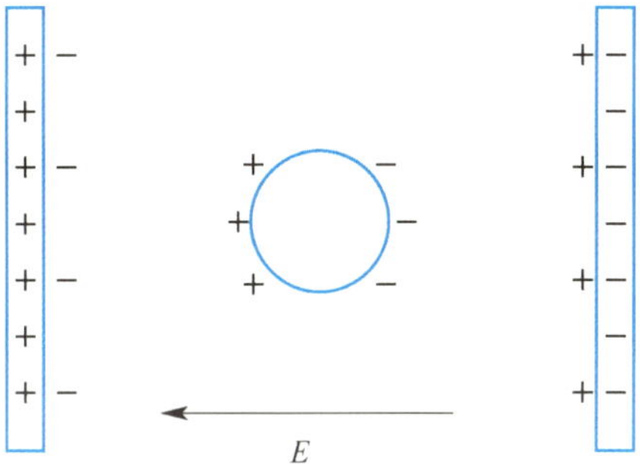

图 3－6　洛伦兹有效电场的计算模型

则作用在球中心极化粒子的有效电场 E_e 由 3 部分组成

$$E_e = E + E_1 + E_2 \tag{3-7}$$

式中　E——外加宏观电场强度；

E_1——球腔表面上的极化电荷在中心处形成的场强；

E_2——球内除中心外其他所有极化粒子在中心处形成的场强。

但是中心粒子被周围的粒子所围绕，粒子之间必然有相互作用，由于这种相互作用所产生的电场强度，其计算会相当复杂。对此，提出了洛伦兹有效电场近似的概念，即当介质结构满足某些对称条件时，球内除中心外其他所有极化粒子在中心处形成的场强存在抵消效应，因此，$E_2 = 0$，则式（3－7）可简化为

$$E_e = \frac{\varepsilon + 2}{3} E \tag{3-8}$$

洛伦兹有效电场近似是将离子极化后形成的偶极子都视为点偶极子得到的，但这种点偶极子模型只有在离子间的距离远大于离子本身半径时才能成立。事实上，与被考察离子最邻近的极化离子不能看成是点偶极子，尤其当离子间距离小时更是如此。图 3－7 给出了一个极化离子所建立的电场与距离 r 的关系[7]，从图中可以看出，当距离 r 足够大时，极化离子所建立的电场按 $\mu/(2\pi\varepsilon_0 r^3)$ 规律衰减。

洛伦兹有效电场近似适用于非极性气体电介质、二氧化硅及具有高对称性的体心立方、面心立方的氯化钠型和金刚石型晶体结构的电介质材料；而其他材料，如氮化硼、氮

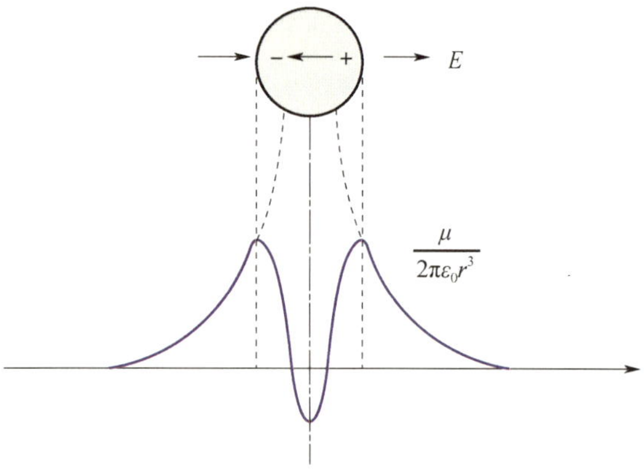

图 3-7 极化离子所建立的电场[7]

化硅、氮氧化硅等六方晶系电介质材料，洛伦兹有效电场近似并不适用，需引入有效电场修正因子，才能进行这些材料介电性能的计算。

对氮化硼、氮化硅、氮氧化硅等属六方晶系的电介质材料，需要考虑电子云的重叠和渗透，认为 $E_2 \neq 0$，则求得内电场 E_2 应为

$$E_2 = 2\left(\frac{\beta\mu}{2\pi\varepsilon_0 a^3}\right) - 4\left(\frac{\mu}{4\pi\varepsilon_0 a^3}\right) = \frac{\beta - 1}{\pi\varepsilon_0} \cdot \frac{\mu}{a^3} \tag{3-9}$$

其中，β 是一待定的常数，它的大小取决于电子云重叠和相互渗透的程度。

引入有效电场修正因子 γ，作用在被考察离子上实际的有效电场强度为

$$E_e = E + \frac{1}{3\varepsilon_0}P + E_2 = E + \frac{\gamma}{3\varepsilon_0}P \tag{3-10}$$

有效电场的修正因子 γ（$0 \leqslant \gamma \leqslant 1$）为

$$\gamma = 1 - \frac{3}{\pi}(1 - \beta) \tag{3-11}$$

式（3-10）中 P 为被考察离子单位体积中的电矩，即极化强度。

此外，对于极性较强的电介质材料，昂沙格提出了另一种有效电场的计算模型[9]。该模型假设极性分子为一个空心球，其永久偶极矩为 μ_0，在电场中可极化的偶极子能够用无电场存在时包含有一个偶极子的空心球和有电场存在时处于真空下的同一空心球叠加而得到修正（参见图 3-8）。

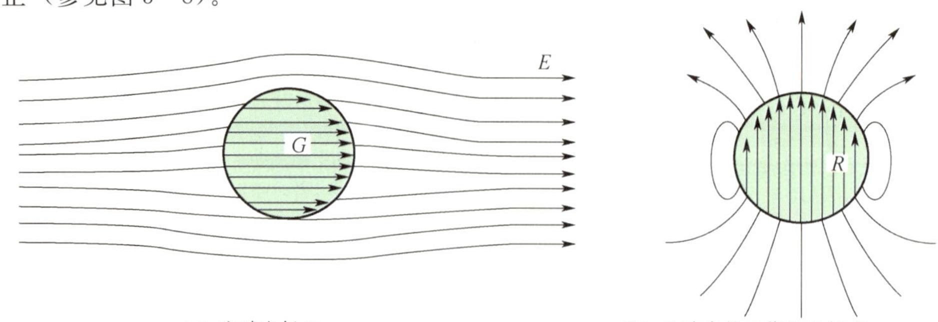

(a) 空球电场 G　　(b) 空球内的反作用电场 R

图 3-8 昂沙格有效电场的计算模型[7]

则作用于粒子上的昂沙格电场为

$$E_e = \frac{3\varepsilon}{2\varepsilon+1}E + \frac{2(\varepsilon-1)}{2\varepsilon+1} \cdot \frac{\mu}{4\pi\varepsilon_0 a^3} \tag{3-12}$$

式中　E——外加宏观电场强度；

ε——电介质的介电常数；

μ——该粒子的偶极矩；

a——该空心球即分子的半径。

昂沙格模型适用于极性液体介质，但是没有考虑分子与它最邻近分子的相互作用以及非偶极分子的相互作用，因此对存在有强烈分子相互作用的情况偏差较大，对现有热透波材料体系适用性有限。

（2）弛豫模型

热透波材料的宏观介电性能可用相对介电常数 ε 来描述，在频率为 ω 的正弦交变电场作用下，热透波材料的极化弛豫现象一般可用如下的普适关系式来描述

$$\varepsilon(\omega) = \varepsilon_\infty + \int_0^\infty \alpha(t) e^{j\omega t} dt \tag{3-13}$$

式中，$\alpha(t)$ 被称为衰减因子。它描述了突然撤除外电场后，介质极化衰减的规律以及迅速加上恒定外电场时介质极化趋向于平衡态的规律。

受极化弛豫的影响，一些极化可能会滞后于电场方向的变化，此时的介电常数须用复数来表示，根据德拜方程的修正式[10-11]柯尔－柯尔（Cole-Cole）公式，记为

$$\varepsilon * = \varepsilon_\infty + \frac{\varepsilon_s - \varepsilon_\infty}{1+(i\omega\tau)^{1-a}} \tag{3-14}$$

式中　ε_s——静介电常数；

ε_∞——光频介电常数；

ω——交流电场的角频率；

τ——弛豫时间；

a——修正因子，介于 0 和 1 之间的常数。

当 $a=0$ 时，式（3－14）即转化为德拜方程式；当 $a>0$ 即相当于非单一弛豫时间的弛豫分布，a 值越大，弛豫时间分布越宽。

弛豫时间 τ 可以表示为

$$\tau = \frac{1}{2\nu}\exp\left(\frac{U}{kT}\right) \tag{3-15}$$

式中　ν——粒子振动频率；

U——势阱中的势垒高度。

式子（3－14）可以改写为

$$\varepsilon * = \varepsilon_\infty + \frac{\varepsilon_s - \varepsilon_\infty}{1+(\omega\tau)^{1-a}\left[\cos(1-a)\dfrac{\pi}{2} + i\sin(1-a)\dfrac{\pi}{2}\right]} \tag{3-16}$$

并将复介电常数的实部和虚部分别记为

$$\varepsilon' = \varepsilon_\infty + (\varepsilon_s - \varepsilon_\infty)\frac{1 + (\omega\tau)^{1-a}\sin\frac{\pi a}{2}}{1 + 2(\omega\tau)^{1-a}\sin\frac{\pi a}{2} + (\omega\tau)^{2(1-a)}} \tag{3-17}$$

$$\varepsilon'' = (\varepsilon_s - \varepsilon_\infty)\frac{1 + (\omega\tau)^{1-a}\cos\frac{\pi a}{2}}{1 + 2(\omega\tau)^{1-a}\sin\frac{\pi a}{2} + (\omega\tau)^{2(1-a)}} \tag{3-18}$$

式中　ε'——介电常数的实部，即在交流电场下实际测得的介电常数；

ε''——介电常数的虚部。

3.2.1.3　损耗机制

热透波材料的损耗机制主要有4种：

1）由于电介质不是理想绝缘体而产生的电导损耗，包括电子电导损耗和离子电导损耗；

2）电介质中发生的慢极化（如与热运动密切相关的热离子极化、偶极转向极化等）导致的弛豫损耗；

3）原子、离子或电子的振动或者转动而产生的共振效应，这种效应发生在红外到紫外的光频范围内；

4）与介质的结构相关的结构损耗。

由于本书中主要关注的是热透波材料在微波频段的热电行为，该频率远小于光频，因此原子、离子或电子的共振效应可以忽略。此外，介质的结构损耗主要发生在1～10 MHz频段，也可不作考虑。综上所述，在微波频段，对于常用热透波材料，弛豫损耗和电导损耗占主导地位。

（1）弛豫损耗

上面已经提到弛豫损耗与介质的慢极化有关，当电场频率超过一定限度后，这类极化表现出滞后性，于是介电常数随频率的增大而逐渐减小，这个过程带来的弛豫损耗可根据修正的德拜模型求得

$$\tan\delta_1 = \frac{(\varepsilon_s - \varepsilon_\infty)\left[1 + (\omega\tau)^{1-a}\cos\frac{\pi a}{2}\right]}{\varepsilon_s\left[1 + (\omega\tau)^{1-a}\sin\frac{\pi a}{2}\right] + \varepsilon_\infty\left[(\omega\tau)^{1-a}\sin\frac{\pi a}{2} + (\omega\tau)^{2(1-a)}\right]} \tag{3-19}$$

式中　ε_s——静介电常数；

ε_∞——光频介电常数；

ω——交流电场的频率；

τ——弛豫时间；

a——修正因子，介于0和1之间的常数。

（2）电导损耗

电导损耗是热透波材料损耗的主要来源，在高温条件下往往高于其他形式的损耗。电导损耗表示为

$$\tan\delta_2 = \frac{\gamma}{\omega \varepsilon' \varepsilon_0} \tag{3-20}$$

式中　γ——电导率；

ω——角频率。

在实际介质材料中，电导率 γ 由 3 部分组成：电子电导 γ_e 、杂质离子电导 γ_{im} 和本征离子电导 γ_b ；其中杂质离子电导取决于杂质的浓度及种类，本征离子电导取决于热激发离子的数目，电子电导则是由于介质材料中的电子运动而形成的。

①电子电导损耗

电子电导损耗为

$$\tan\delta_e = \frac{4e^2 \sqrt{m_e}\left(\frac{2\pi k}{h^2}\right)^{\frac{3}{2}} T^{3/2} \exp\left(\frac{-E_g}{2kT}\right)}{\omega \varepsilon' \varepsilon_0 \nu_e} \tag{3-21}$$

式中　e——电子电量；

m_e——电子的有效质量；

E_g——材料的禁带宽度；

ν_e——电子的有效碰撞频率。

E_g 随温度变化采用经验公式计算

$$E_g = E_{g0} - \eta(T - T_0) \tag{3-22}$$

式中　E_{g0}——0 K 时的禁带宽度。

ν_e 随温度变化可采用经验公式计算

$$\nu_e = cT^{\frac{3}{2}} + dT^{-\frac{3}{2}} \tag{3-23}$$

式中　c——与声子散射有关的常数；

d——与不纯度有关的常数。

由式（3-22）可见，材料禁带宽度对电子电导损耗具有明显影响。

②杂质离子电导损耗

杂质离子电导损耗为

$$\tan\delta_{im} = \frac{N_{imd} q^2 \delta^2 v_0}{6kT\omega\varepsilon' \varepsilon_0} e^{-\frac{U_1}{kT}} \tag{3-24}$$

式中　N_{imd}——杂质离子浓度；

δ——杂质离子跃迁的步长；

U_1——杂质离子活化能。

③本征热缺陷电导损耗

本征热缺陷电导损耗为

$$\tan\delta_{in} = \frac{N_0 q^2 \delta^2 v_0}{6kT\omega\varepsilon' \varepsilon_0} e^{-\frac{W}{kT}} e^{-\frac{U_2}{kT}} \tag{3-25}$$

式中　N_0——近似等于材料中的格点数目；

W——热缺陷形成能，其数值可由分子模拟计算得到；

U_2——缺陷活化能。

3.2.2 固态热电行为建模

（1）介电常数模型

对于固态热透波材料，其介电常数的计算包括静态介电常数、光频介电常数和交变电场作用下的复介电常数。依据洛伦兹有效电场近似的计算模型，克劳修斯—莫索缔（Klausius—Mosotti）推导出电介质材料宏观介电常数和微观极化率之间的关系，即克劳修斯—莫索缔方程，简称 K—M 方程

$$\frac{N_0\alpha}{3\varepsilon_0}=\frac{\varepsilon-1}{\varepsilon+2}\cdot\frac{M}{\rho} \tag{3-26}$$

式中 N_0——阿伏加德罗常数；

M——分子量；

ρ——材料密度；

α——分子极化率。

分子极化率 α 为 4 种极化方式所贡献的极化率之和

$$\alpha=\alpha_e+\alpha_i+\alpha_d+\alpha_T$$

式中 α_e——电子位移极化；

α_i——离子位移极化；

α_d——偶极子转向极化；

α_T——热离子极化。

K—M 方程对静态介电常数和光频介电常数也是适用的，其计算式分别表示为

$$\frac{\varepsilon_s-1}{\varepsilon_s+2}=\frac{N}{3\varepsilon_0}(\alpha_e+\alpha_i+\alpha_d+\alpha_T) \tag{3-27}$$

$$\frac{\varepsilon_\infty-1}{\varepsilon_\infty+2}=\frac{N}{3\varepsilon_0}(\alpha_e+\alpha_i) \tag{3-28}$$

其中，N 为单位体积内分子数，α_e 计算式为式（3-1），α_i 计算式为式（3-2），α_d 计算式为式（3-5），α_T 计算式为式（3-6）。

采用柯尔—柯尔公式计算交变电场作用下的复介电常数

$$\varepsilon^*=\varepsilon_\infty+\frac{\varepsilon_s-\varepsilon_\infty}{1+(\mathrm{i}\,\omega\tau)^{1-a}} \tag{3-29}$$

式中 τ——弛豫时间，$\tau=\frac{1}{2\nu}\exp\left(\frac{U}{kT}\right)$；

a——弛豫修正因子，$0<a<1$。

复介电常数的实部和虚部可分别记为

$$\varepsilon'=\varepsilon_\infty+(\varepsilon_s-\varepsilon_\infty)\frac{1+(\omega\tau)^{1-a}\sin\frac{\pi a}{2}}{1+2(\omega\tau)^{1-a}\sin\frac{\pi a}{2}+(\omega\tau)^{2(1-a)}} \tag{3-30}$$

$$\varepsilon''=(\varepsilon_s-\varepsilon_\infty)\frac{1+(\omega\tau)^{1-a}\cos\frac{\pi a}{2}}{1+2(\omega\tau)^{1-a}\sin\frac{\pi a}{2}+(\omega\tau)^{2(1-a)}} \tag{3-31}$$

(2) 介电损耗模型

在 3.2.1.3 节中介绍了热透波材料的损耗机制，分析得到固态热透波材料的介电总损耗主要包括弛豫损耗和电导损耗，即

$$\tan\delta = \frac{(\varepsilon_s - \varepsilon_\infty)\left[1 + (\omega\tau)^{1-a}\cos\frac{\pi a}{2}\right]}{\varepsilon_s\left[1 + (\omega\tau)^{1-a}\sin\frac{\pi a}{2}\right] + \varepsilon_\infty\left[(\omega\tau)^{1-a}\sin\frac{\pi a}{2} + (\omega\tau)^{2(1-a)}\right]} + \frac{4e^2\sqrt{m_e}\left(\frac{2\pi k}{h^2}\right)^{\frac{3}{2}}T^{3/2}\exp\left(\frac{-E_g}{2kT}\right)}{\omega\varepsilon'\varepsilon_0\nu_e} + \frac{N_{imd}q^2\delta^2 v_0}{6kT\omega\varepsilon'\varepsilon_0}e^{\frac{-U_1}{kT}} + \frac{N_0 q^2\delta^2 v_0}{6kT\omega\varepsilon'\varepsilon_0}e^{-\frac{W}{kT}}e^{-\frac{U_2}{kT}} \tag{3-32}$$

式中，第 1 项为弛豫损耗，第 2 项为电子电导损耗，第 3 项为杂质离子电导损耗，第 4 项为本征缺陷电导损耗。

3.2.3　熔融态热电行为建模

本书中所涉及的热透波材料，主要为无机无定型材料及无机晶体材料，当温度升高到一定程度时，有些固态热透波材料，会发生熔融，变成液态，但有些材料为共价键原子晶体，如氮化硅、氮化硼等，这类材料一般直接发生气化，不存在熔融的现象。熔融态热透波材料的介电性能可以参照固态建模的方法来计算。

对于熔融型热透波材料，其熔融过程可主要概括为两类情况：一类为材料发生离解，形成正、负离子；另一类为材料发生网络解聚，形成新的偶极。

第一类情况对应离子键占主导的热透波材料，其典型代表包括氧化铝、氧化钇、氧化铍等，材料的熔融过程主要是产生正、负离子的离解过程，由于离子键的断裂，使得离子位移极化大大减小，因此熔化后介电常数将随温度升高而减小。同时，熔体中大量的正、负离子对离子电导产生较大贡献，材料表观上成为具有较高电导率的导体，介电常数快速下降，介电损耗急剧上升。

第二类情况对应离子键和共价键比例相当的热透波材料，其典型代表为二氧化硅，这类材料高温介电特性变化较为复杂，熔融过程中介电常数变化规律因材料而异。以二氧化硅为例，当温度超过 1 983 K 时，它开始发生熔融，在相当宽的温度区间内缓慢发生物态的转变，变成一种粘稠的液体。从图 3－9 可以看出，二氧化硅在熔融温度附近其介电常数随着温度的升高而缓慢增大，这是由于二氧化硅熔融过程中Si－O键断裂形成的偶极子和本征偶极矩对极化的贡献。一方面，由于键的断裂，会使得玻璃的网络结构破坏而变得松散，其内在所含的杂质会更容易迁移，则其热离子极化和电导会增大；另一方面，Si－O 键断裂后会使得 Si、O 原子出现悬挂键进而形成自由基，在电场下，则会沿电场方向转向，产生一端束缚的偶极子转向极化。

属第二类情况的材料熔融态热电行为规律具有重要的理论和工程价值，本书将以二氧化硅为代表，在 3.3.1.2 节重点论述其熔融态热电行为规律。

3.2.4　气态热电行为建模

气态主要包括两种情况：一种是材料自身分解产生的气体，如氮化硅、氮化硼等；另

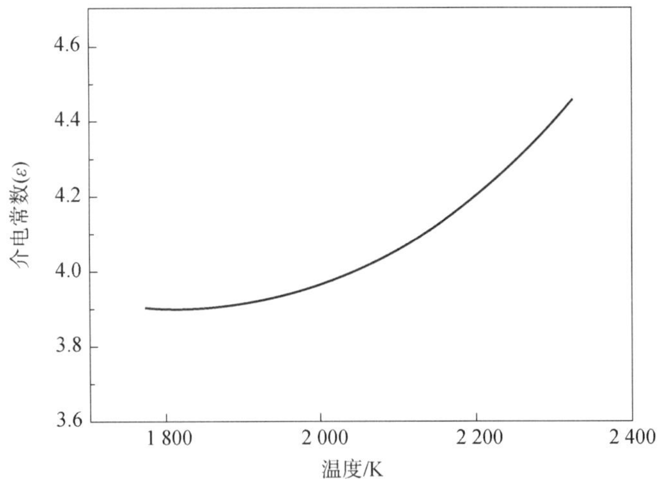

图 3-9　二氧化硅材料熔融区介电常数（理论计算值）随温度的变化

一种是高温等离子体。但由材料分解产生的气体浓度非常低，对电磁波传输性能的影响基本可以忽略不计，因而此处主要介绍等离子体的热电行为建模。

常温下稀薄气体的介电常数接近于真空的介电常数，损耗非常小（$<10^{-9}$），对电磁波的传输性能几乎没有影响。当温度升高到 2 000 K 甚至更高时，随着温度的升高，气体分子热运动加剧，气体分子电离度增加，单位体积的电子密度迅速升高，气态层变成了电导率很高的等离子体层，对电磁波的传输产生很大的影响。

对于非磁化等离子体，其复介电常数表示为

$$\varepsilon_r = 1 - \frac{\dfrac{\omega_{pe}^2}{\omega^2}}{1 - j\dfrac{\nu_{eff}}{\omega}} = 1 - \frac{\omega_{pe}^2}{\omega^2 + \nu_{eff}^2} - j\frac{\omega_{pe}^2 \cdot \nu_{eff}}{\omega(\omega^2 + \nu_{eff}^2)} \tag{3-33}$$

式中　ω_{pe} ——等离子体频率；

ω ——外加电磁场角频率；

ν_{eff} ——碰撞频率。

其中

$$\omega_{pe}^2 = \frac{Ne^2}{m\varepsilon_0}$$

式中　N ——电子密度；

e ——电子电量；

m ——电子质量。

等离子体复介电常数和电子密度密切相关，随电子密度增加，介电常数实部减小，虚部增大；其变化幅度与电磁波频率也密切相关。

3.3　典型氧化物热电行为规律

氧化物热透波材料一般属于高温熔融型材料，按离子键占化学键比例，大致可分为两类：

第一类以 SiO_2 材料为代表，其共价键与离子键比例相当，熔融时产生附加偶极极化，导致介电常数增大。由于 SiO_2 熔融温区较宽，其介电常数呈现逐渐上升的趋势，不会出现突变。

第二类材料包括 Al_2O_3、Y_2O_3、MgO、BeO、Na_2O、K_2O 等，离子键比例较高，熔融后其熔体介电常数快速下降，介电损耗急剧上升，具体变化幅度因材料而异，按电导率大小排序，依次为一价金属氧化物＞二价金属氧化物＞三价金属氧化物。该类材料熔融后均具有较高的电导率，例如 Al_2O_3、BeO、MgO、CaO 熔融时的电导率[12-13]分别为 6 s/cm、11 s/cm、35 s/cm、40 s/cm。

本节分别从理论建模分析和实验两个方面重点介绍了二氧化硅材料固态及熔融态的热电行为规律；同时介绍了氧化铝、氧化铍、氧化钇等典型氧化物热透波材料的固态热电行为规律。

3.3.1　二氧化硅材料热电行为规律

二氧化硅是一种应用广泛的重要热透波材料。石英玻璃是二氧化硅用于工程热透波材料的主要形式，它是由硅氧四面体［SiO_4］通过共有顶角互相连接而构成的三维空间网络结构[14]（如图 3－10 所示），其网络结构是不规则的，近程有序而长程无序，因此没有固定的熔点，在温度升高达到软化点 1 983 K 后变成了高粘度的熔融态，直到温度升高到了其气化温度（约 2 373 K），其粘度比室温时沥青的粘度还高一个数量级。硅氧四面体［SiO_4］是构成二氧化硅玻璃或晶体的基本单元。如图 3－10 所示，在四面体中，一个硅原子居于四面体的中心，4 个氧原子居于四面体的 4 个顶角处。四面体中的硅氧键键长为 1.62 Å，单胞边长为 2.65 Å，Si－O－Si 的键角为 109°28′，而 O－Si－O 的键角则不固定，通常在 α－石英中为 144°，而在 β－石英中约为 160°左右，石英玻璃中可能包含有 α－石英

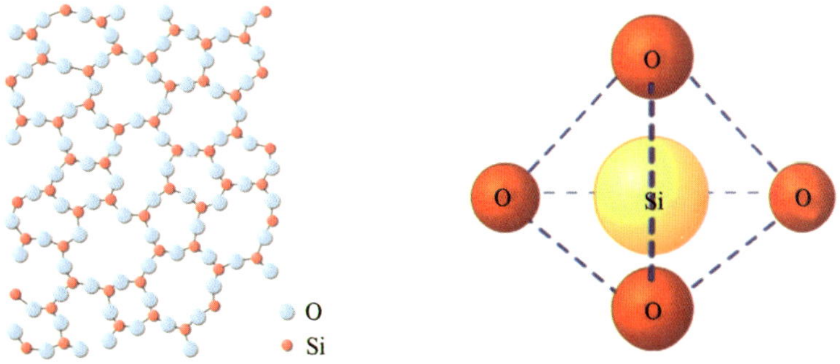

图 3－10　石英玻璃的网络结构及硅氧四面体结构单元[15-16]

和β—石英或其他晶形的结构单元，因此其 O—Si—O 键角的分布范围很宽。硅氧四面体中，Si 与 O 之间的结合键不仅是纯离子键，还有相当比例的共价键成分，根据电负性公式可以算出，这种混合键中约 49%属于离子键，51%属于共价键，二氧化硅玻璃中既存在离子位移极化，又存在电子位移极化，室温下二氧化硅玻璃的介电常数为 3.8～3.9。

3.3.1.1　固态二氧化硅的热电行为

根据热透波材料热电行为的建模分析，固态二氧化硅材料可以用基于洛伦兹有效电场近似的 K—M 方程（式 3-26）来计算其静态介电常数 ε_s。因存在离子键成分，二氧化硅的快极化由电子位移极化和离子位移极化共同组成。同时，由于二氧化硅中不可避免会存在羟基等一些极性基团以及碱金属或碱土金属杂质，因此二氧化硅中还存在慢极化，主要是偶极转向极化和热离子极化。

对固态二氧化硅材料，由于其本征偶极被“冻结”，其极性效应可以忽略，根据 K—M 方程，二氧化硅静态介电常数 ε_s 和光频介电常数 ε_∞ 的计算式为

$$\frac{\varepsilon_s - 1}{\varepsilon_s + 2} = \frac{4\pi\rho N_0 r^3}{3M_{SiO_2}} + \frac{4C_0\pi a_0^3\rho N_0}{M_{SiO_2}A(n-1)}[1+3\beta_1(T-T_0)][1-3\beta_2(T-T_0)] + \sum \frac{p_{im}\rho N_0(q\delta)^2}{36k\varepsilon_0 TM_{im}} + \frac{p_{OH}\rho N_0 u_{OH}^2}{9k\varepsilon_0 TM_{OH}} \tag{3-34}$$

$$\frac{\varepsilon_\infty - 1}{\varepsilon_\infty + 2} = \frac{1}{3\varepsilon_0}N\left(\alpha_{Si} + 2\alpha_O + 4C_0\frac{e^2}{K}\right) \tag{3-35}$$

$$K = \frac{A(n-1)e^2}{12\pi\varepsilon_0 a^3} \tag{3-36}$$

式中，主要物理符号的含义、取值及与温度的关系详见表 3-1（对应物理常量的取值参见附表）。N 为单位体积内相对应的电子、离子、羟基和杂质离子数目，是温度的函数

$$N = \frac{\rho \times N_A}{M}\exp(-\beta_2 T) \tag{3-37}$$

表 3-1　式（3-34）～式（3-37）中参数的意义及取值

符号	意义	取值
ρ	密度	2.19 g/cm^3
r	原子半径	1×10^{-10} m
M_{SiO_2}	二氧化硅摩尔质量	46 g/mol
A	马德隆常数	2.21[27]
a_0	正负离子间距离	1.62 Å
β_1	键长随温度的变化率	$\beta_1 = 2.8\times10^{-5}\times(1-0.3\times10^3 T)$
β_2	线膨胀系数	5×10^{-7} /K
u_{OH}	羟基偶极矩	6.2×10^{-30} C · m
p_{im}	杂质百万分含量	实测
M	二氧化硅的弹性模量	36.9 GPa
n	晶面能指数	$n = 1+\frac{72\pi\varepsilon_0 a^4}{Ae^2}M$ 计算得 2.12
C_0	二氧化硅中离子键比例	0.49
α_{Si}，α_O	分别为 Si，O 原子的电子位移极化率	$\alpha_e = 4\pi\varepsilon_0 r^3$
q	杂质离子电荷	1.6×10^{-19} C

对于二氧化硅在交变电场下的复介电常数，根据二氧化硅材料（石英玻璃）的结构特征，弛豫时间因子 a 取 0.9[17]，则此时二氧化硅的复介电常数的实部和虚部分别表示为

$$\varepsilon' = \varepsilon_\infty + (\varepsilon_s - \varepsilon_\infty)\frac{1+(\omega\tau)^{0.1}\sin\frac{9\pi}{20}}{1+2(\omega\tau)^{0.1}\sin\frac{9\pi}{20}+(\omega\tau)^{0.2}} \tag{3-38}$$

$$\varepsilon'' = (\varepsilon_s - \varepsilon_\infty)\frac{1+(\omega\tau)^{0.1}\sin\frac{9\pi}{20}}{1+2(\omega\tau)^{0.1}\sin\frac{9\pi}{20}+(\omega\tau)^{0.2}} \tag{3-39}$$

式中　ε'——介电常数的实部，即在交流电场下实际测得的介电常数；

ε''——介电常数的虚部；

ε_s——静介电常数；

ε_∞——光频介电常数；

ω——交变电场的频率；

τ——弛豫时间。

固态二氧化硅的介电损耗在微波频段主要包括弛豫损耗和电导损耗两部分，而高温下又以电导损耗为主，其中电导损耗主要包括电子电导损耗、杂质离子电导损耗和本征热缺陷电导损耗。对于二氧化硅材料，其本征热缺陷的浓度主要取决于温度的变化，根据热力学及能带理论可知

$$N = N_0 e^{-\frac{U_p}{kT}} \tag{3-40}$$

式中　N_0——单位体积内二氧化硅玻璃的总分子数；

U_p——平均形成一个硅空位所需要的能量[18]，其大小约为 2.79 eV。

相对于杂质离子和羟基而言，根据式（3-40）可估算热激发的本征离子和空穴浓度很小，即使温度高达 2 000 K，热激发形成的离子及空穴浓度仍不及微量金属杂质(20 μg/g)的百分之一，故在计算电导损耗时，本征热缺陷所贡献的电导损耗可以忽略。

因此二氧化硅总损耗可以表示为

$$\tan\delta = \frac{(\varepsilon_s-\varepsilon_\infty)\left[1+(\omega\tau)^{1-a}\cos\frac{\pi a}{2}\right]}{\varepsilon_s\left[1+(\omega\tau)^{1-a}\sin\frac{\pi a}{2}\right]+\varepsilon_\infty\left[(\omega\tau)^{1-a}\sin\frac{\pi a}{2}+(\omega\tau)^{2(1-a)}\right]}+$$

$$\frac{4e^2\sqrt{m_e}\left(\frac{2\pi k}{h^2}\right)^{\frac{3}{2}}T^{3/2}\exp\left(\frac{-E_g}{2kT}\right)}{\omega\varepsilon'\varepsilon_0\nu_e}+\sum\frac{\rho q^2 N_A\delta^2 v}{6kM_{im}T\omega\varepsilon'\varepsilon_0}e^{\frac{-U_{i3}}{kT}} \tag{3-41}$$

式中，第 1 项为弛豫损耗，第 2 项为电子电导损耗，第 3 项为杂质离子的电导损耗。E_g 表示石英玻璃中处于价带的束缚电子受激发而成为自由电子的势垒高度，相当于晶体中的“禁带宽度”，与温度有关。对于石英玻璃模型材料，E_g 与温度的经验关系为

$$E_g(T) = 8.9 - 5 \times 10^{-4} \times (T - T_0) \tag{3-42}$$

图 3－11 为通过上述固态二氧化硅材料建模分析计算得到的固态二氧化硅模型材料的介电常数和总介电损耗随温度的变化曲线。由图可知，在微波频段内（1～18 GHz），介电常数受频率的影响不大，相同温度下高频的介电常数要略低于低频，介电损耗则受到频率的影响较大。

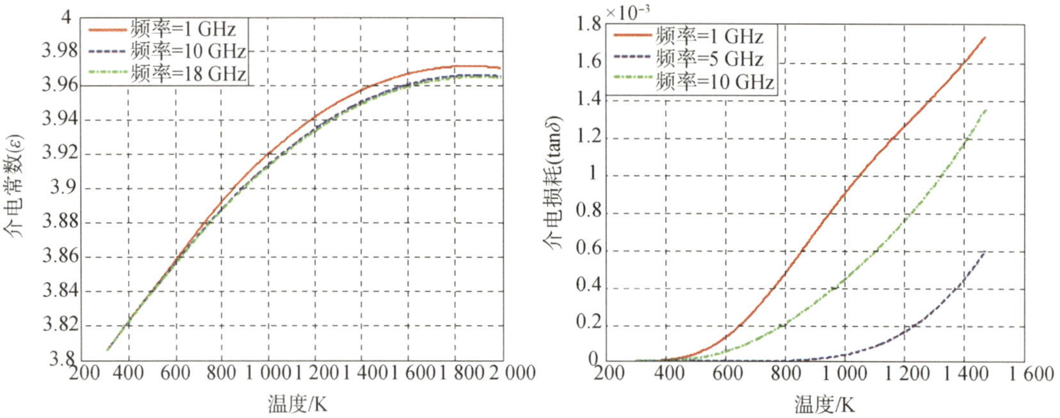

图 3－11　固态二氧化硅介电常数及介电损耗随温度的变化

模型材料为石英玻璃，密度为 2.19 g/cm³

含有微量杂质离子，密度为 2.19 g/cm³ 的石英玻璃，其弛豫损耗、电子电导损耗和杂质离子电导损耗对总介电损耗的贡献如图 3－12 所示。由图可以看出，电子电导损耗对介电总损耗的贡献很小（10^{-7}量级），当主要杂质离子 Na^+ 为 20 μg/g 时，在固态二氧化硅低温区（1 200 K 之前）总损耗以弛豫损耗为主（10^{-4}量级），随着温度的升高，杂质离子电导损耗贡献迅速增加，随温度上升呈指数增加趋势。

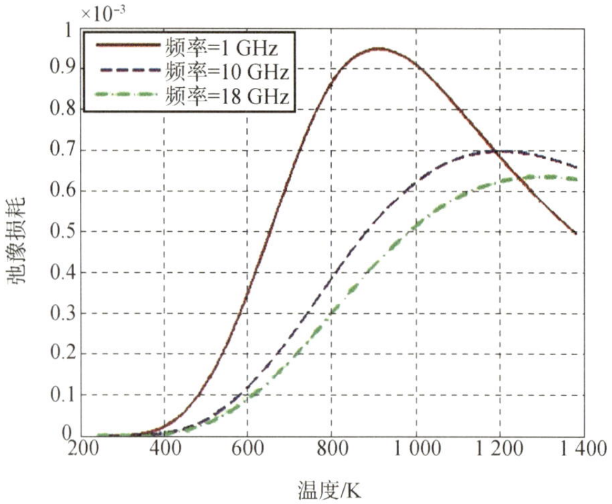

(a) 弛豫损耗

图 3－12　固态二氧化硅介电损耗随温度的变化

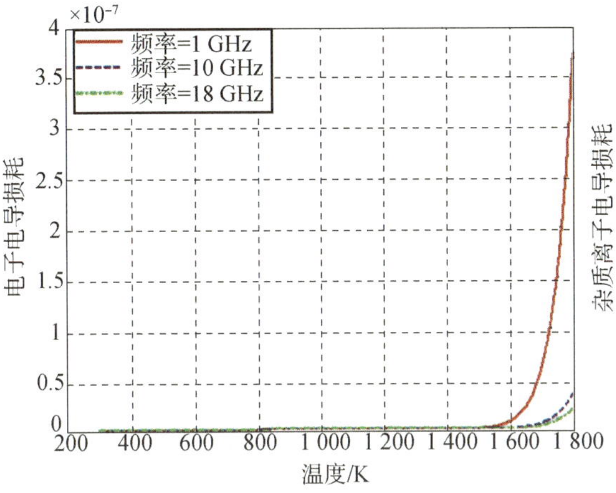

(b) 电子电导损耗

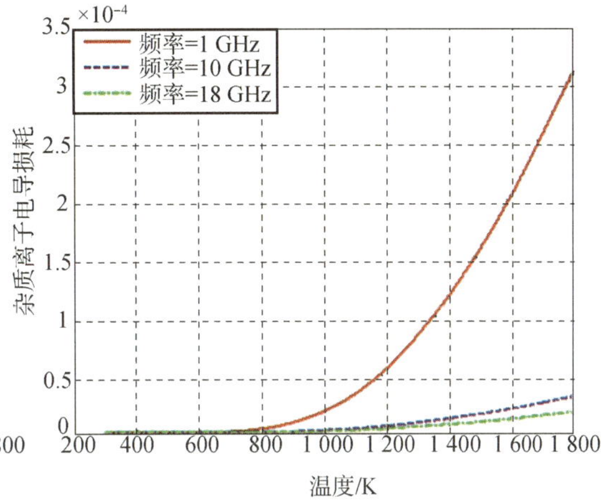

(c) 杂质离子电导损耗

图 3-12　固态二氧化硅介电损耗随温度的变化（续）

模型材料为石英玻璃，密度为 2.19 g/cm³，主要杂质离子为 Na^{+}、Ca^{2+}、Mg^{2+}，

浓度分别为 20 μg/g、46 μg/g、35 μg/g

3.3.1.2　熔融态二氧化硅的热电行为

(1) 极化机制与介电常数模型

二氧化硅进入熔融态以后，并不以单独离子或原子状态存在，而由各种形状（岛状、链状、层状、架状）的“碎片”组成[19]（如图 3-13 所示），碎片由一定数量的 $[SiO_4]^{4-}$ 四面体相互连接在一起而构成，其内部结构同固态二氧化硅的结构类似，由此导致熔体的流动性小，粘度大。

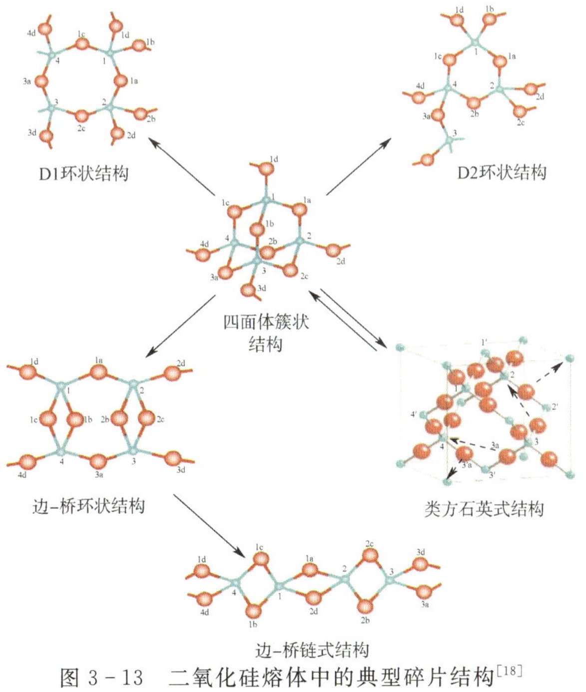

图 3-13　二氧化硅熔体中的典型碎片结构[18]

熔融态二氧化硅极化机制仍主要考虑电子位移极化、离子位移极化、偶极转向极化和热离子极化。虽然玻璃熔融后以碎片形式存在，但由于位移极化仅受相邻原子的影响，而碎片中的基本单元仍然为硅氧四面体，因此熔融态时位移极化的模型仍然用固态的模型。与固态二氧化硅相比，其极化机制的变化主要表现为附加的偶极转向极化 α_d' 和热离子极化强度的变化。

对于热离子极化，由于键的断裂使得二氧化硅的网络结构破坏而变得松散，杂质离子更容易迁移，需要对活化能参数进行调整，其热离子极化和离子电导会增大。

对于偶极转向极化，主要有两个新增项：一是键断裂产生 Si—O* 悬挂键，在电场下会沿电场方向转向，产生一端束缚的偶极子转向极化；二是由于二氧化硅本征偶极伴随结构松弛，在电场作用下表现出一定的偶极转向极化，对总体极化产生贡献。

①Si—O* 悬挂键偶极转向极化

熔融态时，由于网络破坏形成了 Si—O* 偶极子，其偶极矩与有效电荷有关，经计算[20]得到 Si—O 断裂后其原子 Si 与 O 上的净电荷比断裂前增加了 1.67%，使得原子上的有效电荷增加了，则此时的偶极矩也近似增加了 1.67%。Si—O 断裂产生的偶极转向极化为

$$\alpha_{d'_1} = \frac{\rho_{SiO_2} N_A \overline{u}^2_{Si-O} \exp[-W/(kT)]}{36k\varepsilon_0 TM_{SiO_2}} \tag{3-43}$$

式中 $\overline{u}_{Si-O}$——平均偶极矩，取值为 1.191×10^{-29} C · m。

②固有偶极转向极化

熔融二氧化硅为链式结构、环式结构、层式结构和架式结构聚合物碎片的混合体。这些碎片具有一定的自由度，会沿外电场取向排列而产生偶极转向极化。可产生偶极转向的区域数量估算约为 $0.95\times10^{26}/\mathrm{m}^3$，由此产生的固有偶极转向极化率为

$$\alpha_{d'_2} = \frac{N' \overline{u}^2_{SiO_2}}{9k\varepsilon_0 T} \tag{3-44}$$

式中 $\overline{u}_{SiO_2}$——固有平均偶极矩；

N'——能产生固有偶极转向极化的“区域”数量。

N' 随温度变化可以按粘度的反比确定如下

$$N' = 0.95\times10^{26}\exp\left[\frac{174\ 680}{R(1\ 986-273)}\right]/\exp\left[\frac{174\ 680}{R(T-273)}\right] \tag{3-45}$$

由于二氧化硅融体是由链式结构、环式结构、层式结构和架式结构等 4 种构型组成的混合体，通过矢量合成法能够计算得到这 4 种结构的偶极矩分别为 $0.261\ 3\times10^{-29}$ C · m，$0.065\ 2\times10^{-30}$ C · m，$0.074\ 6\times10^{-29}$ C · m，0.082×10^{-29} C · m。熔体的平均偶极为这 4 种结构偶极矩的共同贡献，取值与这几种结构所占的百分比有关，典型值为 $\overline{u}_{SiO_2}=0.16\times10^{-29}$ C · m。

③两种偶极转向极化的比较

在熔融温度以上，新增加的偶极转向极化将引起氧化硅材料的介电常数增加。由于键断裂产生的 Si—O* 的数量和偶极矩均高于融体碎片的偶极和数量，因此对介电常数的贡

献也更大，图 3－14 给出了 Si—O 断裂的偶极子与固有偶极矩对介电常数的贡献，可以看到二氧化硅材料熔融时偶极极化的贡献主要来源于 Si—O* 悬挂键。

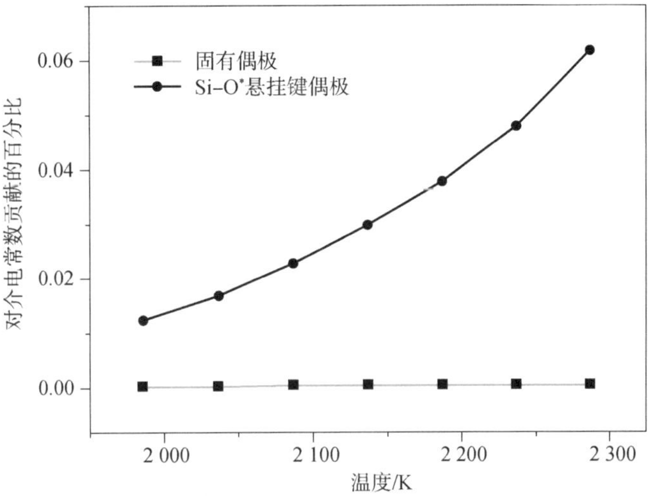

图 3－14　Si—O* 悬挂键偶极与固有偶极对介电常数的贡献

④介电常数

由以上分析得到熔融态二氧化硅的静态介电常数为

$$\frac{\varepsilon_s-1}{\varepsilon_s+2}=\frac{4\pi\rho N_A r^3}{3M_{SiO_2}}+\frac{4C_0\pi\varepsilon_0 a_0^3\rho N_A}{\varepsilon_0 MA(n-1)}[1+3\beta_1(T-T_0)]+\sum\frac{p_{im}\rho N_A(q\delta)^2}{36k\varepsilon_0 TM_{im}}+\frac{p_{OH}\rho N_A u_{OH}^2}{9k\varepsilon_0 TM_{OH}}+\frac{\rho N_A\overline{u}_{Si-O}^2\exp[-W/(kT)]}{36k\varepsilon_0 TM_{SiO_2}}+\frac{N'\overline{u}_{SiO_2}^2}{9k\varepsilon_0 T} \tag{3-46}$$

式（3－46）等号右边前 4 项分别为电子位移极化、离子位移极化、杂质热离子极化与羟基偶极转向极化（参数含义参照表 3－1 及附表），第 5 项为 Si—O* 悬挂键偶极转向极化，第 6 项为本征偶极转向极化。

二氧化硅熔融态光频介电常数只包括电子位移极化和离子位移极化的贡献，其表达式为

$$\frac{\varepsilon_\infty-1}{\varepsilon_\infty+2}=\frac{N}{3\varepsilon_0}(\alpha_e+\alpha_a)=\frac{4\pi\rho N_A r^3}{3M_{SiO_2}}+\frac{4C_0\pi\varepsilon_0 a_0^3\rho N_A}{\varepsilon_0 MA(n-1)}[1+3\beta_1(T-T_0)]+\sum\frac{p_{im}\rho N_A(q\delta)^2}{36k\varepsilon_0 TM_{im}} \tag{3-47}$$

二氧化硅熔融态复介电常数利用弛豫模型得到，计算式同式（3－30）和式（3－31）。经分析能够得到二氧化硅熔融态介电常数随温度的变化关系（10 GHz），并和实验数据进行对比[21]，如图 3－15 所示。从图中可以看出，计算结果和实验数据符合较好，熔融区二氧化硅的介电常数呈上升趋势。

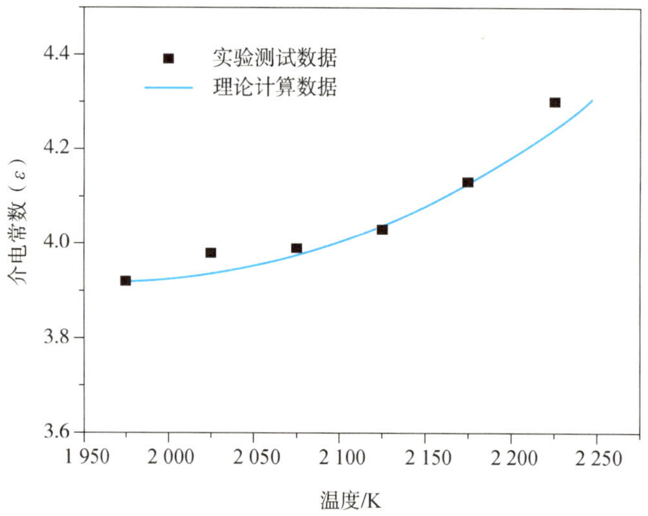

图 3－15　二氧化硅熔融态介电常数理论计算与实验数据的对比

（2）损耗机制及介电损耗模型

熔融态二氧化硅的损耗机制与固态类似，主要为弛豫损耗、电子电导损耗与离子电导损耗。当二氧化硅开始熔融以后，随着温度的升高，熔体粘度下降，杂质离子的活化能减小；同时，熔体中产生大量的缺陷、偶极子（带电荷的悬挂键），也对总损耗产生较大贡献。参照固态二氧化硅的损耗模型，并考虑电导活化能随温度的变化，得到熔融态的总损耗为

$$\tan\delta = \frac{(\varepsilon_s - \varepsilon_\infty)\left[1+(\omega\tau)^{1-a}\cos\frac{\pi a}{2}\right]}{\varepsilon_s\left[1+(\omega\tau)^{1-a}\sin\frac{\pi a}{2}\right]+\varepsilon_\infty\left[(\omega\tau)^{1-a}\sin\frac{\pi a}{2}+(\omega\tau)^{2(1-a)}\right]} + \frac{4e^2\sqrt{m_e}\left(\frac{2\pi k}{h^2}\right)^{3/2}T^{3/2}\exp\left(\frac{-E_g}{2kT}\right)}{\omega\varepsilon'\varepsilon_0\nu_e} + \sum\frac{\rho q_i^2 N_A \delta_i^2 v}{6kM_{im}T\omega\varepsilon'\varepsilon_0}e^{-\frac{U_{3i}}{kT}} + \sum\frac{n'_{0i}\rho N_A q'^2_i\delta'^2_i v}{6kM_{SiO_2}T\omega\varepsilon'\varepsilon_0}e^{-\frac{U_{4i}}{kT}} \qquad (3-48)$$

式中，等式右侧第 1 项为弛豫损耗，第 2 项为电子电导损耗，第 3 项为杂质离子电导总损耗，第 4 项为缺陷引起的电导损耗，其中活化能随温度变化关系由实验数据确定。

经计算得到熔融态二氧化硅的介电损耗，并与实验值对比，如图 3－16 所示。从图中可以看出在熔融温度区间内，熔融态损耗显著增大，并随温度的升高呈现上升趋势。

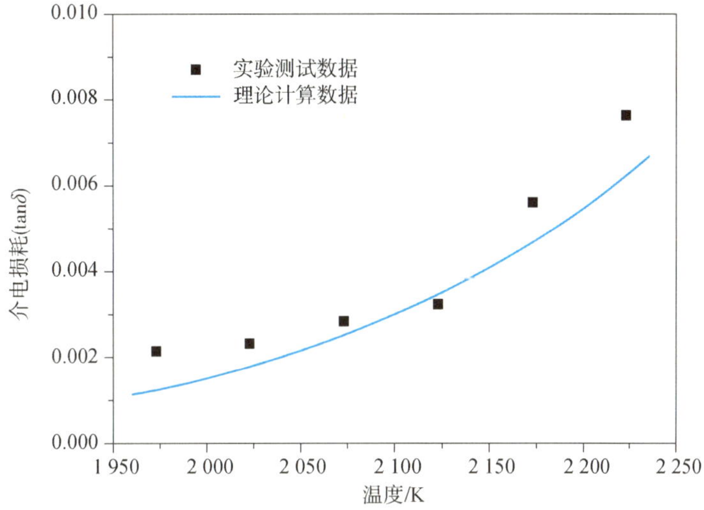

图 3-16　二氧化硅熔融态介电损耗随温度变化

3.3.1.3　典型二氧化硅材料热电行为

以上述理论模型为基础，分析了两种典型的二氧化硅材料，石英玻璃以及 SiO_2 复合材料的热电行为。

制备了一种石英玻璃试样作为模型材料，其密度为 2.19 g/cm^3；主要杂质离子（微成分）为 Na^+，Ca^{2+}，Al^{3+}，Mg^{2+}，K^+，Li^+，这些微成分的总浓度为：169.7 μg/g。分别通过上述理论建模，计算了该模型材料的介电常数和损耗角正切随温度变化曲线，并与实验结果进行了对比，结果如图 3-17 所示。

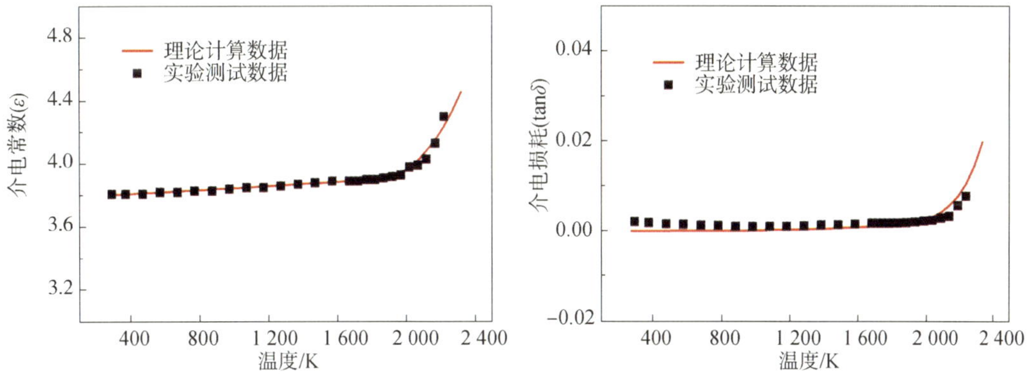

图 3-17　石英玻璃试样介电性能与温度关系（10.4 GHz）

从图 3-17 中可以看出，二氧化硅模型材料的介电常数随温度的增加而增加，在熔融温度以前变化不大，达到熔融温度后呈增加趋势；介电损耗在熔融温度以前很小，基本在 10^{-4} 至 10^{-3} 量级，熔融后呈快速上升趋势，低温段介电损耗的实验测试值略高于理论计算值，这主要是由于受到结合水的影响，这个问题在复合材料上反映得更为明显。

图 3－18 为一种 SiO_2 复合材料（未作防潮处理，材料密度为 1.7 g/cm^3）的介电性能的实验测试数据。由于复合材料中存在许多微孔和羟基，当材料在空气中放置一段时间后会因吸潮而携带结合水，水的介电损耗很大，在介电性能测试时，尤其是 600 K 之前的低温段会造成材料的介电损耗明显增大。

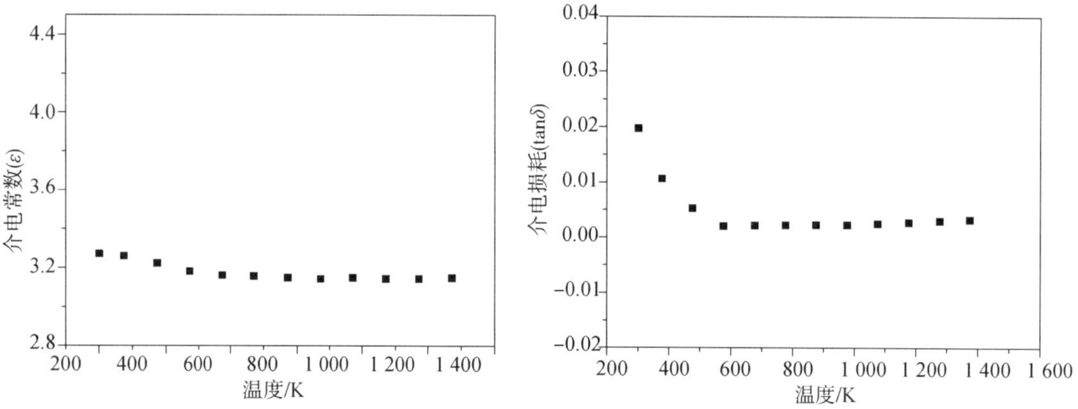

图 3－18　SiO_2 复合材料试样介电性能与温度关系

（频率 10 GHz）

图 3－19 为美国麻省理工学院获得的三向石英材料 AS－3DX（进行过防潮处理）的实验测试数据[4]，测试范围为室温～1 268 K，与上述两种二氧化硅材料计算和实验的结果类似，材料在被测温度区间，介电常数和介电损耗的变化不大，保持在 2.98～3.01 和 0.001 4～0.004 2 范围，变化趋势与上述的结果非常接近。同时可以看到由于吸潮被测材料在干燥前介电常数和介电损耗明显偏大。

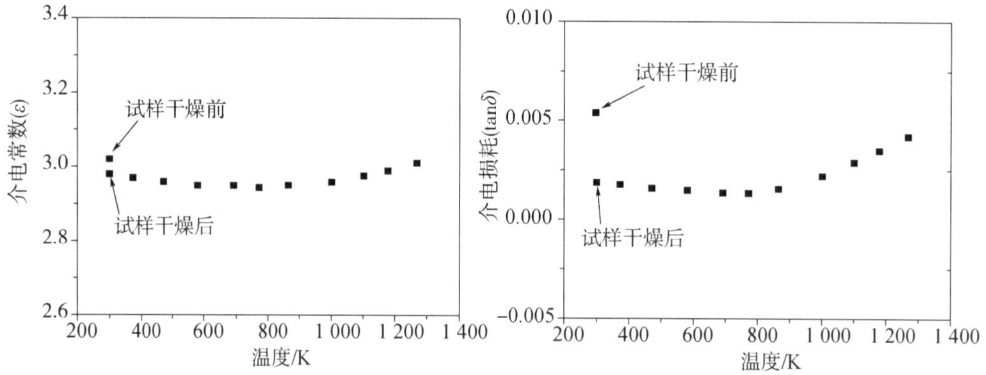

图 3－19　石英材料（AS－3DX）介电性能与温度的关系

（频率 8.52 GHz）

3.3.2　其他氧化物热透波材料热电行为

除二氧化硅之外，α－氧化铝、氧化铍和氧化钇等氧化物由于其熔点高、力学性能好、介电性能优良，也属于较典型的热透波材料。本节以前面所述的理论模型为依据，分别对这 3 种材料的热电行为进行了高温建模分析与实验测试。

（1）氧化铝

α—氧化铝是氧化铝的热稳定结构形式，为六方晶系，其晶格参数 $a=4.754$ Å，$c=12.99$ Å，其晶体结构如图 3-20 所示，密度为 3.98 g/cm³，熔点为 2 326 K。

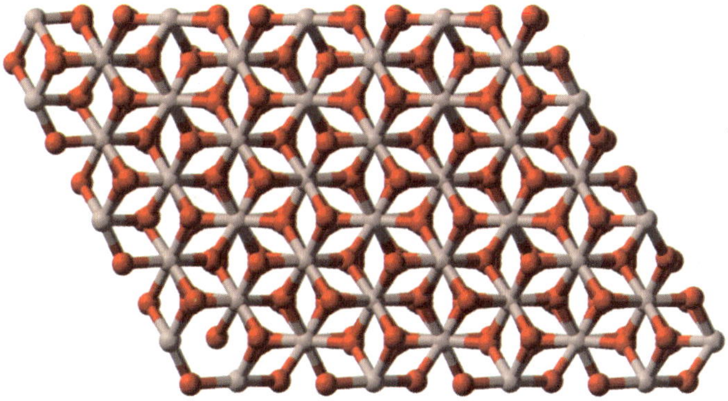

图 3-20　氧化铝的晶体结构[22]

在研究 α—氧化铝的热电行为时，其极化机制主要考虑电子位移极化、离子位移极化和热离子极化；损耗机制主要有弛豫损耗、杂质电导损耗和电子电导损耗组成。因此，相关介电常数和介电损耗的计算模型与二氧化硅基本相同，参考式（3-27）和式（3-32），只是不存在二氧化硅模型中的羟基偶极转向极化项，其热电行为计算模型中主要参数的取值如表 3-2 所示。

表 3-2　α—氧化铝热电行为计算模型中主要参数的取值

参数	参数值
密度 ρ	3.98 g/cm³
弹性模量 M（垂直于 c 轴）	386 GPa
线膨胀系数 β_2	8.0×10^{-6}/K
离子键比例 C_0	0.63
室温禁带宽度 E_g	7.8 eV
马德隆常数 A	1.68[27]

图 3-21 是通过理论模型进行计算和实验测试得到的氧化铝介电常数和介电损耗随温度的变化图（频率为 10.4 GHz）。从图中可以看出，氧化铝介电常数的实验数据曲线与理论模型模拟曲线吻合得比较好，随温度的增加平缓上升；介电损耗的实验数据曲线与理论模型模拟曲线基本上吻合，在 1 470 K 以下介电损耗很低，在 10^{-4} 量级以内。

当温度超过 2 326 K 时，氧化铝发生熔融，熔体由 AlO_4^{5-} 原子团组成，它并非单独的阴、阳离子，Enderby J. E.[24]由实验得到氧化铝熔体的离子电导高达6 s/cm，认为正是由于形成了这种带电荷的 AlO_4^{5-} 原子团而导致。对于熔融态的氧化铝，由于 Al—O 键能（481.16 kJ·mol^{-1}）小于 Si—O（774.04 kJ·mol^{-1}）键能，其熔化后也不是聚合物，因此其粘度也很小，约为 60 mPa·s[25]。

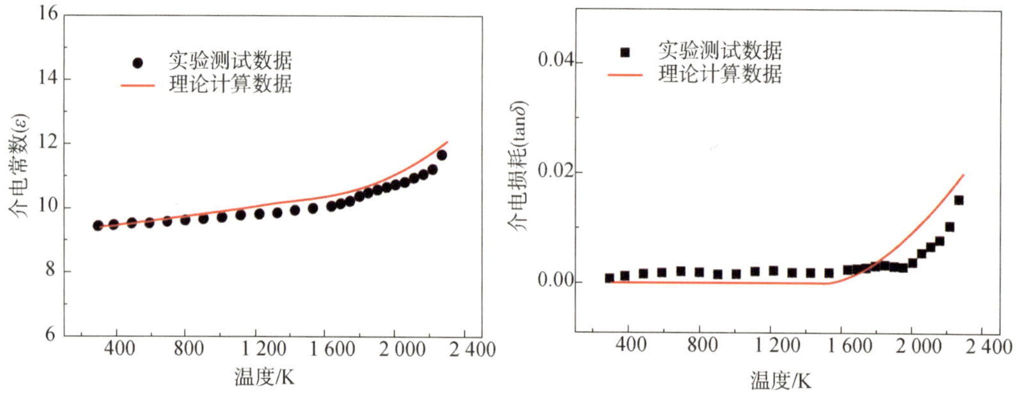

图 3-21　氧化铝热电行为及实验数据对比

（频率 10.4 GHz）

图 3-22 是氧化铝在熔点附近的介电常数随温度的变化曲线，可以看到，在氧化铝发生熔融以前其介电常数随温度的升高缓慢增大；熔融之后其介电常数则陡然降低，并随温度的升高而减小。其主要原因是：

1）氧化铝离子键成分较大，介电常数主要由离子位移极化决定，由于离子键的断裂，使得离子位移极化减小，导致介电常数下降；

2）氧化铝晶体熔化后粘度小，其原子团会随温度升高而解聚成离子，离子位移极化大大减小，导致了介电常数下降；

3）氧化铝晶体有固定熔点，与氧化硅不同，熔化时，结构发生突变，引起介电常数突然下降。

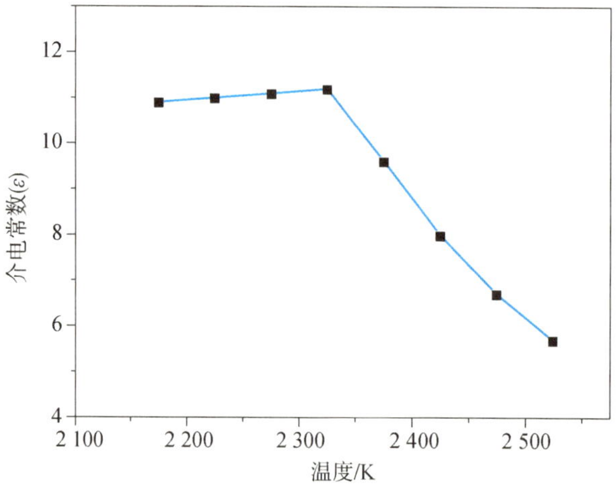

图 3-22　氧化铝熔点附近介电常数随温度的变化（理论计算结果）

（2）氧化铍

氧化铍由于 Be^{2+} 与 O^{2-} 的距离很小，仅为 0.164 5 nm，其晶体结构如图 3－23 所示，因此该材料很稳定，其熔点高达 2 578 ℃，密度为 3.02 g/cm^3。

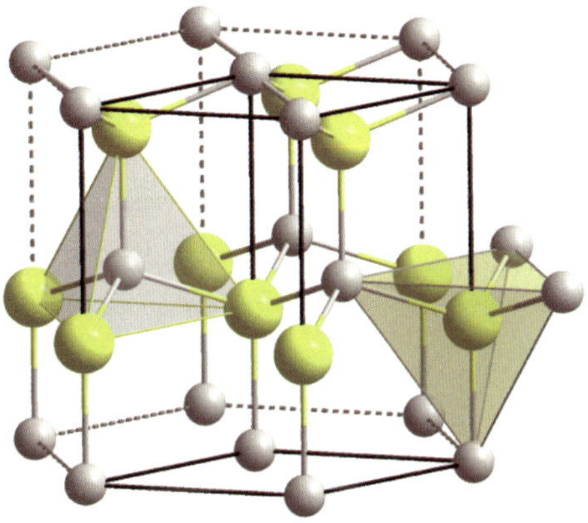

图 3－23　氧化铍晶体结构[26]

氧化铍材料的极化机制主要包括电子位移极化、离子位移极化和热离子极化；损耗机制主要由弛豫损耗、杂质电导损耗和电子电导损耗组成；相关介电常数和介电损耗的计算模型与二氧化硅基本相同，其热电行为计算模型中主要参数的取值如表 3－3 所示。

表 3－3　氧化铍热电行为计算模型中主要参数的取值

参数	参数值
密度 ρ	3.02 g·cm^{-3}
线膨胀系数 β_2	7.0×10^{-6} K^{-1}
离子键比例 C_0	0.63
室温禁带宽度 E_g	5.6 eV
马德隆常数 A	1.64[27]

图 3－24 是通过理论模型计算和实验测试得到的氧化铍介电常数和介电损耗随温度的变化图（频率为 10.4 GHz）。从图中可以看出，氧化铍理论介电常数随温度的增加而平缓上升，直至熔融变化幅度不大；理论介电损耗在低温区几乎为零，在 2 273 K 前，仍保持 10^{-2} 量级，之后由于电导损耗开始起主导作用，总损耗呈指数上升趋势。由于材料在高温下明显挥发，且挥发气体有毒，因此实验数据只测到 1 473 K，在实验测试温度范围内结果与理论计算吻合较好。

（3）氧化钇

氧化钇具有体心立方的晶体结构，其晶格参数 a＝10.604 Å，图 3－25 为氧化钇的晶体结构图，密度为 5.0 g/cm^3，熔点 2 683 K，具有优良的耐热、耐腐蚀和高温稳定性。氧化钇一般不单独作为热透波材料，但常常作为热透波材料的烧结助剂，因此掌握其介电性能对全面了解实际热透波材料的热电行为规律也具有重要的意义。

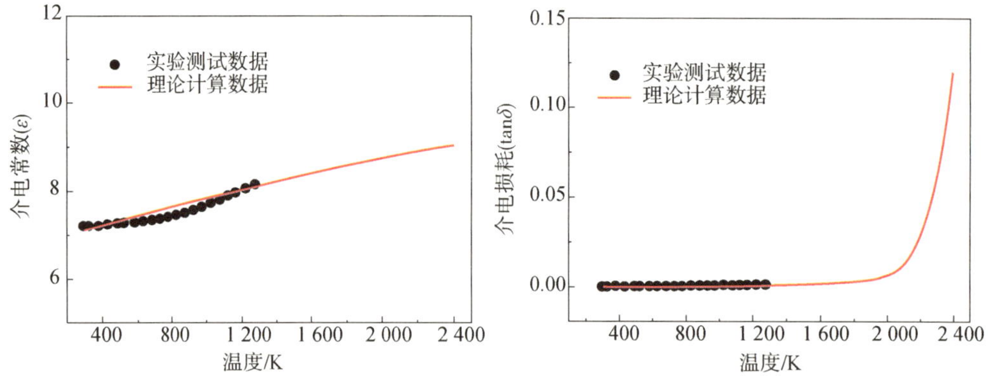

图 3-24　氧化铍热电行为及实验数据对比

（频率 10.4 GHz，99 瓷氧化铍）

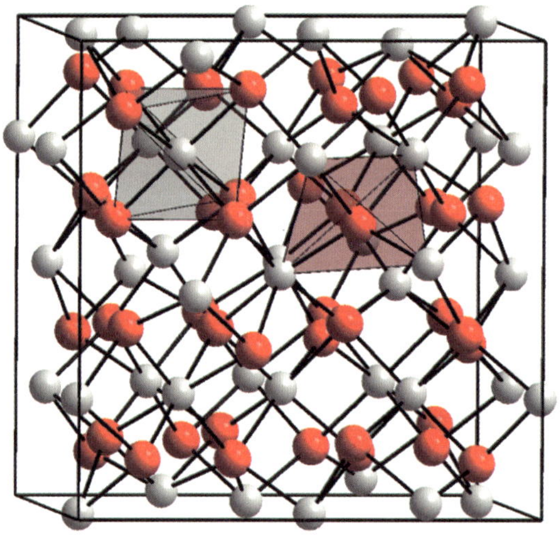

图 3-25　氧化钇的晶体结构[28]

同前面两种氧化物热透波材料一样，氧化钇的极化机制也主要包括电子位移极化、离子位移极化和热离子极化；损耗机制主要包括弛豫损耗、杂质离子电导损耗和电子电导损耗。相关介电常数和介电损耗的计算模型与二氧化硅基本相同[29]。计算模型中相关的主要参数见表 3-4。

表 3-4　氧化钇热电行为计算模型中主要参数的取值

参数	参数值
密度 ρ	5.0 g·cm^{-3}
线膨胀系数 β_2	6.7×10^{-6} K^{-1}
离子键比例 C_0	0.7
室温禁带宽度 E_g	6.2 eV
马德隆常数 A	1.67[27]

图 3-26 是通过理论模型计算和实验测试得到的氧化钇介电常数和介电损耗随温度的变化图（频率为 10.4 GHz）。由图可知，氧化钇理论介电常数随温度的增加而平缓上升；理论介电损耗在低温区域几乎为零，在 2 320 K 前保持 5×10^{-2} 量级以内，之后由于电导损耗开始起主导作用，总损耗开始呈指数快速上升，在 2 470 K 到 10^{-1} 量级。在测试温度范围内，计算数据与实验数据吻合较好。

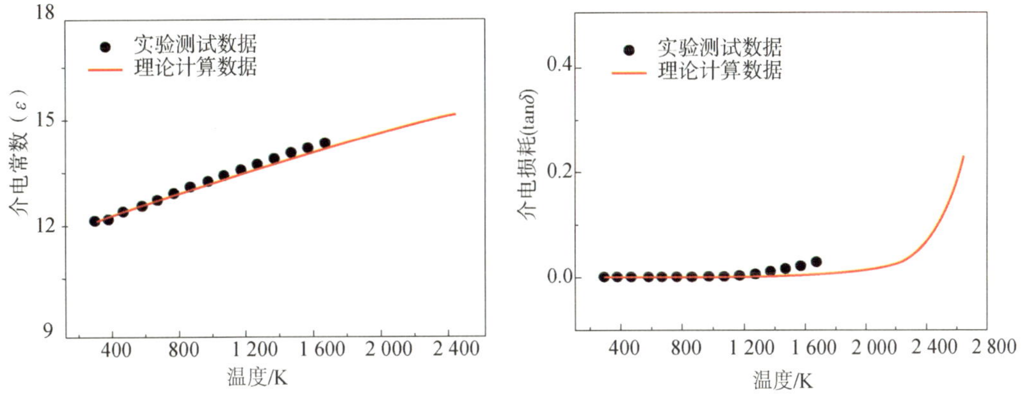

图 3-26　氧化钇热电行为及实验数据对比
（频率 10.4 GHz）

3.4　典型氮化物热电行为规律

氮化物体系热透波材料一般属于典型的共价键原子晶体，高温下直接分解气化，其固相热电行为主要取决于材料禁带宽度和气化温度，禁带宽度越窄，且气化温度越高，则介电损耗的变化幅度越大。本节重点介绍了氮化硼和氮化硅的热电行为建模，从理论计算和实验的角度分析了氮化物体系热透波材料的热电行为规律。

3.4.1　氮化硼材料热电行为规律

氮化硼具有两种晶体结构：六方氮化硼（h-BN）和立方氮化硼（c-BN）。本书中主要讨论的六方氮化硼具有类似石墨的层状结构，密度为 2.27 g/cm^3[30]，没有明显的熔点，在 101.3 kPa 氮气中，于 3 273 K 升华，而在真空中，2 073 K 就开始迅速分解[31]。其晶体结构如图 3-27 所示。

六方氮化硼材料的介电常数一般在 4.5～6.0 之间，不属于弱极性电介质材料（一般介电常数小于 5 的称为弱极性电介质材料），因此不能简单地使用洛伦兹有效电场；同样它也不属于存在固有偶极矩的强极性电介质（一般介电常数大于 9 的称为强极性电介质材料），因此也不适合使用昂沙格有效电场，若要使用昂沙格有效电场模型，则计算 h-BN 陶瓷的反作用电场将十分困难，这是由于在 h-BN 陶瓷中不存在明显的固有偶极矩，使其呈现极性的主要原因是其存在缺陷及热偶极子。鉴于上述特性，并充分考虑了氮化硼陶

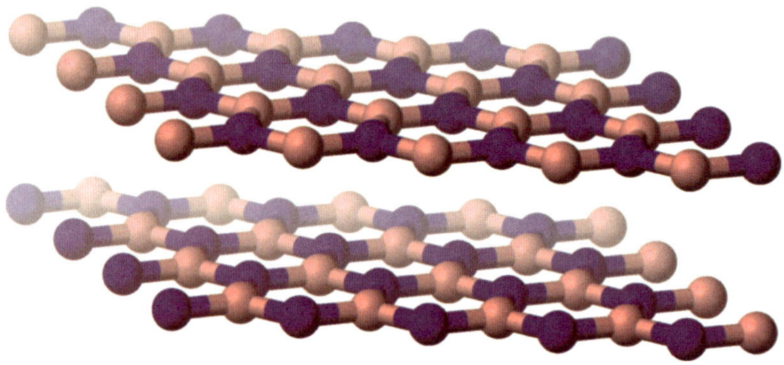

图 3-27　六方氮化硼晶体结构[32]

瓷材料中可能存在的电子云重叠和渗透现象，引入了有效电场修正因子 γ，对洛伦兹有效电场进行修正，采用德路德（Drude）方程，结合 h-BN 电子位移极化率、离子位移极化率、热离子极化率的计算结果，计算 h-BN 的介电常数及其随温度的变化关系[33]。

3.4.1.1　有效电场修正因子的选取

本书 3.2.1.2 节提到，对氮化硼、氮化硅、氮氧化硅等属六方晶系的热透波材料，应考虑电子云的重叠和渗透，故需要应用洛伦兹有效电场的修正模型。根据式（3-10），得到光频介电常数 ε_∞ 的表达式为

$$\frac{\varepsilon_\infty - 1}{\gamma(\varepsilon_\infty - 1) + 3} = \frac{1}{3\varepsilon_0}\sum_k N_k \alpha_{ek} \tag{3-49}$$

式中，N_k 和 α_{ek} 分别为单位体积中 K 类离子的数量和电子位移极化率。

在上述公式中，当 $\gamma=0$，即认为作用在离子上的有效内电场为外加宏观电场时，式（3-49）可简化为德路德公式

$$\varepsilon_\infty = 1 + \frac{1}{\varepsilon_0}\sum_k N_k \alpha_{ek} \tag{3-50}$$

当 $\gamma=1$ 时，即认为作用在离子上的有效内电场为洛伦兹有效电场，式（3-49）可简化为即 K-M 方程

$$\frac{\varepsilon_\infty - 1}{\varepsilon_\infty + 2} = \frac{1}{3\varepsilon_0}\sum_k N_k \alpha_{ek} \tag{3-51}$$

为求得 γ 值，需要知道光频介电常数和电子位移极化率。光频介电常数可通过与折射率的关系来计算，电子位移极化率需要求出单位体积下氮原子和硼原子的个数

$$N_K = \frac{N_A}{M_{BN}}\rho_{BN} = \frac{6.02\times10^{23}}{24.8}\times2.25\times10^6 = 5.46\times10^{28}\ (个/m^3)$$

当采用单原子模型（$\alpha_e = 4\pi\varepsilon_0 r^3$），计算得电子位移极化率为 5.58×10^{-40} F·m²，当采用非对称双原子分子的电子位移极化率计算模型时[34]，计算得电子位移极化率为 5.59×10^{-40} F·m²。将计算得到的 N_k 和 α_{ek} 值代入式（3-49），计算得到有效电场修正因子 γ（0～1）与光频介电常数之间的关系，见表 3-5。

表 3-5　不同 γ 取值情况下的光频介电常数

γ	0	0.2	0.5	0.8	0.9	1.0
ε_∞	4.18	5.20	8.23	27.08	200.83	−34.30

根据热压氮化硼陶瓷常温介电常数室温实测数据可知，其室温介电常数一般不超过 6.0，其光频介电常数应明显小于该值。因此，当 $\gamma=0$ 时，$\varepsilon_\infty=4.18$ 较为符合实际。$\gamma=0$，意味着作用在离子上的有效电场即为外加宏观电场，那么在估计离子的极化电场时不必过多地考虑远的质点和近的质点的作用反而能得出与实际相近的结果。

3.4.1.2　氮化硼材料介电常数

对于六方氮化硼，经洛伦兹电场修正后（$\gamma=0$），其介电常数的表达式与德路德方程式（3-50）一致，为

$$\varepsilon=1+\frac{N\alpha}{\varepsilon_0} \tag{3-52}$$

以式（3-52）作为计算氮化硼陶瓷材料介电常数的基本公式，分析氮化硼陶瓷材料的极化机制，求解得到氮化硼陶瓷材料的介电常数。

氮化硼材料极化机制主要包括电子位移极化、离子位移极化和热离子极化，其静态介电常数为

$$\varepsilon_s=1+\frac{N\alpha}{\varepsilon_0}=1+\frac{N}{\varepsilon_0}(\alpha_e+\alpha_i+\alpha_T) \tag{3-53}$$

采用与固态二氧化硅类似的表达式，则其静态介电常数与温度关系为

$$\varepsilon_s=\frac{1+4\pi\rho N_A r^3}{M_{BN}}+\frac{12\pi C_0\rho N_A}{M_{BN}A(n-1)}[1+3\beta_1(T-T_0)][1-3\beta_2(T-T_0)]+\sum\frac{p_{im}\rho N_A(q\delta)^2}{12k\varepsilon_0 TM_{im}} \tag{3-54}$$

光频介电常数

$$\varepsilon_\infty=1+\frac{4\pi\rho N_A r^3}{M_{BN}}+\frac{12\pi C_0\rho N_A}{M_{BN}A(n-1)}[1+3\beta_1(T-T_0)][1-3\beta_2(T-T_0)] \tag{3-55}$$

对于氮化硼材料柯尔-柯尔公式中的 a 由实验数据推算得，$a=0.1$，则氮化硼复介电常数的计算公式为

$$\varepsilon'=\varepsilon_\infty+(\varepsilon_s-\varepsilon_\infty)\frac{1+(\omega\tau)^{0.9}\sin\frac{\pi a}{2}}{1+2(\omega\tau)^{0.9}\sin\frac{\pi a}{2}+(\omega\tau)^{0.2}} \tag{3-56}$$

$$\varepsilon''=(\varepsilon_s-\varepsilon_\infty)\frac{1+(\omega\tau)^{0.9}\cos\frac{\pi a}{2}}{1+2(\omega\tau)^{0.9}\sin\frac{\pi a}{2}+(\omega\tau)^{0.2}} \tag{3-57}$$

经计算，得到氮化硼的静态介电常数随温度的变化规律如图 3-28 所示，计算中主要参数的取值如表 3-6 所示。由图看出，氮化硼的静态介电常数在温度范围 273～2 500 K，

随着温度的升高而增大。

表 3-6　h-BN 热电行为计算模型中主要参数的取值

参数	参数值
密度 ρ	2.27 g·cm^{-3}
B-N 原子间距	1.446 Å
线膨胀系数 β_2	7.5×10^{-6} K^{-1}
马德隆常数 A	1.324[27]
晶面能指数 n	8.68[35]
弹性模量 M（垂直于 c 轴）	36 GPa
折射率 n_0	2.14
离子键比例 C_0	0.2
杂质离子平均含量	1 000 μg/g
室温禁带宽度	4.6 eV

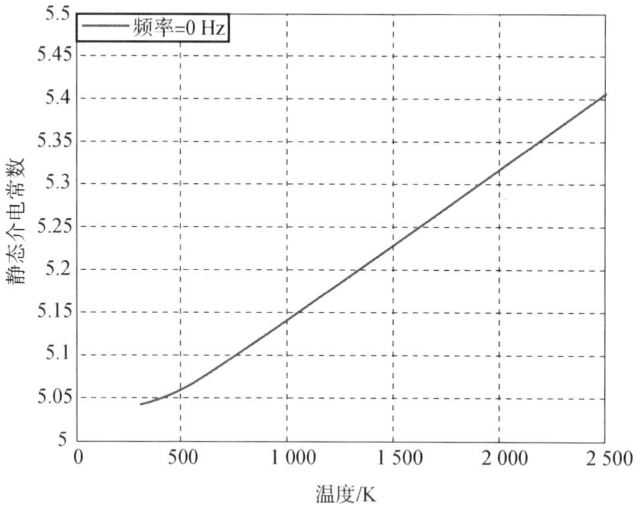

图 3-28　氮化硼静态介电常数随温度的变化曲线

相应地，图 3-29 给出了氮化硼陶瓷材料复介电常数的实部随温度的变化关系曲线。

从图 3-29 中看出，介电常数随温度的升高而增加，但当温度到达 1 600 K 以上时，由于温度的升高使得定向极化更难，所以此时介电常数的增加速度有所下降；而随着频率的增大，其介电常数减小，但其差异随温度的升高而减小。

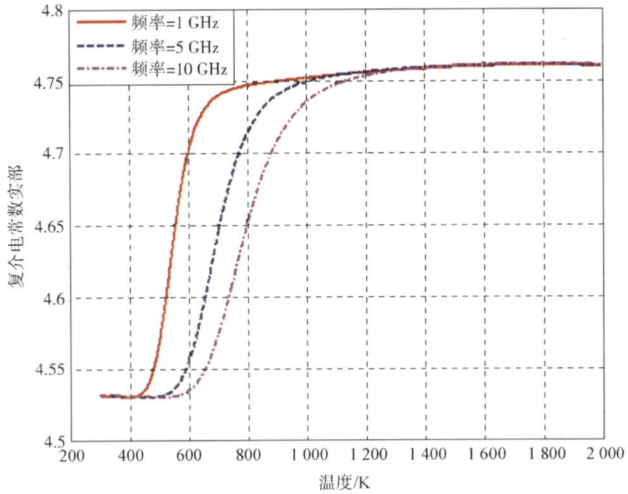

图 3-29　氮化硼复介电常数随温度的变化规律

3.4.1.3　氮化硼材料介电损耗

六方氮化硼的介电损耗与二氧化硅一样，包括弛豫损耗、电子电导损耗和离子电导损耗。从文献中可知[36-39]，一般情况下热压氮化硼的介电损耗从室温至 2 200 K 均随温度的升高而增大，当温度超过 1 200 K 时，介电损耗的增长呈指数增加。利用前述的损耗机制模型，分别计算了氮化硼的弛豫损耗、电子电导损耗和杂质离子电导损耗，得到了不同类型的介电损耗随温度的变化趋势。

(1) 弛豫损耗

根据固体材料弛豫损耗计算公式（3-19），依据实验结果推算得到的 a 值为 0.1，其他相关主要参数取值如表 3-5 和附表所示，可计算得到不同频率下氮化硼弛豫损耗随温度的变化关系曲线，如图 3-30 所示。

由图 3-30 可见，氮化硼的弛豫损耗随温度变化存在明显峰值，在 10^{-4} 量级，峰值的位置与频率有关。随频率的升高，弛豫损耗的峰值向高温区移动。

(2) 电子电导损耗

除弛豫损耗外，氮化硼的另外一个重要的损耗来源就是电导损耗，其电子电导模型和离子电导模型都与二氧化硅相同，只是禁带宽度及随温度的变化与二氧化硅不同，这里不再重复叙述。图 3-31 给出了通过式（3-21）计算得到的氮化硼电子电导损耗在高温和低温段随温度变化的曲线，从图中可以看出，氮化硼的电子电导随着温度的升高而急剧上升，在高温时尤其显著。而在低温时，其电子电导损耗值非常小，远远低于氮化硼弛豫损耗。在 1 500 K 时电子电导的损耗值达到 10^{-3} 数量级，只有在温度高于 2 000 K 以后，损耗值才出现几个数量级的增长。

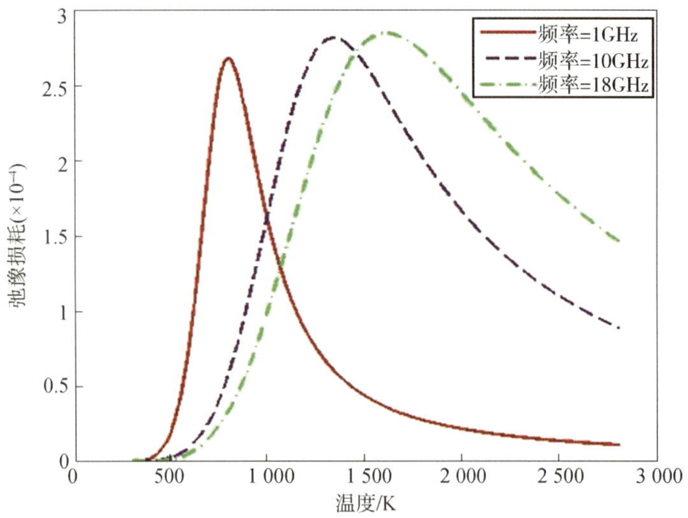

图 3-30　氮化硼弛豫损耗随温度的变化

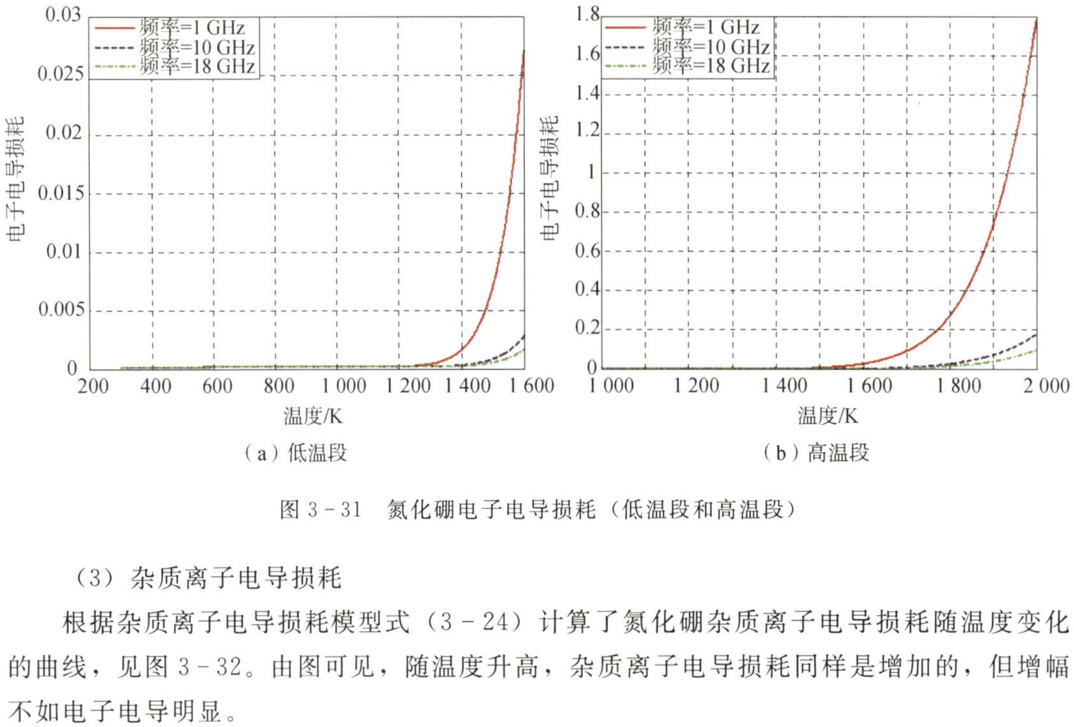

图 3-31　氮化硼电子电导损耗（低温段和高温段）

(3) 杂质离子电导损耗

根据杂质离子电导损耗模型式（3-24）计算了氮化硼杂质离子电导损耗随温度变化的曲线，见图 3-32。由图可见，随温度升高，杂质离子电导损耗同样是增加的，但增幅不如电子电导明显。

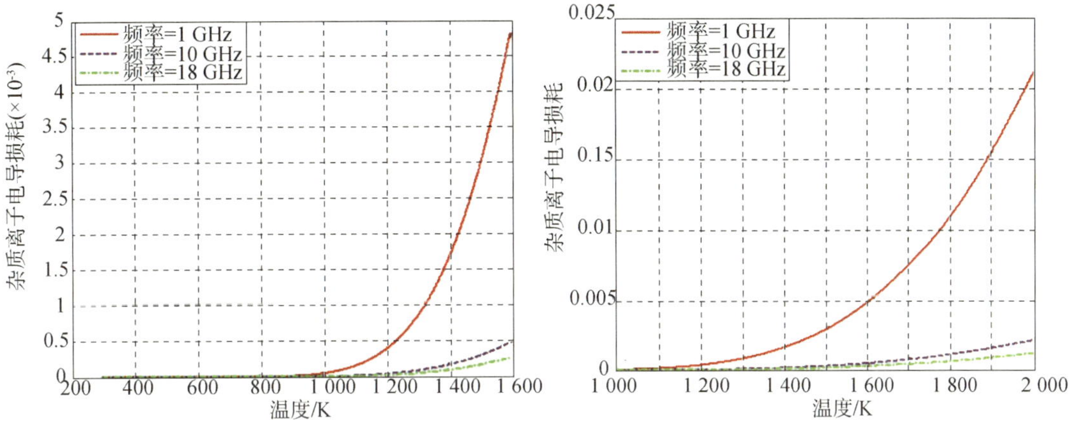

（a）低温段　　　（b）高温段

图 3－32　氮化硼陶瓷材料中的杂质离子电导损耗（杂质离子含量 1 000 μg/g）

（4）本征缺陷电导损耗

氮化硼本征缺陷主要包括间隙离子（N 间隙离子）和替代原子（N 原子替代 B 原子），两种缺陷的形成能如表 3－7 所示。

表 3－7　氮化硼陶瓷材料中的点缺陷形成能

点缺陷类型	N 间隙离子	N 原子替代 B 原子
形成能/eV	3.73	1.96

由于电导损耗与缺陷形成能密切相关，故选取缺陷形成能最小的替代原子缺陷计算本征电导损耗。计算采用本征缺陷电导损耗模型，取势垒高度为 1.0 eV，结果如图 3－33 所示，氮化硼本征缺陷电导损耗高温时仅为 10^{-5} 量级，因此在计算其总损耗时可以忽略不计。

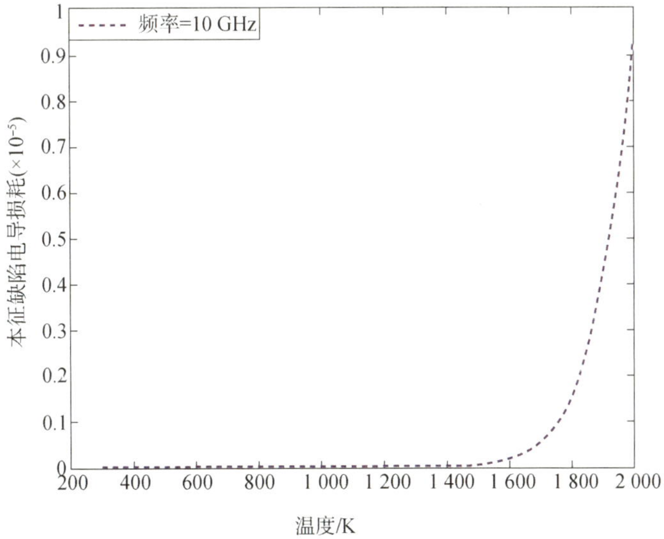

图 3－33　氮原子替代硼原子时本征缺陷电导损耗

(5) 总介电损耗

从前面的分析可知，氮化硼的总损耗主要包括 3 部分，即弛豫损耗、电子电导损耗和杂质离子损耗，高温时（1 500 K 以上）氮化硼的总损耗以电子电导损耗为主，综合前面各个损耗部分的求解与分析，可求得氮化硼总损耗随温度的变化曲线，如图 3－34（a）所示。此外，图 3－34（b）给出氮化硼的总损耗随频率的变化，从图中可以看出，在所计算的温度（1 500 K）下，氮化硼总损耗随频率的增大而减小。

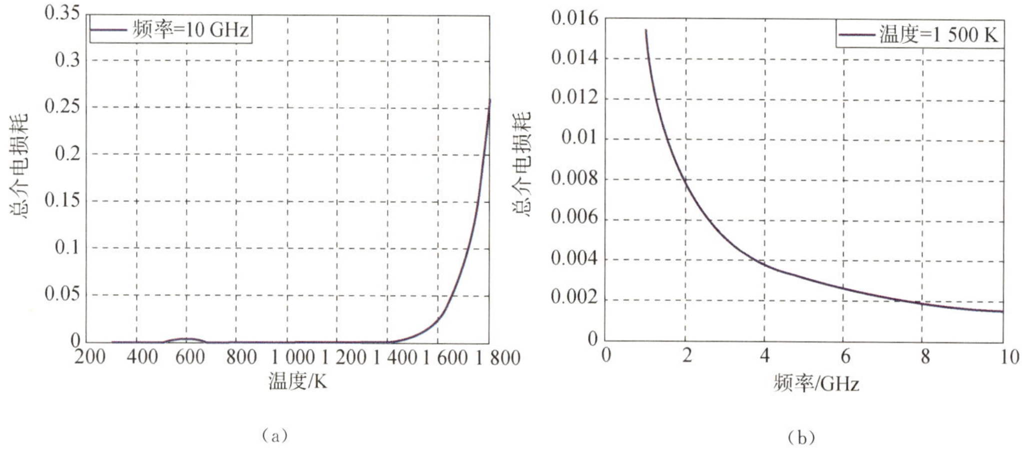

图 3－34 氮化硼总损耗随温度（a）和频率（b）的变化规律

3.4.1.4 典型氮化硼材料热电行为规律

本节利用氮化硼的介电常数和介电损耗模型，计算了室温～2 800 K 的介电常数和介电损耗随温度的变化规律，并在室温～2 100 K 的温度区间进行了试验验证。

图 3－35 为频率 10 GHz 时，氮化硼材料介电常数和损耗随温度变化的情况，并将计算结果和实测数据进行了对比。测试的氮化硼样品密度为 1.94 g/cm^3，其主要杂质成分为镁离子、铁离子和铝离子，其浓度分别为 500 μg/g、550 μg/g 和 150 μg/g。

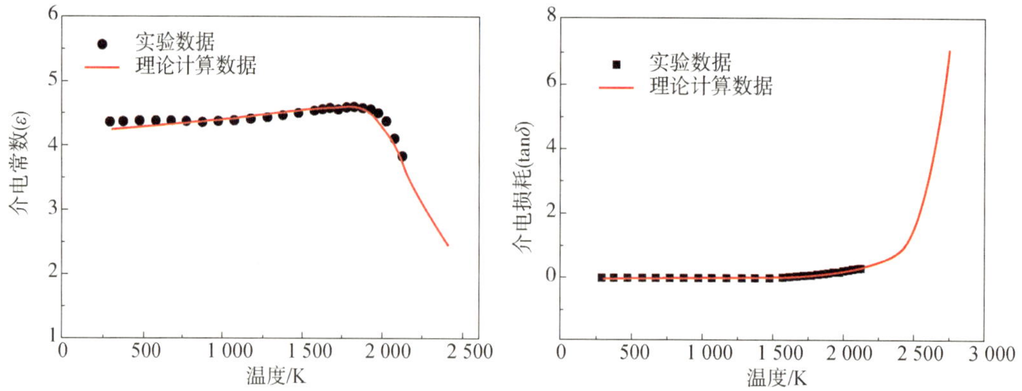

图 3－35 氮化硼介电常数和介电损耗随温度的变化曲线

（频率 10 GHz）

从图 3－35 中可以看出，从室温～1 870 K，氮化硼介电常数基本上随温度的增加略微上升，1 870 K 后呈快速下降趋势；介电损耗在整个测试和计算温度区间，基本上都随温度的升高而增大，与文献报道一致，在室温～1 500 K 温度段，损耗变化的幅度较小；当温度超过 1 500 K 后，由于氮化硼材料禁带宽度相对较窄（约 4.6 eV），电子电导损耗急剧上升，2 750 K 时其介电损耗已接近 8。在测试温度范围内，计算结果与实验数据吻合较好。

图 3－36 为美国麻省理工学院获得的热压氮化硼的实验测试数据[4]，被测材料的密度为 1.97 g/cm^3，测试范围在室温～1 743 K，由于材料制备的差异，介电常数略有不同，与上面模拟和测试结果类似，材料在被测温度区间介电常数的变化不大，在 4.08～4.24，介电损耗在温度高于 1 500 K 之后显著增大，变化趋势与上述的结果一致。

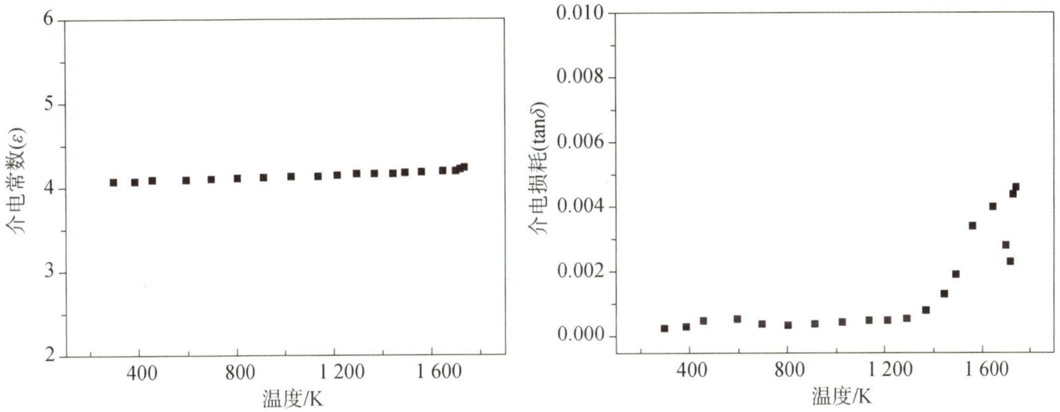

图 3－36　氮化硼介电常数和介电损耗随温度的变化曲线

（频率 4.47～4.54 GHz，密度 1.97 g/cm^3）

3.4.2　氮化硅材料热电行为规律

氮化硅（Si_3N_4）是综合性能最好的结构陶瓷之一，它具有 4 种结构相：无定形 Si_3N_4、三角晶系 α－Si_3N_4、六方晶系 β－Si_3N_4、高压立方晶系 γ－Si_3N_4[40-41]。常压下，当温度高于 2 151 K 时，氮化硅会直接分解。β－Si_3N_4 为高温稳定型，属于强共价键化合物，其晶体结构如图 3－37 所示。这种材料具有高强度、高模量的优点，介电常数和介电损耗比较低，且在很宽的温度区间内变化不大，是一种非常重要的热透波材料。

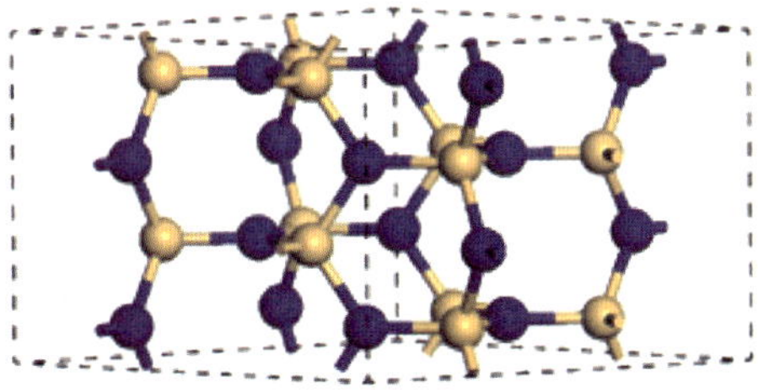

图 3－37　β－Si_3N_4 的晶体结构

氮化硅陶瓷属六方晶系，洛伦兹内电场中抵消效应的假设不再成立，因此洛伦兹内电场不再适用，需进行洛伦兹电场修正，其修正方法与上一节中氮化硼的相同，此处不再赘述。氮化硅材料的极化机制主要考虑电子位移极化、离子位移极化和热离子极化；损耗机制主要包括弛豫损耗、电子电导损耗和杂质离子电导损耗。

3.4.2.1　氮化硅材料的介电常数

在计算氮化硅的介电常数时，使用德路德方程，相关热电行为模型计算中主要参数的取值见表 3－8。通过代入氮化硅相关的参数于经洛伦兹电场修正（取电场修正因子 $\gamma=0$）后的德路德方程中，可以得到氮化硅的静态介电常数随温度的变化规律，其复介电常数的计算与氮化硼类似，同样采用德拜弛豫方程的修正式，弛豫项指数因子 $a=0.5$，求得氮化硅的复介电常数实部随温度的变化关系如图 3－38 所示。

表 3－8　β－Si_3N_4 热电行为计算模型中主要参数的取值

参数	参数值
晶格参数	$a=0.7608$ nm $b=0.2911$ nm
密度 ρ	3.198 g·cm^{-3}
弹性模量 M	310 GPa
马德隆常数 A	1.76[27]
晶面能指数 n	4[35]
折射率 n_0	2.05
线膨胀系数 β_2	3.39×10^{-6} K^{-1}
杂质离子平均含量	50 μg/g
禁带宽度	5.3 eV

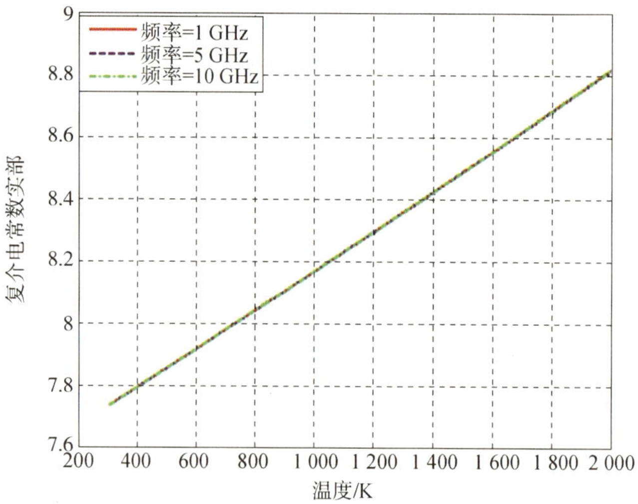

图 3－38　氮化硅复介电常数实部随温度的变化曲线

3.4.2.2　氮化硅材料的介电损耗

氮化硅介电损耗的分析与二氧化硅和氮化硼所采用的模型近似，总介电损耗包括弛豫损耗和电导损耗。

氮化硅的弛豫损耗的计算结果如图 3－39 所示的结果，其损耗峰随频率增大向高温区移动，而随频率增加而减小。

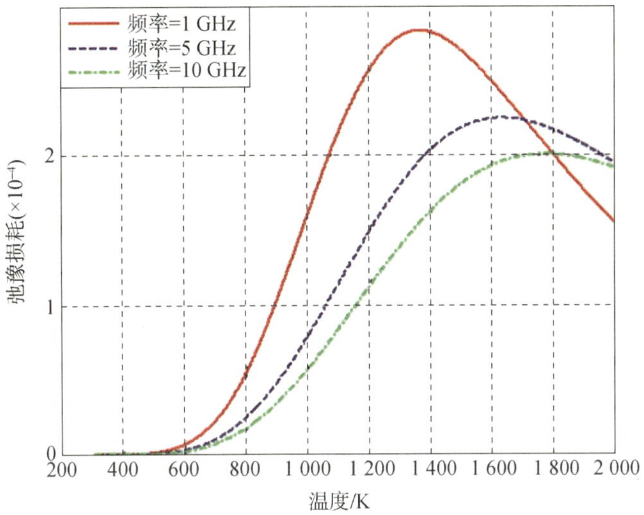

图 3－39　氮化硅弛豫损耗随温度的变化曲线

除弛豫损耗外，氮化硅陶瓷的另外一个重要的损耗来源就是电导损耗。通过计算可得到氮化硅中的电子电导损耗在给定的频率下随温度的变化曲线，图 3－40 所示。

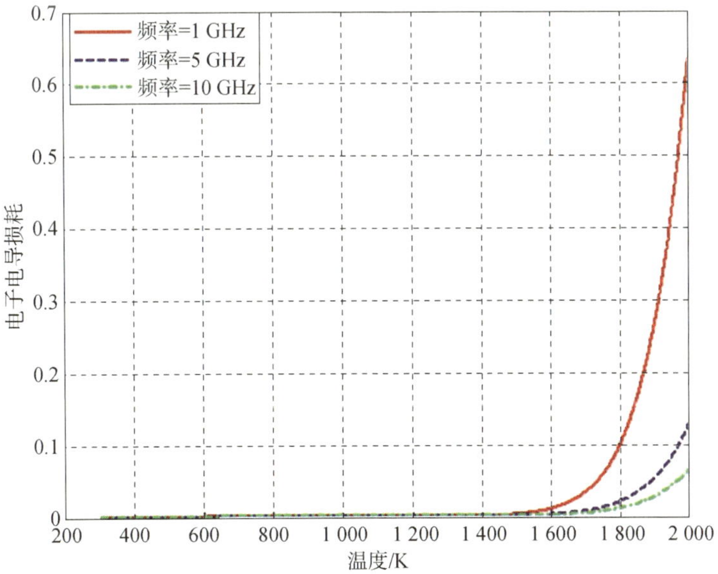

图 3－40　氮化硅电子电导损耗随温度的变化曲线

同样，可得到氮化硅中的杂质离子电导损耗随温度的变化曲线，得到如图 3 - 41 所示的结果。

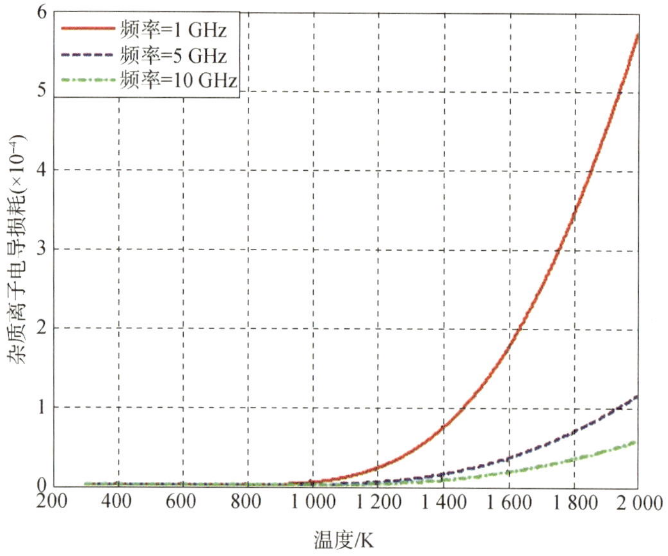

图 3 - 41　氮化硅杂质离子电导损耗随温度的变化曲线

通过比较可知，氮化硅的禁带宽度相较于二氧化硅较小，故在高温情况下以电子电导损耗为主，并且损耗值较大，所以在计算高温损耗时只需考虑电子电导损耗。图 3 - 42 显示了氮化硅材料的总损耗随温度和频率的变化曲线，可以看到总损耗随温度增加而增大，却随频率的增大而减小。

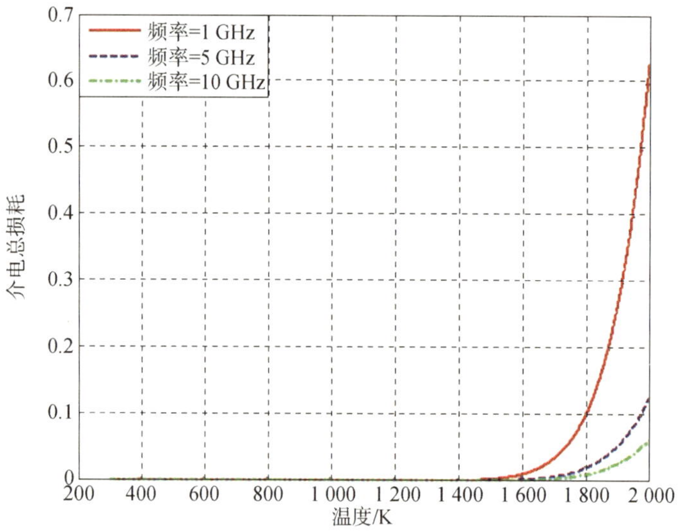

图 3 - 42　氮化硅的总损耗在不同频率下随温度的变化曲线

3.4.2.3　典型氮化硅材料热电行为规律

本节利用氮化硅的介电常数和介电损耗模型，得到了该材料室温～2 200 K 的介电常数和介电损耗随温度的变化规律。

图 3 - 43 为频率 10.4 GHz 时，热压氮化硅材料（密度 3.2 g/cm^3，总质量中含 2% Y_2O_3 及1% Al_2O_3）介电常数和损耗随温度变化的情况，并与实测数据进行了对比。由图可见，材料介电常数随温度增加略有上升，变化幅度很小，介电损耗在低温区域很小，高温区（>1 600 K）损耗快速增加，主要由电子电导损耗引起。

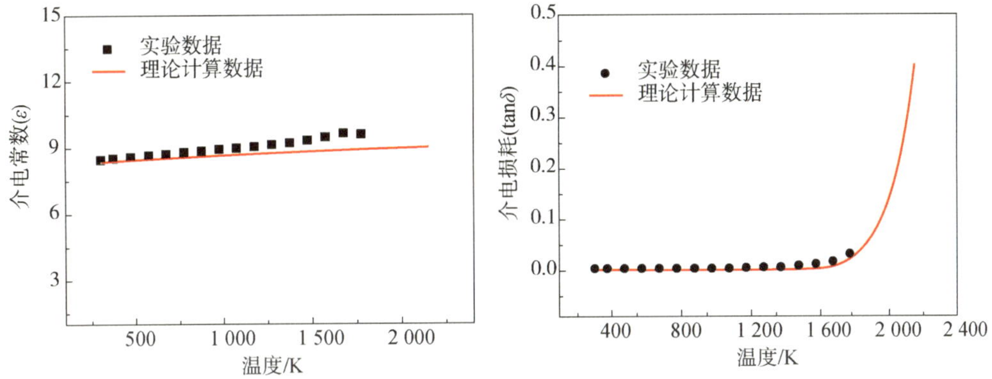

图 3 - 43　氮化硅介电常数和介电损耗温度曲线

（频率 10.4 GHz）

图 3 - 44 和图 3 - 45 分别计算了频率 10.4 GHz 时，不同密度（1.48 g/cm^3，1.15 g/cm^3）氮化硅材料介电常数和介电损耗随温度变化的情况，并与样品（烧结助剂为 Y_2O_3 和 Al_2O_3，Na^+ 含量为 27 μg/g）测试数据进行了对比，计算数据与测试数据吻合较好。

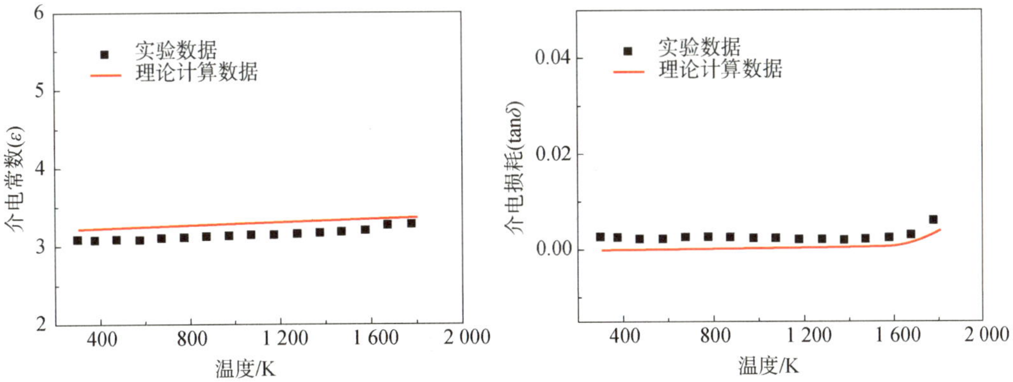

图 3 - 44　氮化硅介电常数和介电损耗随温度的变化

（氮化硅密度 1.48 g/cm^3，频率 10.4 GHz）

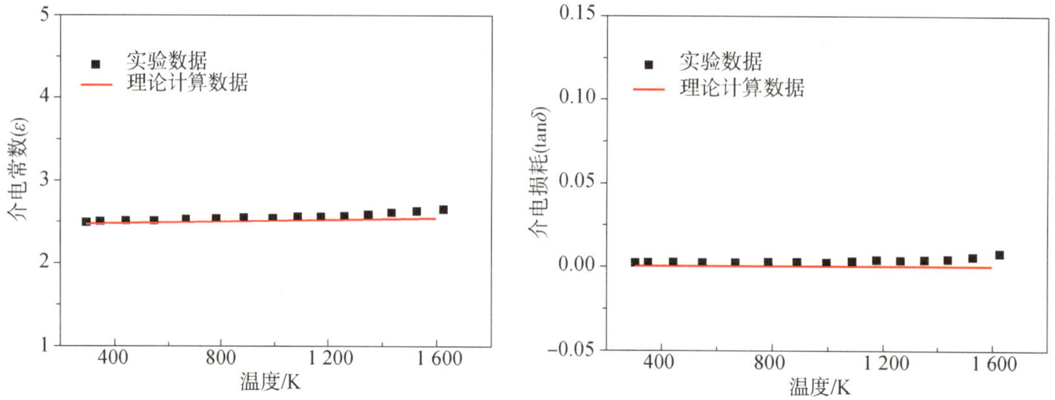

图 3-45　氮化硅介电常数和介电损耗随温度的变化

（氮化硅密度 1.15 g/cm³，频率 10.4 GHz）

氮化硅材料禁带宽度相对较宽（5.3 eV），在达到其快速热分解温度 2 150 K 时，介电损耗约为 0.4，表面高温会造成透波率一定幅度的下降。

3.5　典型氮氧化合物热电行为规律

选用氮氧化硅（Si_2N_2O）为模型材料，通过理想晶体结构建模方法和德路德方程研究了氮氧化物材料的热电行为规律。

3.5.1　氮氧化硅的性质

氮氧化硅（Si_2N_2O）是 $SiO_2-Si_3N_4$ 体系中具有许多优良性能的一种化合物，属于正交晶系，是通过 [SiN_3O] 四面体（如图 3-46 所示）相互连结组成的三维结构，每个晶胞包含 4 个 Si_2N_2O 或 Si_2ON_2 分子，晶胞参数为 $a_0=8.843$ Å，$b_0=5.473$ Å，$c_0=4.835$

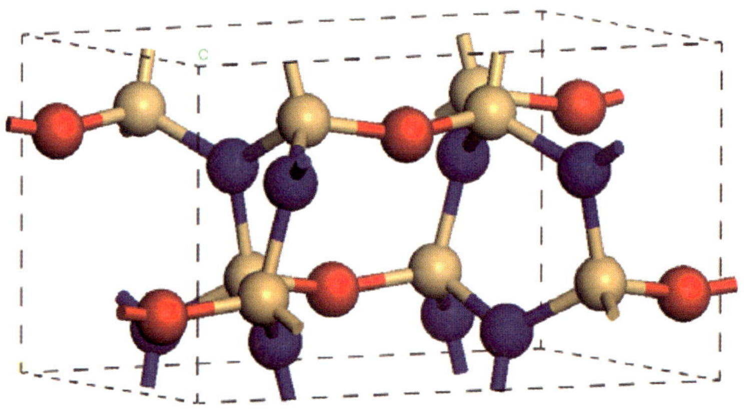

图 3-46　Si_2N_2O 四面体晶体结构

Å[42-44]。它具有较低的理论密度（2.81 g/cm^3），没有明显熔点，在真空中，当温度高于 1 473 K 时开始分解，分解式如式（3 - 58）所示，在常压下，当温度高于1 873 K分解变得显著，高于 1 973 K 开始急剧分解。

$$3Si_2N_2O\text{（固态）}=3SiO\text{（气态）}+N_2\text{（气态）}+Si_3N_4\text{（固态）} \quad (3-58)$$

3.5.2　氮氧化硅的热电行为规律

3.5.2.1　氮氧化硅的介电常数

由于 Si_2N_2O 属于正交晶系，洛伦兹内电场中抵消效应的假设不再成立。因此，在建立 Si_2N_2O 介电模型时，同样需要对洛伦兹内电场进行修正，修正方法与氮化硼类似，采用德路德公式来建立 Si_2N_2O 的介电模型，计算中的主要参数取值如表 3 - 9 所示，通过式（3 - 50）能够计算得到 Si_2N_2O 的介电性能随温度和频率的变化规律。

表 3 - 9　Si_2N_2O 晶体基本数据

参数	参数值
晶格参数	a=8.843 nm[45] b=5.473 nm c=4.835 nm
密度 ρ	2.81 g · cm^{-3}
弹性模量 M	152.3 GPa[46]
马德隆常数 A	1.3
晶面能指数 n	7
折射率 n_0	1.97
线膨胀系数 β_2	3.5×10^{-6} K^{-1}
杂质离子平均含量	20 μg/g
禁带宽度	5.97 eV[47]

Si_2N_2O 的电子极化率为 10.45×10^{-40} F · m^2，N_k 亦能够通过计算得出

$$N_k=\frac{N_A}{M_{S_2N_2O}}\rho_{S_2N_2O}=\frac{6.02\times10^{23}}{100.2}\times2.81\times10^6=1.69\times10^{27}\ \text{（个/m}^3\text{）}$$

将计算得到的 N_k 和 α_{ek} 值代入式（3 - 49），计算得到有效电场修正因子 γ（0～1）与光频介电常数之间的关系。而通过第一性原理，可以算得 Si_2N_2O 的光频介电常数（ε_∞ = 2.98），从表 3 - 10 可见有效电场修正因子 γ 应该取 0。

表 3 - 10　不同 γ 得到的 ε_∞ 取值

γ	0	0.2	0.5	0.8	10
ε_∞	3.04	3.38	4.09	6.84	7.35

氮氧化硅的复介电常数同样采用柯尔-柯尔方程，计算结果如图 3 - 47 所示。

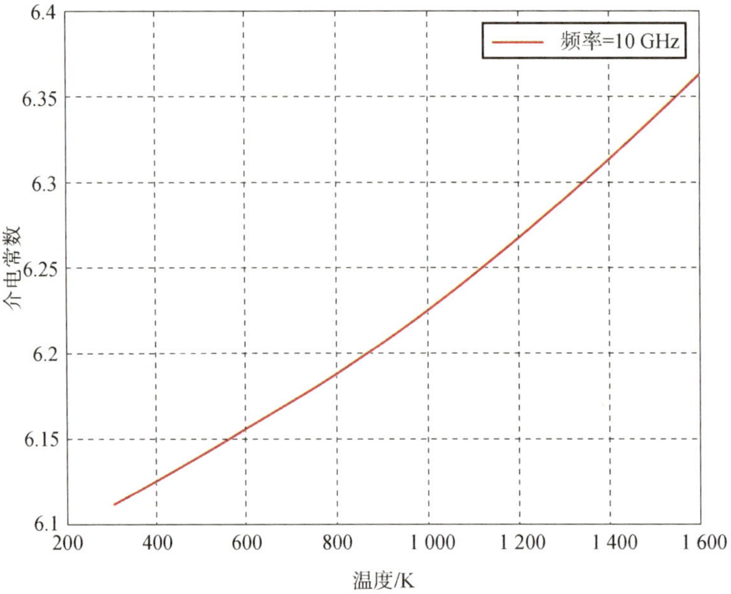

图 3-47　氮氧化硅复介电常数随温度变化的关系

（测试频率 10 GHz）

3.5.2.2　氮氧化硅的介电损耗

由于 Si_2N_2O 的禁带宽度（5.97 eV）大于氮化硅（5.3 eV），因而在分解前具有比氮化硅更小的高温介电损耗。氮氧化硅的介电损耗包括弛豫损耗和电导损耗，对于慢极化引起的弛豫损耗，同样可应用德拜方程求得，如图 3-48 所示。从图中可以看出随着频率的增大，其损耗峰向高温方向移动。

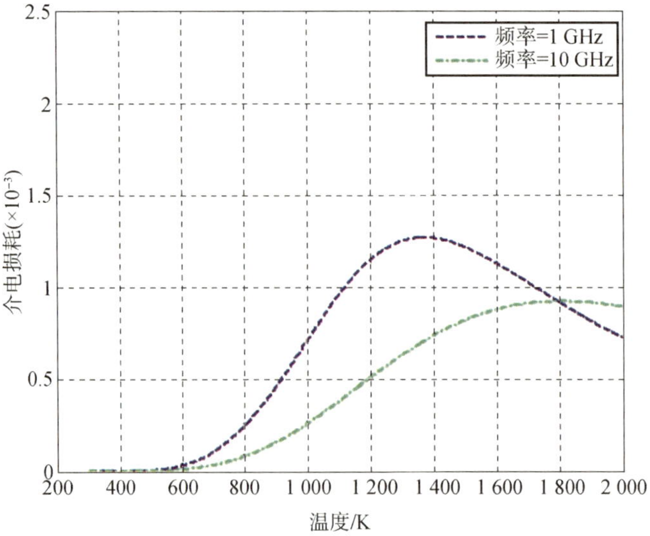

图 3-48　不同频率下的氮氧化硅的弛豫损耗随温度的变化曲线

Si_2N_2O 电导损耗的计算模型与氮化硼相同，计算结果如图 3-49 所示。

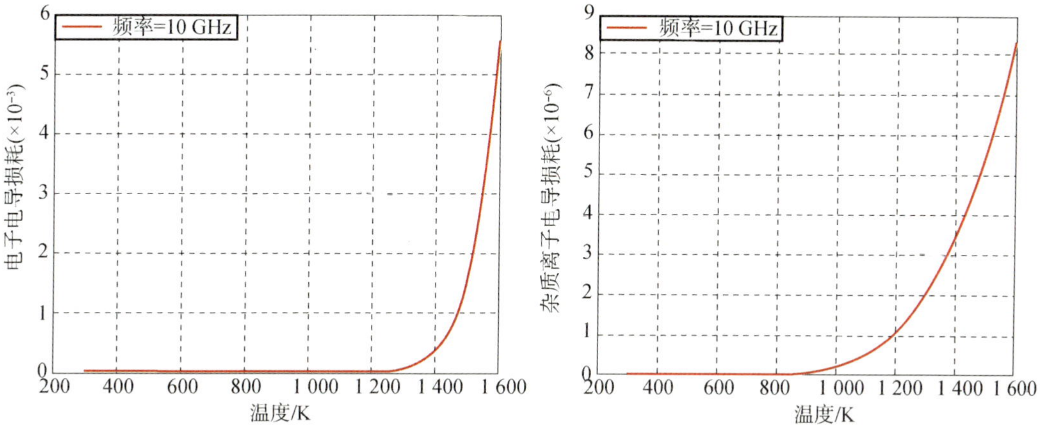

（a）　　（b）

图 3-49　氮氧化硅电子电导损耗（a）和杂质离子电导损耗（b）

从图 3-48 和图 3-49 中可以看出，中低温区时，介电损耗的贡献主要来自于弛豫损耗；而当温度高于 1 200 K 后，电子电导和杂质离子电导损耗（主要杂质为 Li^+、K^+、Na^+、Ca^{2+}、Mg^{2+}、Fe^{3+}，总浓度为 500 μg/g）都急剧增大。

由以上对弛豫损耗和电导损耗的分析可以得出氮氧化硅的总损耗随温度的变化关系，如图 3-50 所示。从图中可以看出氮氧化硅的总损耗受频率的影响很大，并随其增大而减小，当温度高于 1 200 K 时，氮氧化硅的损耗值急剧增大。

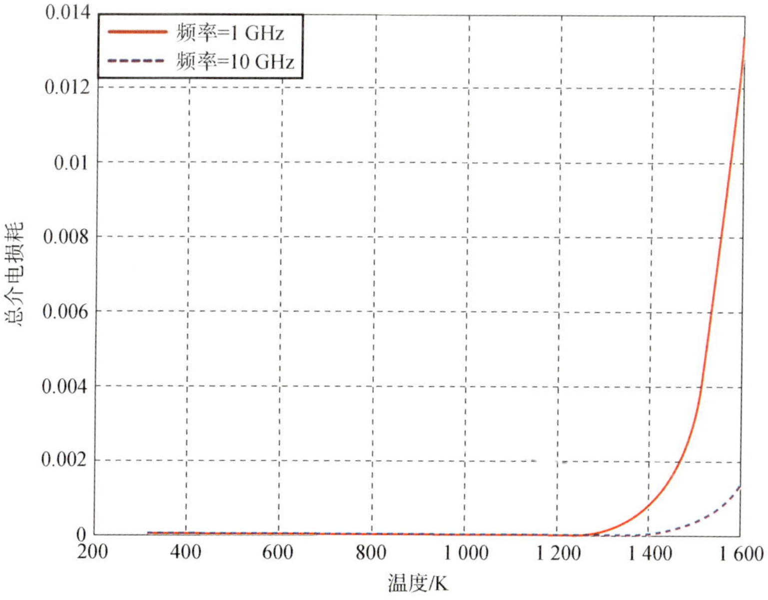

图 3-50　氮氧化硅总损耗随温度的变化曲线

3.5.2.3　典型氮氧化硅材料热电行为规律

实际 Si_2N_2O 这种材料的组成比较复杂，不同的杂质离子及不同的杂质离子浓度都会对其热电行为产生很大的影响，例如有文献报道，当采用氧化锂作为烧结助剂时，测得的介电常数（6.1）比理论计算值（5.63）高约 8%[48]，这主要是由于掺杂了 Li^+ 的 Si_2N_2O 其能带宽度减小，导致介电常数增加[49]。

本书进行 Si_2N_2O 热电行为试验验证时所采用的模型材料是以氧化钇为烧结助剂在较低温度下通过热压法合成的，模型材料的密度为理论密度的 79.4%。主要杂质为 Li^+、K^+、Na^+、Ca^{2+}、Mg^{2+}、Fe^{3+}，总浓度为 1 450 μg/g，由于采用 Y_2O_3 作为烧结助剂，其浓度为 5 900 μg/g。介电常数和介电损耗的理论计算及实验结果如图 3-51 所示，理论分析值变化趋势与实验测试值吻合较好，验证了理论模型的正确性。由于材料制备的问题，杂质成分比较复杂，因此测试数据与理论计算数据有比较明显的差异。

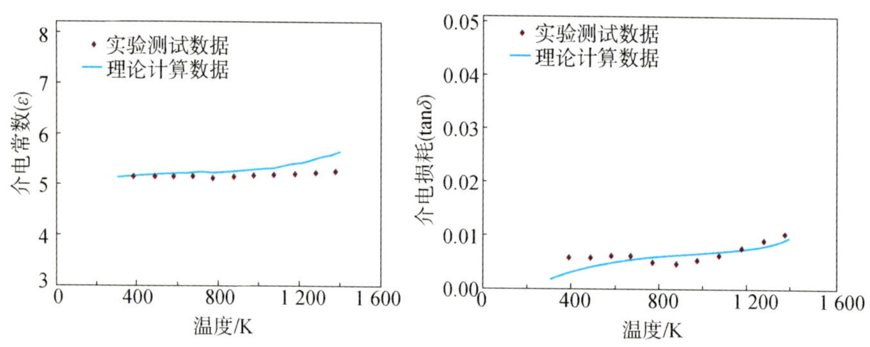

图 3-51　Si_2N_2O 材料介电参数随温度变化的关系

3.6　杂质离子对材料热电行为的影响规律

从本章对氧化物、氮化物、氮氧化物 3 类热透波材料体系所建立的热电行为模型来看，杂质离子在高温下对这几类材料的介电性能都有较大的影响，尤其是当温度超过 1 000 K以后，杂质离子对介电损耗的贡献呈指数增长。为明确不同杂质离子对热透波材料介电性能的影响规律，本节中以二氧化硅为模型材料，系统分析了 6 种杂质离子（Li^+、Na^+、K^+、Ca^{2+}、Mg^{2+}、Al^{3+}）对其热电行为的影响规律[50]。

杂质在材料中主要以两类形态存在，一是以离子形态存在于本体材料晶格或网络间隙，或者取代本体材料格点原子，材料整体上仍为单相组成；二是以自身氧化物、中间相或玻璃相等形态存在于本体材料晶界或与本体材料机械混合，材料整体上为多相组成。随着温度的上升，不同存在形式间可能相互转化。对于以第二类形态存在的杂质离子，材料整体介电性能采用对数法则 $\log\varepsilon_f = \sum_i^n v_i \log\varepsilon_i$，介电损耗采用线性求和处理 $\tan\delta_f = \sum_i^n v_i \tan\delta_i$。

当二氧化硅中含有金属杂质离子时，一价碱金属杂质离子会使原有的 Si－O 四面体空间网络结构发生局部解聚，出现与一个硅原子键结合的氧——非桥氧，硅氧网络发生断裂，杂质离子处于非桥氧附近的网穴中，与氧的结合力较弱，在网络结构中迁移能力较强，在一定电场激发条件下，可以从一个网穴迁移到另一个网穴，形成离子电导；二价碱土金属离子与氧结合较强，受热后只能在一定位置振动，迁移能力较弱，不会产生大的热离子极化，相对碱金属氧化物，其对二氧化硅介电性能的影响较小；三价金属离子难以破坏二氧化硅网络结构而形成自由移动的离子，多以网络形成体的形式存在，含量较低时，对材料介电性能影响较小。

从上面的分析大致可以将二氧化硅网络中的金属杂质离子分为 3 类。

1）弱束缚离子：主要包括 Li^+、Na^+、K^+ 等一价离子，处于网络间隙，造成网络结构局部解聚；与周边氧的结合力较弱，容易迁移形成离子电导。

2）中等束缚离子：主要包括 Ca^{2+}、Mg^{2+} 等二价离子，处于网络间隙，与周边氧的结合力明显高于一价离子，高温下主要在平衡位置附近振动，迁移能力相对较弱。

3）网络形成体：包括 B^{3+}、Al^{3+}、Ti^{4+}、Zr^{4+} 等高价离子，可取代 Si^{4+} 成为网络组成部分，在含量较低时对材料介电性能影响较小。

根据前面的理论，二氧化硅中的金属杂质离子形成热离子极化率可以由式（3-6）来计算。则二氧化硅中杂质热离子极化的贡献为

$$N_{im}\alpha_{im} = \frac{P_{im}\rho N_A (q\delta)^2}{12kTm_{im}} \tag{3-59}$$

式中　P_{im}——杂质离子的浓度；

ρ——二氧化硅密度，取 2.189 g/cm^3；

m_{im}——杂质离子的摩尔质量。

由上式可以看出杂质离子的热离子极化主要由其所带的电荷、摩尔质量、浓度和跃迁步长决定。图 3-52 为相同杂质浓度（50 μg/g）时，不同杂质离子对二氧化硅介电常数的影响，可以看出杂质离子对介电常数的影响不明显。

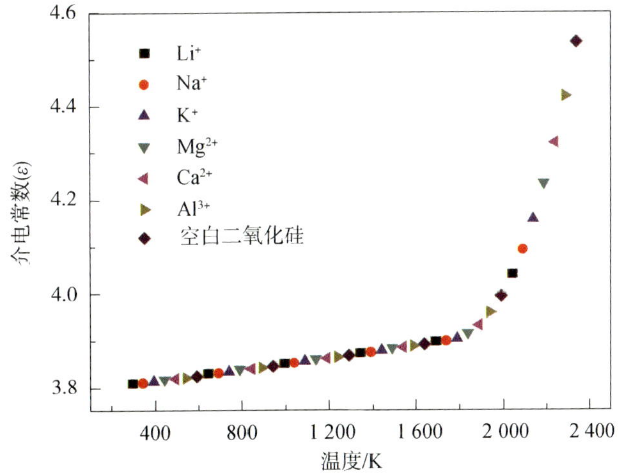

图 3-52　不同杂质离子对二氧化硅介电常数的影响结果

图 3-53 为相同杂质浓度（50 μg/g）时，不同类型杂质离子对二氧化硅介电损耗的影响，从图中可以看出，由于碱金属以自由离子形态存在，与碱土金属离子和高价离子相比，引起更大的电导损耗。

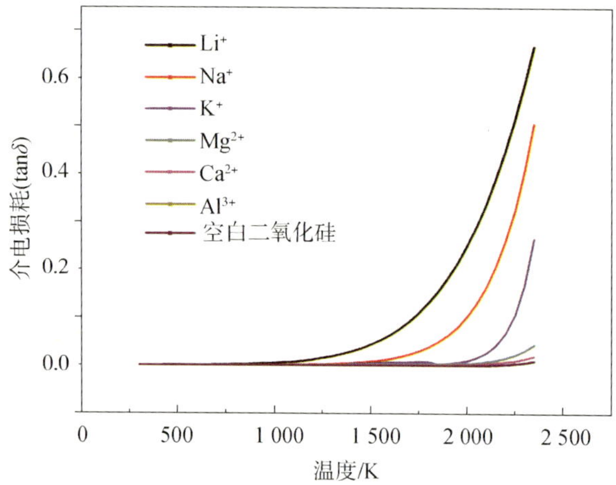

图 3-53　不同杂质离子对二氧化硅介电损耗影响的计算结果

理论计算和实验研究表明，从固态到熔融态，较低含量的各种杂质离子对材料介电常数的影响均较小，但对高温介电损耗，特别是熔融态的损耗有不同程度影响。对于一价离子，影响程度总体上表现为 $Li^+ > Na^+ > K^+$；二价离子因受束缚较强，影响明显小于一价离子；高价离子一般属于网络形成体，不破坏二氧化硅的网状结构，不形成附加离子电导，对材料整体介电损耗的影响较小。

3.7　热透波材料热透波机理

本节利用热透波材料热电行为规律的分析结果，计算了二氧化硅、氮化硼、氮化硅等典型材料从室温到气化温度的热透波特性，预测了这些材料在高温下的热透波行为。在对二维平板结构的热透波材料进行热透波分析时，采用分层处理的方法，建立了固、液、气三相共存条件下电介质材料电磁波传输特性分析模型，实现了固、液、气三相共存、一定温度梯度状态下的热透波特性分析计算。此外，简要介绍了非对称热环境下三维结构天线罩电气传输性能分层计算模型和计算方法，对天线罩实例进行了功率传输系数、瞄准误差和瞄准误差斜率的分析计算。

3.7.1　典型材料热透波特性

利用前述的材料热电行为规律对二氧化硅、氮化硼、氮化硅 3 类典型热透波材料一阶壁厚均匀无限大平板模型均温条件下的热透波性能进行了分析计算，初步评估了这些典型材料的热透波性能。

3.7.1.1　二氧化硅材料热透波特性

图 3－54 为计算得到的二氧化硅材料（石英玻璃，密度为 2.19 $g \cdot cm^{-3}$）在均温条件下的透波性能随温度的变化规律。

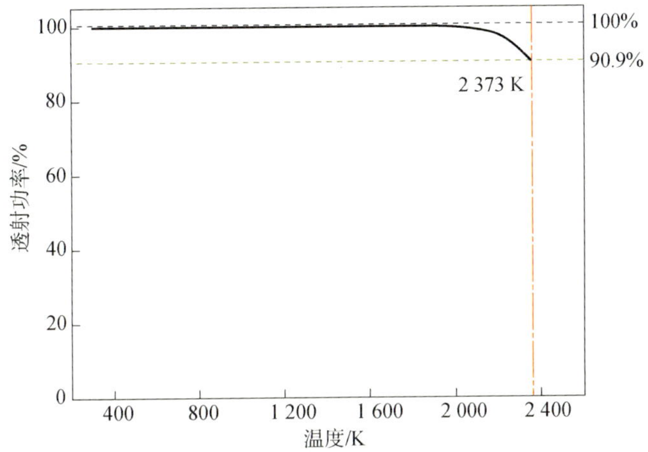

图 3－54　一阶壁厚二氧化硅材料热透波性能计算曲线

（频率 10 GHz）

由图 3－54 可见，二氧化硅基准材料在熔融温度 1 983 K 之前具有非常好的热透波性能，透射功率接近 100%；当材料发生熔融之后，透波性能随温度上升有所下降，但直到发生明显气化的 2 373 K，透波率仍超过 90%。

3.7.1.2　氮化硼材料热透波特性

与上述二氧化硅材料热透波性能的计算方法相同，模拟了一阶壁厚氮化硼材料（致密热压氮化硼，密度为 2.27 $g \cdot cm^{-3}$）在均温条件下透波性能随温度的变化规律。

从图 3－55 可以看出，在 1 473 K 以前，氮化硼具有非常好的透波性能，透射功率接

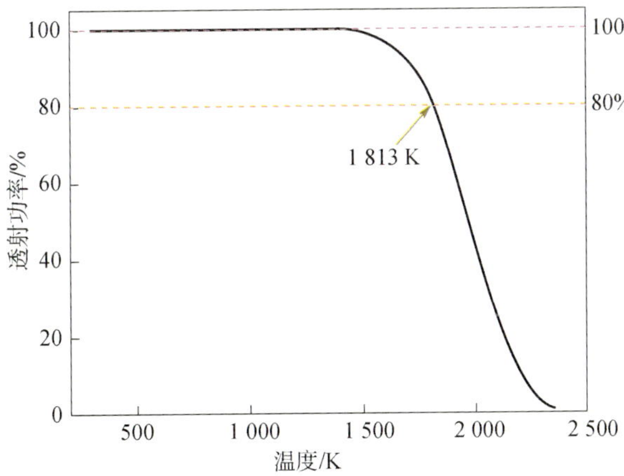

图 3－55　一阶壁厚氮化硼材料热透波性能计算曲线

（频率 10 GHz）

近 100%；随后，由于电子电导损耗的增大，透波率开始降低，在 1 813 K 附近降至 80%，2 073 K 时透射功率不到 30%，2 273 K 时已不足 5%，电磁波信号基本截止。

3.7.1.3　氮化硅材料热透波特性

利用同样的方法模拟了一阶壁厚氮化硅材料（多孔氮化硅，密度为 1.48 g · cm^{-3}）在均温条件下透波性能随温度的变化规律，如图 3－56 所示，可以看出当温度为 2 150 K 时，透波率开始低于 80%，表明氮化硅在分解温度前具有很好的热透波性能。

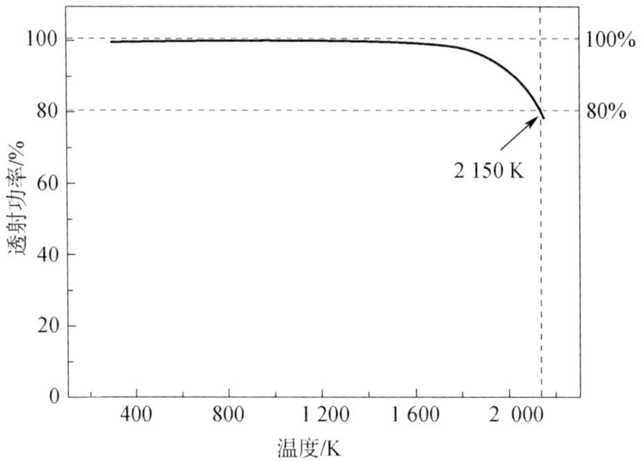

图 3－56　一阶壁厚多孔氮化硅材料热透波性能计算曲线

（频率 10 GHz）

3.7.2　多相共存体系二维平板热透波分析方法

服役条件下热透波材料在短时气动加热环境条件下会存在较大的温度梯度，高温主要集中在材料外表面，可能会出现固液、固气或固液气多相共存状态，因此其热透波行为不能采用均温法分析。

热透波材料平板的均温电磁波传输特性计算较为成熟，而电磁波穿过温度分布不均匀且可能包含多相（固、液、气共存）的复杂体系的传输特性未见文献报道。根据电磁波在介质中传播原理，利用材料热电行为规律，采用分区分层的处理方法来建立固、液、气三相共存条件下电介质材料电磁传输性能分析模型[51]。

对于气态层，在没有发生电离的情况下，对电磁波传输的影响很小，对于非电离气体，可以不考虑气态层的影响。当气态层发生电离后，其对电磁波传输的影响与电离层的厚度、电子密度和电磁波频率密切相关，可近似作为单层处理。

对于液态层，它是在烧蚀过程中固体材料熔化和化学反应形成的。液态层往往具有一定厚度和温度分布，可用若干已知 ε 与 $\tan\delta$、一定厚度的薄层代替，液态层的组分、性质可能与固态层不同，相应的 ε 与 $\tan\delta$ 也应与固态层有差别。

对于固态层，可以根据温度及介电性能梯度变化情况对固态层进行分层处理。

用分区分层方法建立的三相体系分析模型如图 3－57 所示。

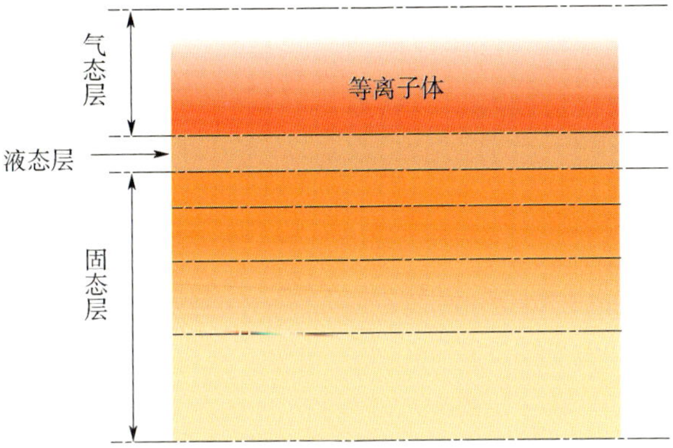

图 3-57　电介质材料的三相体系分析模型

选取适当的介电损耗增量 $\Delta\tan\delta$ 进行分层，在厚度方向当介电损耗变化（增大或减小）相同数值时分作一层，该层的介电常数由层顶和层底的介电常数取平均得到，分析表明当 $\Delta\tan\delta\leqslant 0.001$ 时，对计算结果的影响可以忽略。

图 3-58 表示由（$N-1$）层有损耗介质构成的平板，A_l 和 B_l 分别为第 l 层中的垂直传播的正向电磁场和反向电磁场。l 和 $l+1$ 层的分界面坐标为 $z=d_l$。

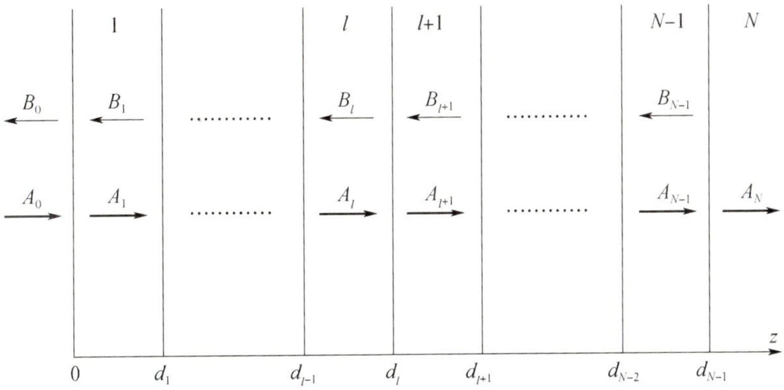

图 3-58　固、液、气三相共存分层计算模型

对于垂直极化，设 $l+1$ 层中的电场和磁场为

$$E_{l+1}=\left[A_{l+1}\mathrm{e}^{-\mathrm{j}(\gamma'_{l+1}-\mathrm{j}\gamma''_{l+1})z}+B_{l+1}\mathrm{e}^{\mathrm{j}(\gamma'_{l+1}-\mathrm{j}\gamma''_{l+1})z}\right] \tag{3-60}$$

$$H_{l+1}=\frac{\gamma'_{l+1}-\mathrm{j}\gamma''_{l+1}}{\omega\mu_0}\left[A_{l+1}\mathrm{e}^{-\mathrm{j}(\gamma'_{l+1}-\mathrm{j}\gamma''_{l+1})z}-B_l\mathrm{e}^{\mathrm{j}(\gamma'_{l+1}-\mathrm{j}\gamma''_{l+1})}\right] \tag{3-61}$$

将所有的相邻层间的传输矩阵级联后，得出联结图中的入射波 A_0、反射波 B_0 与透射波 A_N 间的传输矩阵方程

$$\begin{bmatrix}B_0\\A_0\end{bmatrix}=[U_{0,1}]\cdot[U_{1,2}]\cdots[U_{(N-1),N}]\cdot\begin{bmatrix}0\\A_N\end{bmatrix} \tag{3-62}$$

根据上述方程计算 $B_0=R$（反射系数）和 $A_N=T$（透射系数）。

对于平行极化，用相同的方法得到传输矩阵方程，但需将所有系数$\frac{1}{2}\left[1+\frac{\gamma'_{l+1}-j\gamma''_{l+1}}{\gamma'_l-j\gamma''_l}\right]$换为$\frac{1}{2}\left[1+\frac{(\varepsilon'_l-j\varepsilon''_l)\ (\gamma'_{l+1}-j\gamma''_{l+1})}{(\varepsilon'_{l+1}-j\varepsilon''_{l+1})\ (\gamma'_l-j\gamma''_l)}\right]$，其中

$$r_{l,l+1}=\frac{(\varepsilon'_{l+1}-j\varepsilon''_{l+1})(\gamma'_l-j\gamma''_l)-(\varepsilon'_l-j\varepsilon''_l)(\gamma'_{l+1}-j\gamma''_{l+1})}{(\varepsilon'_{l+1}-j\varepsilon''_{l+1})(\gamma'_l-\gamma''_l)+(\varepsilon'_l-j\varepsilon''_l)(\gamma'_{l+1}-j\gamma''_{l+1})} \tag{3-63}$$

其余与垂直极化相同，分别计算 R 和 T。

选取典型烧蚀热环境，分析计算了二氧化硅模型材料固、液共存大温度梯度状态的动态热透波性能，同时进行了热透波试验。实验模型为平板模型，初始厚度为 6.9 mm，加热时间为 14 s，实验后模型表面有薄的熔融层，计算得到的电磁波透射率与实验数据如图 3－59 所示。由图可见，动态透波率理论计算值与实验结果符合良好，验证了热电行为规律和热透波分析计算方法的正确性。

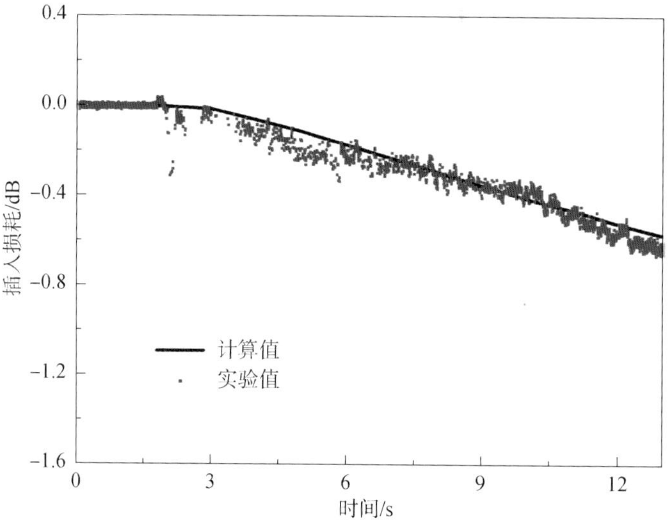

图 3－59　二氧化硅模型材料动态热透波性能模拟及实验

3.7.3　非对称热环境下三维结构热透波分析

在飞行过程中，天线罩可能处于气态、液态和固态共存的不均匀、不对称状态下。在进行天线罩传输特性分析时，相当于电磁波在多层介质中传输，需将天线罩沿轴向分块、周向分区、径向分层，计算量及难度大，需要选取适当的计算方法并建立相应的计算模型，实现非对称热环境下的传输特性分析（见图 3－60）。

目前天线罩传输特性计算方法[52]主要包括物理光学法（PO）、矩量法（MOM）和几何光学法（GO）。对于电尺寸较大的天线罩，物理光学法有较好的计算效率，但由于物理光学法不考虑电磁波在各分界面的二次和多次反射，会在计算结果中带来较大的误差。矩量法是一种高精度的数值方法，但是只能计算电尺寸很小的物体，不能单独用于求解实际的天线罩。几何光学射线法分为直接射线法（发射公式）和间接射线法（接收公式），适

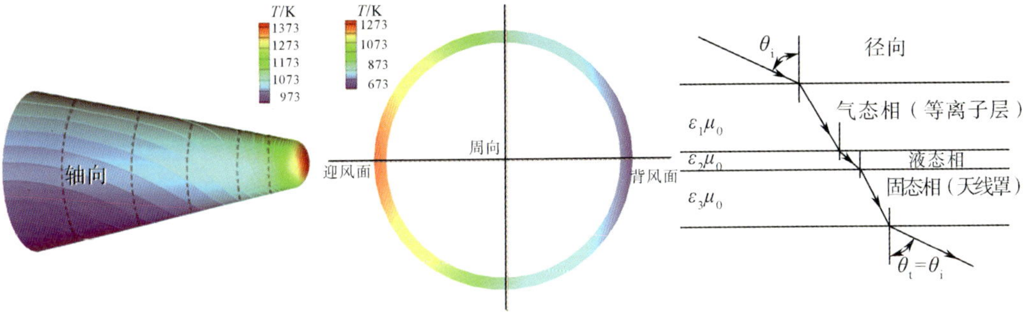

图 3-60　天线罩分层方法示意图

于不对称热环境天线罩传输特性计算，具有较好的计算效率和计算精度。

直接射线法计算天线的远区场时，计算量大，编程复杂；而间接射线法中入射线是一束平行直线，可以在直角坐标系中确定入射线方程，大大减小了计算入射线与天线罩外壁交点时的工作量，是准确性和计算强度的较好折衷。对不对称热环境条件下的天线罩计算，可以选择间接射线方法进行天线罩传输系数、瞄准误差和瞄准误差斜率的分析计算。

间接射线法[53]基于以下假设（如图 3-61 所示）：平面波从参考平面入射到天线口面或任一封闭面；天线罩的曲率半径远大于波长，天线罩表面上的局部区域可视为平面，在入射线和天线罩曲面的交点上，罩壁的传播和反射特性按平板理论计算；忽略罩壁与天线之间多次反射的影响。天线罩顶部的计算用矩量法进行修正。

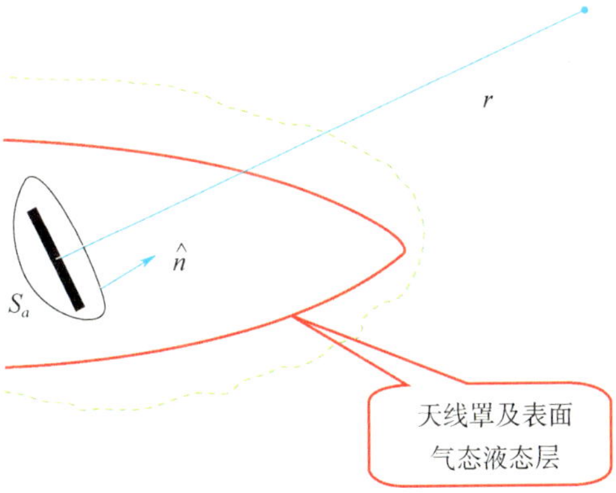

图 3-61　间接射线法原理

类似 3.7.2 节的分层建模分析方法，在数理模型的基础上，选取天线罩典型热环境，计算了模型天线罩电磁传输特性（见图 3-62），可明显看出不对称热环境对热透波性能的影响。

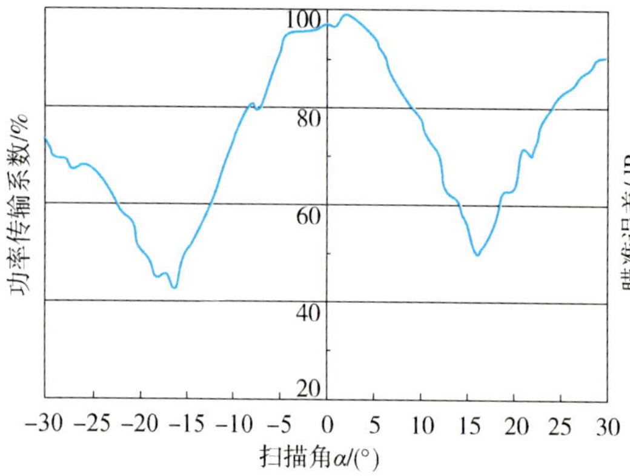

(a)

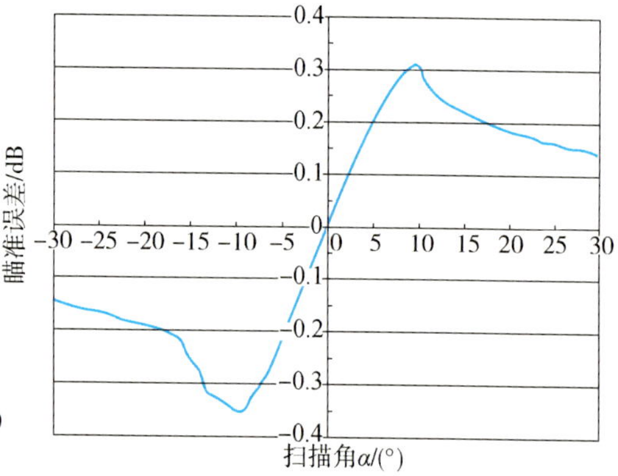

(b)

图 3-62 典型热环境下天线罩传输性能模拟

参考文献

[1] The polarization and the electric moment of tung oil. Phy. Rev. 37，1149，1929.

[2] Studien über die Anomalien im Verhalten der Dielcktrika. Ann. D. Phys. 24，711，1907.

[3] Erklärung der dielektrischen Nachwirkungsvorgänge auf Grund Maxwellscher Vorstellungen. Arch. F. El. 2，371，1914.

[4] WESTPHAL W B，IGLESIAS J. Dielectric measurements on high-temperature materials. Air Force Materials Laboratory，AD 873038：1—52.

[5] MELVIN C G. High-temperature dielectric properties of candidate space-shuttle thermal-protection-system and antenna-window materials. NASA TN D—7523.

[6] 李翰如．电介质物理导论．成都：成都科技大学出版社，1990.

[7] 孟中岩，姚熹，等．电介质理论基础．北京：国防工业出版社，1980.

[8] 孙目珍．电介质物理基础．广州：华南理工大学出版社，2000.

[9] HILL N，VAUGHAM W A，et al. Dielectric properties and molecular behavior. Van Nostrand，1969：18—23.

[10] COELHO R，ALADENIZE B. Les dielectriques proprieties dielectriques des materiaux isolants. Editions Hermes，1993.

[11] （法）科埃略 R，（法）阿拉德尼兹 B. 电介质材料及其介电性能．张冶文，陈琳，译．北京：科学出版社，2000.

[12] KRISHNAN S. X-ray diffraction from levitated liquids. J. Phys. Condens. Matter.，2000（12）：R145—R176.

[13] ENDERBY J E，ANSELL S，KRISHNAN S，et al. The electrical conductivity of levitated liquids. Appl. Phys. Lett.，1997（71）：116—119.

[14] ZACHARIASEN W H. The atomic arrangement in glass. J. Am. Chem. Soc，1932（54）：3841—3851.

[15] http：//en. wikipedia. org/wiki/File：Glass _ tetrahedon. png.

[16] http：//en. wikipedia. org/wiki/File：Silica. svg.

[17] 王仪财，吴孟强，许峰云，等．石英玻璃的高温介电特性研究．四川大学学报（自然科学版），2005（42）：387—392.

[18] 徐毓龙，阎西林．材料物理导论．成都：电子科技大学出版社，1994.

[19] BALAYA P，SHRIKHANDE V K，KOTHIYAL G P，et al. Dielectric and conductivity studies on lead silicate glasses having mixed alkali and alkaline earth metal oxides. Curr. Sci.，2004，86：553—555.

[20] Material Studio 软件中的 CASTEP 模块．

[21] PLONSKII A，MISHIN M B，BERNSHTEIN R S，et al. Determination of the dielectric characteristics of materials in the superhigh-frequency range at temperatures up to 2300 K. High Tem.，

1989, 27 (3): 390—395.

[22] http: //en. wikipedia. org/wiki/File: Corundum-3D-balls. png.

[23] ROMA G, LIMOGE Y, BARONI S. Oxygen self—diffusion in α—quartz. Phys. Rev. Lett., 2001, 86: 4564—4567.

[24] ENDERBY J E, ANSELL S, KRISHNAN S, et al. The electrical conductivity of levitated liquids. Appl. Phys. Lett., 1997, 71: 116—119.

[25] SINN H, GLORIEUX B, HENNET L, et al. Microscopic dynamics of liquid aluminum oxide. Science, 2003, 299: 2047—2049.

[26] http: //en. wikipedia. org/wiki/File: Wurtzite _ polyhedra. png.

[27] JOHNSON Q, TEMPLETON D. Madelung constants for several structures. The Journal of Chemical Physics, 1961 (34): 2004—2007.

[28] http: //zh. wikipedia. org/wiki/File: Kristallstruktur _ Lanthanoid—C—Typ. png.

[29] CHEN J, GAO Z, WANG J, et al. Dielectric properties of yttria ceramics at high temperature. J. Electro. Sci. & Tech. Chi, 2007, 5 (4): 320—324.

[30] RIEDEL R, CHEN I. Ceramics science and technology. Wiley—VCH, 2010, 2: 71—73.

[31] 毕见强，赵萍．特种陶瓷工艺与性能．哈尔滨：哈尔滨工业大学出版社，2008.

[32] http: //zh. wikipedia. org/wiki/File: Boron-nitride- (hexagonal) -top-3D-balls. png.

[33] ZHANG T, WU M, LI Z. High temperature dielectric loss of h-BN at X band and its dependence on the electron structure, defects and impurities. Solid State Sciences, 2010 (12): 1599—1602.

[34] 陈小林，成永红．吴锴．一种非对称双原子分子的电子位移极化率计算模型．西安交通大学学报，2009，43 (4): 90—94.

[35] RAJEEV G, JOHN H B. Absolute refractive indices and thermal coefficients of fused silica and calcium fluoride near 193nm. Applied Optics, 1998 (37), 25: 5964.

[36] GOLDEN K E, REDONDO B, HANAWALT B. Dielectric properties of boron nitride. Amer. Ins. Aerona. Astron., 1981, 1: 1085—1088.

[37] HOU Z L, CAO M S, YUAN J. High temperature conductance loss dominated defect level in h-BN: experiments and first principle calculations. J. Appl. Phys., 2009, 105: 0761031—0761033.

[38] GOLDEN K, HANAWALT B, OSSMANN W. The prediction and measurement of dielectic properties and RF transmission through ablating boron nitride antenna windows. AIAA 81—1085.

[39] CHEN X, CHENG Y, XIE X, et al. Calculation of the ionic conductivity of h-BN and its effect on the dielectric loss. J. Phys. D: Appl. Phys. 2007 (40): 846—849.

[40] ALEXANDROV L N, EDELMAN F L. Proceedings 7th International Vacuum Congress, 1977, 2: 1619—1622.

[41] GRUEN R. Acta Crystallogr., B35, 800—804.

[42] HUANG Z K, GREIL P, PETZOW G. Formation of silicon oxynitride from Si_3N_4 and SiO_2 in the presence of Al_2O_3. Ceram. Int., 1984, 10: 14—17.

[43] OHASHI M, KANZAKI S, TABATA H. High-temperature flexural strength of hot-pressed silicon oxynitride ceramics. J. Mater. Sci. Lett., 1988, 7: 339—340.

[44] OHASHI M, KANZAKI S, TABATA H. Processing, mechanical properties and oxidation behavior of silicon oxynitride ceramics. J. Am. Ceram. Soc., 1991, 74: 109—114.

[45] IDRESTEDT I, BROSSET C. Structure of Si_2N_2O. Acta. Chem. Scand., 1964, 18: 1879－1886.

[46] ZHANG T, WU M, LI Z. Local electric field investigation of Si_2N_2O and its electronic structure, elastic and optical properties. Journal of Alloys and Compounds, 2011 (509): 1739－1743.

[47] CHING W Y, REN S Y. Electronic structures of Si_2N_2O and Ge_2N_2O crystals. Phys. Rev. B, 1981, 24: 5788－5795.

[48] TONG Q F, ZHOU Y C, WANG J Y, et al. Low-temperature synthesis/densification and properties of Si_2N_2O prepared with Li_2O additive. J. Eur. Ceram. Soc., 2007, 27: 4767－4772.

[49] LIU B, WANG J Y, LI F Z, et al. Effect of interstitial lithium atom on crystal and electronic structure of silicon oxynitride. J. Mater. Sci. 2009, 44: 6416－6422.

[50] ZHANG T, WU M, LI Z. Influence of the various doping elements on the microwave dielectric loss of silica. Journal of Alloys and Compounds, 2011 (509): 9279－9283.

[51] GAO Z, MA Z, LIU J, et al. Transmission properties of radar wave through reentry plasma sheath. Journal of Electronic Science and Technology of China, 2007 (5): 29－37.

[52] 高军，曹祥玉 . C 波段机载干扰机天线罩的分析与设计 . 现代雷达，2000，22 (1)：66－70.

[53] 何利华，高正平 . 计算天线罩瞄准误差的间接射线法 . 实验科学与技术，2006 (1)：12－14.

第 4 章　高温介电性能测试与热透波模拟

4.1　概述

高温介电性能实测数据对热透波材料研制、选材、应用及热透波分析至关重要。对应于主要航天器天线窗（罩）研制需求，工程上高温介电性能测试需要覆盖的参数范围为：介电常数 1.2～10，介电损耗 $5\times10^{-4}\sim1\times10^{-1}$，频率 2～18 GHz，测试温度一般不低于 1 000 K。

常温介电性能测试方法较多，分别属于谐振法和非谐振法[1]。谐振法通过测试腔体加载试样前后的谐振频率及品质因数来计算复介电常数，包括高 Q 腔法、带状线谐振腔法、微扰法等，适用于低损耗材料介电性能测试；非谐振法通过测试加载试样前后传输系统（波导传输或同轴传输）中的反射与传输系数来计算复介电常数，包括终端短路法、自由空间法等。由于介电参数分布范围广，微波频率范围大，至今尚无一种普适的方法和测试装置，可以适用于所有材料和频率范围的高温介电性能测试。

相比于常温介电性能测试，高温介电性能测试存在诸多困难，主要包括：1）高温测试环境的实现与控制；2）高温微波器件的选材；3）高温校准。高温介电性能测试可选用的方法包括高 Q 腔法、带状线谐振腔法、终端短路法、自由空间法和微扰法等[1-2]。其中，高 Q 腔法适用于小损耗材料，终端短路法适用于较大损耗材料，带状线谐振腔法对于低频（2～7 GHz）小损耗材料，有试样尺度较小的优势。

热透波模拟是评价材料使用特性的重要地面试验方法，它可以较真实地模拟热透波材料实际使用状态下的热透波性能。迄今主要发展了两种模拟方法，太阳炉（塔）法[3]和电弧加热器法[4-5]。太阳炉法产生的热环境对微波的干扰很小，但热场的均匀性、热场尺度及热流密度均存在较大限制[6-8]，电弧加热器法的热流密度调节范围较大，可以达到或接近实际环境条件，更具实用性。

本章在论述高温介电性能测试的三项关键技术的基础上，重点介绍高温高 Q 腔法、带状线谐振腔法、终端短路法的测试原理与校准方法、测试系统与测试方法及典型测试结果等；同时，对电弧加热器流场品质控制方法及热透波模拟试验典型试验结果进行了简要论述。

4.2　高温介电性能测试关键技术

高温环境、高温微波测试传感器（腔体、变温传输线）、微波电测系统是构成高温介电性能测试系统中的关键三部分，其示意图见图 4－1 所示。其中高温测试环境的实现与控制、高温微波器件的选材和高温校准是实现高温介电性能测试的主要关键技术。

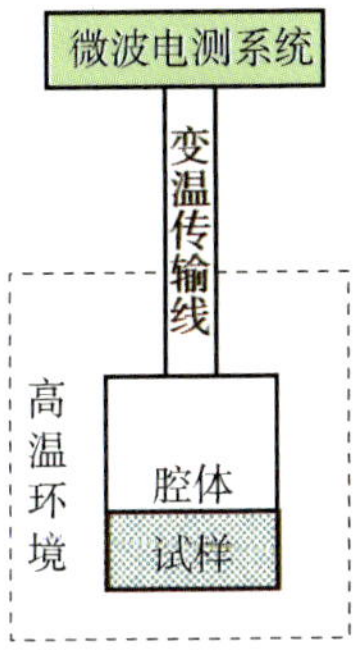

图 4-1　高温介电性能测试系统组成框图

4.2.1　高温测试环境的实现与控制

不同于室温介电性能测试，高温介电性能测试首先要解决高温环境获取的难题。对高温环境及其实现方法的基本要求有：

1）试样温度均匀性与稳定性满足测试要求（ASTM　D2520[9] 建议试样温度不均匀性小于±5 K）；

2）试样温度可测可控；

3）腔体温度及分布稳定；

4）加热系统与电测系统兼容；

5）加热效率高，可靠性高。

目前在高温介电性能测试中已获应用的加热方法主要有电阻加热法、感应加热法和对流加热法[10-16]。

4.2.1.1　电阻加热

电阻加热法技术成熟度高，应用广泛，包括直接加热法和间接加热法两种，在介电性能测试中主要运用间接加热法。间接加热法通过发热体对腔体和试样进行加热。其系统组成如图 4-2 所示。

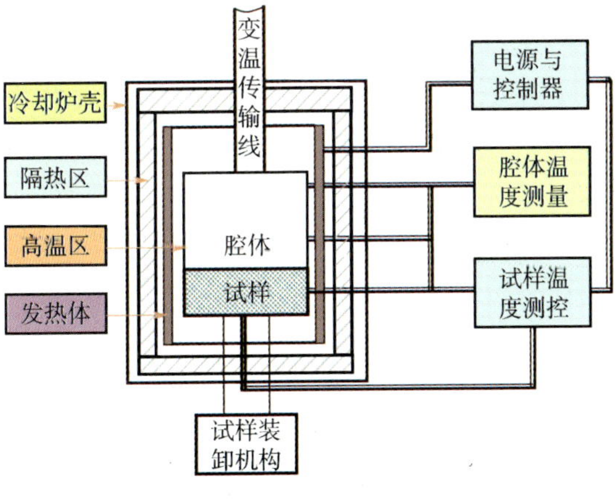

图 4-2　间接加热系统组成

选择合适的发热体材料是间接加热系统设计的关键之一。发热体材料应依据最高测试温度和均温性指标等要求选择，兼顾电阻温度系数小、塑性好、高温强度高和热膨胀系数低等要求。可供选择的发热体材料主要有合金材料、贵金属、高熔点金属、石墨和二硅化钼等，主要性能见表 4 - 1 所示。

表 4 - 1　常用发热体材料的性能[17-20]

材料＼性能	密度/(g/cm^3)	电阻率/($\mu\Omega \cdot m$)	电阻温度系数/(10^{-5}/K)	熔点/K	热膨胀系数/(10^{-6}/K)	最高工作温度/K	备注
Cr20Ni80	8.4	1.11	8.50	≈1 673	14	1 423	镍铬系合金
Cr15Ni60	8.2	1.10	14	≈1 663	13	1 323	
0Cr13Al6Mo2	7.2	1.40	7.25	≈1 773	15.6	1 573	铁铬铝系合金
0Cr25Al5	7.1	1.40	3～4	≈1 773	16	1 573	
0Cr27Al7Mo2	7.1	1.50	−0.65	≈1 793	16.6	1 673	
铂	21.45	0.1	374	2 890	8.9	1 873	贵金属和高熔点金属
钼	10.22	0.05	471	2 045	4.9	2 073	
钨	19.30	0.05	482	3 653	4.6	2 673	
钽	16.67	0.13	385	3 253	6.55	2 473	
石墨	1.5～1.8	8～13	—	3 773	3～4	3 273	非金属
二硅化钼	3.5～5.5	0.25～4	随温度增加而增加	2 273	—	1 973	

1 473 K 以下，大多采用价格相对低廉的镍铬系或铁铬铝系合金丝/带，但该类材料存在加热后晶粒粗化变脆、高温强度下降和高温热膨胀系数大等缺点。

1 473 K 以上，ASTM D2520[9] 推荐选用塑性好、易加工、抗氧化性好的贵金属铂作为发热体材料，其极限使用温度可达 1 923 K，但高温长时使用一般不超过 1 773 K。此外，高熔点钼、钨和钽或石墨等，也可用于制作高温发热体材料，但需要进行针对性的结构优化设计和实验评估。

4.2.1.2　感应加热

感应加热具有高效、快速、温度易控制等优点，对 1 473 K 以上高温介电性能测试具有优势。但感应加热存在电磁干扰，会对电测产生明显影响，导致测试结果异常。因此，电磁兼容是选用感应加热方式时需要解决的关键问题。

解决电磁兼容，首先要采用与测试频率间隔大的加热频率，同时需要进行隔离与滤波处理。选用合适的高通滤波器是解决电磁兼容的可行方法。图 4 - 3 为一种高通滤波器，其隔离感应加热频率干扰信号的能力大于 30 dB，通过功率小于输入功率的千分之一，而对于大于 0.6 GHz 的微波工作频率，通过功率大于输入功率的百分之九十[14]。

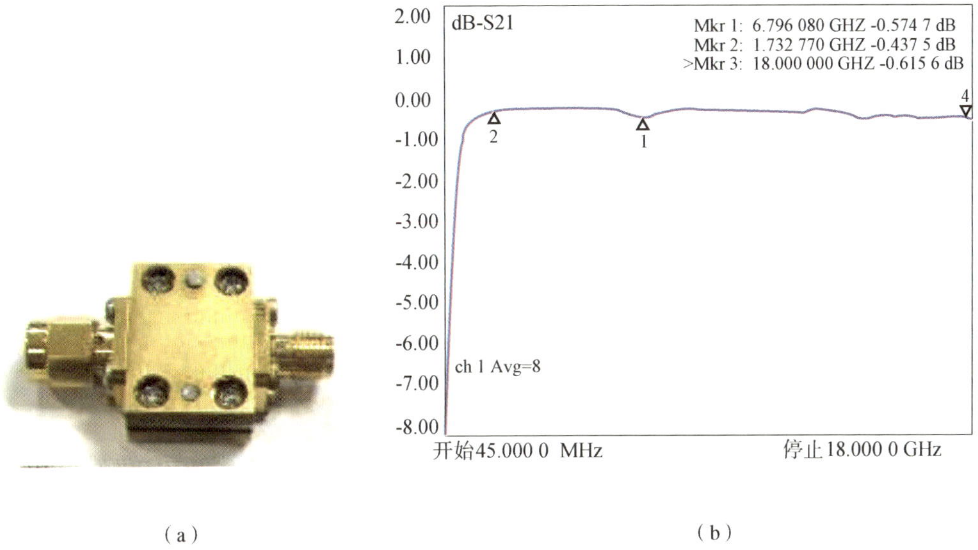

图 4－3　高通滤波器实物（a）及主要性能测试结果（b）

4.2.1.3　对流加热

对流加热是借助特殊结构的高速燃烧器，使空气（或氧气）、燃气（或燃油）在燃烧室内均匀混合、快速燃烧、迅速膨胀，从而在燃烧器出口获得高速热气流，实现对试样的快速对流加热[23]。

对流加热多用于自由空间法高温介电性能测试[8]。依据气源的不同，对流加热可分为氧乙炔加热、天然气加热、氢气加热、燃油加热等[15]。相比于电加热（电阻加热、感应加热），对流加热的热流密度大、加热速度快，被加热件表面可迅速达到高温。但是，对流加热很难实现温度的准确测控，导致温度准确性和均匀性相对较差。

总之，在高温介电性能测试中，应根据测试方法及测试要求的不同选择合适的腔体加热方法。

4.2.2　高温微波测试传感器的选材

高温微波测试传感器（腔体和传输线）的选材需要兼顾结构、电性能、耐温性等多方面要求，是实现高温电测的关键，具体包括以下约束条件：

1）耐温性高于测试温度；

2）高温电性能好；

3）高温强度高；

4）与试样高温相容性好；

5）可加工性好。

满足上述要求的材料不多，主要为难熔金属材料（钨、钼、铼、钽）、贵金属材料（铂、铑、铱）和高纯度石墨等，主要性能见表 4－2。

表 4-2　高温腔体候选金属的性能[19-20,24]

材料名称	熔点/K	电导率/(μS/m)(295 K)	电阻温度系数/(10^{-5}/K)	线膨胀系数/(10^{-6}/K)	高温拉伸强度/MPa	密度/(g/cm³)	备注
铼	3 453	5.42	—	6.1	—	21.02	—
钼	2 890	18.7	471	6.6	50～60	10.22	1 873
铂	2 045	9.66	374	8.9	—	21.45	—
钽	3 269	7.61	385	6.5	≈210	16.6	TaW (2 073)
钛	1 933	2.34	—	8.4	—	4.51	—
钨	3 680	18.9	482	4.6	≈105	19.26	W7Cu (2 073)
铑	2 239	21.1	—	8.3	—	12.41	—
铱	2 716	19.7	393	6.5	—	22.4	—
铌	2 921	6.93	—	6.6	80～90	8.57	Nb521 合金 (1 873)
银	1 234	63.0	380	19.2	—	10.5	1 300 K 之前已熔
紫铜	1 357	59.6	393	16.8	—	8.93	1 400 K 之前已熔
石墨	>3 823	0.061	—	1～8.8	30～40	3.25	2 773 K 前强度随温度升高而升高

4.2.2.1　高温电性能要求

高温微波测试传感器选材需要同时考虑材料耐温性及高温电性能，材料耐温性是前提，而材料的导电性能是影响腔体品质因数的关键。腔体材料要求具有较低的电阻率和电阻温度系数，以确保腔体尽可能高的高温品质因数和测试精度。以高 Q 腔为例，假设腔体内径 $D=52.0$ mm，腔体有效长度 $L=68.5$ mm，对表 4-2 所列材料，不同温度 TE_{011} 测量模式下的品质因数理论估算值见表 4-3。

表 4-3　TE_{011} 高 Q 腔体品质因数理论估算值

候选材料	295 K	1 300 K	1 800 K	2 100 K
铼	9 293	—	—	—
钼	17 261	5 980	5 156	4 810
铂	12 406	4 738	4 103	3 834
钽	11 011	4 155	3 596	3 360
钛	6 106	5 646	—	—
钨	17 353	5 953	5 130	4 785
铑	18 335	16 955	—	—
铱	17 717	6 628	5 734	5 356
铌	10 508	—	—	—
银	31 682	12 020	—	—
紫铜	30 816	11 529	—	—
石墨	986	—	—	—

由表 4-3 可见，银和紫铜的品质因数较高，但耐温性差，只适用于工作温度 1 000 K

以下的腔体。

难熔金属钼高温容易气化，导致高温品质因数实际测试结果与理论估算值差异较大。其他难熔金属钨、钽、铌、铼，均存在不同程度的高温气化及高温晶体粗化问题，腔体高温电性能需进行试验验证。

贵金属材料中，铑和铱的耐温性和电性能均更占优势，但硬度高，腔体加工精度难以满足要求，且铑的块体材质稀少，一般以铂铑合金形式使用，而铱薄片加工或镀层工艺则相对容易。因此，可以将铂铑合金或铱与其他材料组合使用，铂铑合金或铱作为导电材料满足腔体高温电性能要求，其他材料作腔体本体满足高温结构承载要求。

20 世纪七八十年代美国麻省理工学院和美国国家航空航天局兰利研究中心分别采用不同的贵金属材料制作了不同耐温等级的测试腔体[12-13]，其中麻省理工学院采用铂、铂铑、铱等制作了最高温度近 2 000 K 的测试腔体；兰利研究中心[13]采用铂铑合金制作了耐 1 473 K 左右的测试腔体；美国 ASTM D2520[9]标准推荐：最高温度为 1 923 K 时可选用铂铑 20，最高温度为1 523 K时，可选用纯铂。

石墨腔体品质因数远低于纯金属腔体。因此，对于品质因数要求相对高的谐振法，不宜采用石墨制作腔体。但对于非谐振法如终端短路法，在 1 800 K 以上的高温区，石墨仍具有显著优势。

4.2.2.2　与试样高温相容性要求

在高温介电性能测试时，被测试样与腔体多采用直接接触方式，它们之间的热物理、化学相容性是保证高温测试准确性的必要条件。

铂、铂铑、铱等材料目前已获得较多应用。铂基材料高温反复使用时，如果试样中含有较多硅、硼元素，则易与铂反应，导致熔点大幅降低[26]，见图 4 - 4。

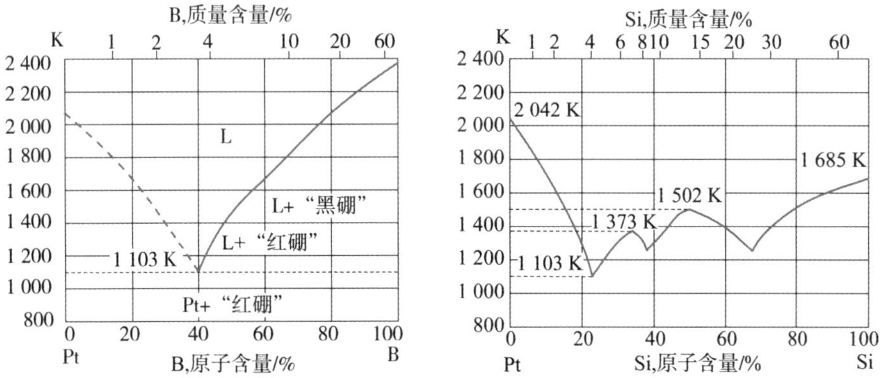

(a)Pt　B相图　　(b)Pt—Si相图

图 4 - 4　Si、B 与 Pt 的二元相图

铱作为表面防护材料，研究相对较多[27-29]。铱和铂、铑同属第Ⅷ族的铂族元素，铱的熔点高于铂、铑，电阻率介于铂、铑之间，不溶于酸，微溶于王水，化学性质与铑相近，有很好的高温抗氧化性和抗腐蚀性[30]。但当温度超过 2 000 K 时，铱会和熔融二氧化硅反应，如图 4 - 5 所示。因此，作为腔体和高温器件表面防护与导电用材料，铱反复使用最

高温度可达 1 900 K 左右。

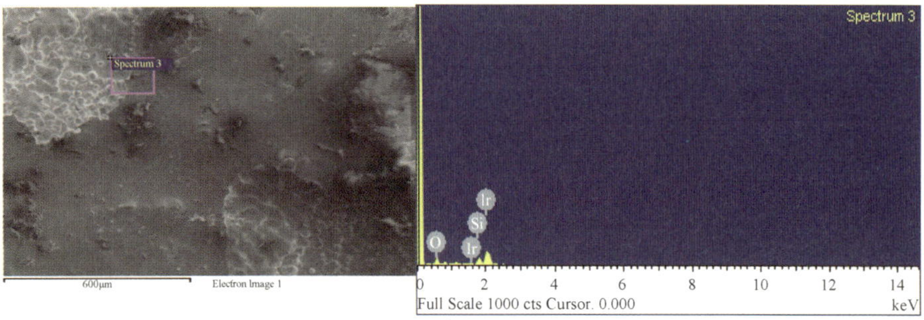

图 4－5　铱短路板与试样接触面 SEM 图和 EDS 能谱分析结果图

总之，铂、铂铑合金具有相对较好的综合性能，但在具体的测试系统中，由于测试环境和被测试样的不同，还需要进行专门的设计和试验评估；钼作为高温腔体的基材，高温强度高，密度相对较小，可加工性好且有成本优势；铱作为高温导电材料，温度低于 1 900 K时具有优良的综合性能；石墨具有耐超高温和强度优势，尤其是1 900 K以上优势明显，对导电性要求相对不高的终端短路法，可以考虑选用石墨，但也需要进行专门的设计和试验评估。

4.2.3　高温校准

与常温介电性能测试相比，存在如下附加测试误差：

1）试样尺寸改变甚至试样变形导致的测试误差；

2）腔体材料电特性和尺寸发生变化或腔体出现变形导致的测试误差。

其中试样、腔体尺寸及电特性随温度的变化，在一定条件下具有可逆性和重复性，属重复性系统误差，通过校准可以扣除。但试样、腔体非弹性与不规则变形，不具有可逆性或不确定性，属原理性误差不能单独依靠校准加以解决。

由于存在上述附加测试误差，高温校准成为保证高温介电性能测试结果准确性的关键技术之一。在常温各种校准的基础上，高温校准分为高温试样校准和高温腔体校准。

4.2.3.1　高温试样校准

高温试样校准是通过热膨胀系数修正获得高温下准确的试样尺寸。高温试样的膨胀量与试样尺寸、线膨胀系数和测试温度有关。当总膨胀量小于 0.02 mm 时，与试样尺寸的测量误差相当，可以不进行试样尺寸校准；膨胀量大于0.02 mm时，则需要进行试样尺寸校准。

4.2.3.2　高温腔体校准

高温腔体校准主要包括腔体尺寸和内表面电阻随温度变化的校准，其校准方法与其受热状态有关。腔体受热又分为均匀受热和非均匀受热两种。

（1）均匀受热

均匀受热时，腔体校准方法可采用热参数修正或逆运算两种方法。热参数修正利用材料的热膨胀系数和电阻温度系数分别对腔体尺寸和内表面电阻进行修正，校准精度受热膨胀系数和电阻温度系数等数据的准确性影响。逆运算法通过腔体高温电参数的测量反算腔体高温尺寸和内表面电阻。如谐振法在系统和测量模式固定的情况下，空腔谐振频率只和腔体尺寸相关，空腔品质因数在腔体尺寸固定的情况下，只和腔体内表面电阻相关。因此不同温度下，测量空腔谐振频率可反算腔体尺寸的变化，测量空腔品质因数可反算腔体内表面电阻的变化。该方法相比热参数修正法，准确性高。

（2）非均匀受热

因测试系统结构的复杂性，多数情况下，热设计的重点在于试样区温度均匀性达标，而达到腔体温度均匀则难度较大，腔体实际上处于不同程度的非均匀受热状态。如高 Q 腔法中，谐振腔体上下部位存在从高温向室温过渡的温度分布。因此，腔体尺寸和内表面电阻的校准相对复杂，需对腔体变形进行分析，并构建数理模型，通过合适的算法获得腔体尺寸、内表面电阻及与温度之间的比例系数，以实现高温校准。

总之，应根据实际的测试系统选用合适的校准方法，并对校准误差进行理论分析和试验评估。

4.3　高 Q 腔法

高 Q（品质因数）腔法，因试样与腔壁为非接触状态，一般不需要间隙修正，对低损耗试样有很高的测试精度，且相对较容易实现，所以在常温和高温介电性能测试中获得了广泛应用。高 Q 腔法原理上对测试频率无特殊限制，但频率低于一定值时存在谐振腔体积大、试样尺寸大、高温实现困难等问题。

高 Q 腔法分定频法（固定谐振频率、改变腔体尺寸）和变频法（固定腔体尺寸、改变谐振频率）两种。早期由于信号源功能单一，定频法应用较多，如高 Q 腔法国家标准和指南[31-33]即采用定频法。近期全自动扫频信号源获得广泛应用，频率测试精度优于长度测试精度三四个量级[2]，且容易实现宽频测试，因此变频法的应用逐渐增多。本节以变频法为例进行介绍。

4.3.1　测试原理与高温校准方法

4.3.1.1　基本测试原理

高 Q 腔法通过测试加载试样前后腔体谐振频率和品质因素，计算得到介电常数 ε' 和介质损耗 $\tan\delta$。在某一确定模式（TE^{O}_{0mn}）和测试温度下，圆柱型高 Q 腔初始空腔谐振频率为 f_{00}，固有品质因数为 Q_{00}。当放置厚度为 d 的圆片状试样后（见图 4-6 所示），由于试样介电常数大于 1，填充试样的测试腔相位常数增大，谐振频率降低，记为 f_{0s}；同时，由于填充试样引入了附加损耗，导致测试腔的固有品质因数下降，记为 Q_{0s}。

依据圆波导谐振腔的麦克斯韦场方程及相关理论，得如下计算式。

对空腔有

$$(f_{00}D)^2=\left(\frac{c}{\pi}\mu'_{0m}\right)^2+\left(\frac{cn}{2}\right)^2\left(\frac{D}{L}\right)^2 \tag{4-1}$$

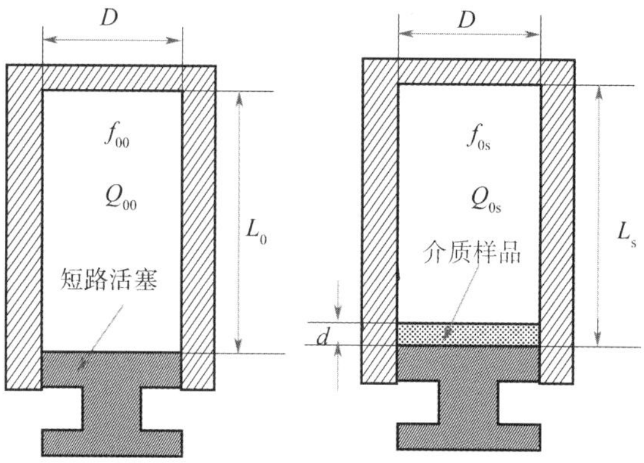

图 4-6　高 Q 腔法测试原理图

$$Q_{00}=\frac{(kD)^3\eta DL}{4\mu'_{0m}R_s\ (4DL\mu'_{0m}+D^4\psi^2)} \tag{4-2}$$

其中

$$R_s=\sqrt{\frac{\pi f_{00}\mu_0}{\sigma}} \tag{4-3}$$

$$k=2\pi f_{00}\sqrt{\mu_0\varepsilon_0} \tag{4-4}$$

$$\psi=\frac{n\pi}{L} \tag{4-5}$$

式中　f_{00}——空腔谐振频率（Hz）；

Q_{00}——空腔品质因数；

D，L——分别为腔体直径和长度（m）；

c——自由空间光速，3×10^8 m/s；

η——波阻抗（Ω）；

R_s——微波表面电阻（Ω）；

σ——电导率（s/cm）；

μ'_{0m}——贝塞尔函数的根，对 TE^O_{01} 为 3.831 7；

μ_0，ε_0——分别为真空磁导率和真空介电常数，其值分别为 $4\pi\times10^{-7}$ N/A^2 和 $8.854\ 18\times10^{-12}$ F/m；

m，n——分别为模式数。

对加载试样后的腔体有

$$\beta_\varepsilon^2=\left(\frac{2\pi f_{0s}}{c}\right)\varepsilon'-\left(\frac{2\mu'_{0m}}{D}\right)^2 \tag{4-6}$$

$$\beta_0^2=\left(\frac{2\pi f_{0s}}{c}\right)^2-\left(\frac{2\mu'_{0m}}{D}\right)^2 \tag{4-7}$$

$$\frac{\tan\beta_\varepsilon d}{\beta_\varepsilon}+\frac{\tan\beta_0\ (L-d)}{\beta_0}=0 \tag{4-8}$$

在腔体直径已知的情况下，通过空腔测量获得 f_{00}，依据式（4-1）求得腔体长度 L。

这样式中 D，n，L，μ'_{0m}及光速 c 均已知，联立式（4－1）和式（4－6）～式（4－8）可求得 ε'。

置入试样后，得

$$\tan\delta=\left(1+\frac{\mu}{wv\varepsilon'_{r}}\right)\left(\frac{1}{Q_{0s}}-\frac{1}{Q'_{00}}\right) \tag{4-9}$$

其中

$$\frac{1}{Q'_{00}}=\frac{1}{Q_{00}}\left(\frac{f_{00}}{f_{0s}}\right)^{\frac{5}{2}}\frac{\left(\frac{2\mu'_{0m}}{D}\right)^{2}(wv+u)+D(w\beta_{c}^{2}+\beta_{0}^{2})}{(wv\varepsilon_{r}^{2}+u)\left[\left(\frac{2\mu'_{0m}}{D}\right)^{2}\left(1-\frac{D}{L}\right)+\left(\frac{2\pi f_{00}}{c}\right)^{2}\frac{D}{L}\right]} \tag{4-10}$$

$$w=\left[\frac{\sin\beta_{0}(L-d)}{\sin\beta_{\varepsilon}d}\right]^{2} \tag{4-11}$$

$$u=2(L-d)-\frac{\sin2\beta_{0}(L-d)}{\beta_{0}} \tag{4-12}$$

$$v=2d-\frac{\sin2\beta_{\varepsilon}d}{\beta_{\varepsilon}} \tag{4-13}$$

式中　Q_{00}——空腔品质因数；

Q'_{00}——腔中放置假设的理想无耗试样后测试腔的无载品质因数；

Q_{0s}——腔中放置实际试样后测试腔的无载品质因数。

将空腔测得的无载品质因素 Q_{00} 和放置试样后腔体的无载品质因数 Q_{0s}，代入式（4－9）～式（4－13）即可求得 $\tan\delta$。

4.3.1.2　高温校准方法

与常温测试相比，高温测试更为复杂。由于谐振腔体上端连接变温传输线，下端连接短路活塞与运动机构，高温测试时腔体上下两端均存在从高温至低温的温度分布，腔体尺寸及微波内表面电阻均发生变化，需要建立相应的校准模型，进行相应的高温校准以保证测试精度。

以图 4－7 所示的高 Q 腔体为例，加热主要集中于试样区，为使厚度为（3±2）mm 的试样均匀受热，试样上下应保留不少于 20 mm 加热区。对此受热状态的腔体，可建立图4－8所示的高温校准模型，假设试样区温度分布均匀，腔体为圆柱体，温区以外温度梯度分布，腔体变形后呈圆锥体。

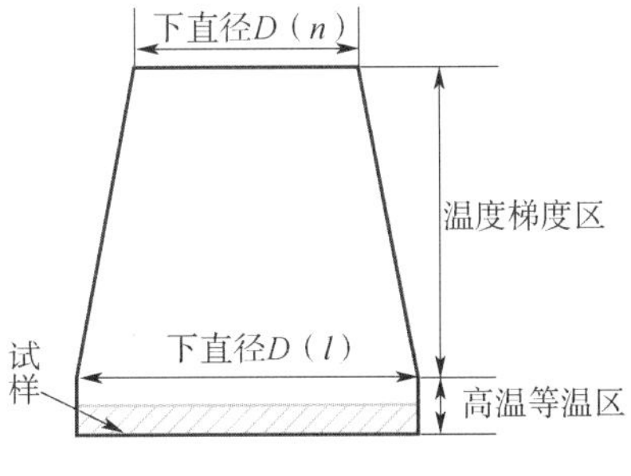

图 4－7　非均匀加热的高 Q 腔体

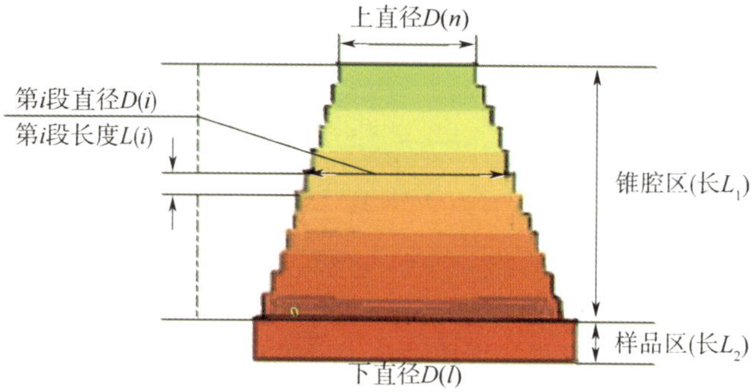

图 4-8 高温腔体与分段计算模型

高温校准的依据为式（4-1）、式（4-2），分别确立固定测量模式和温度下，空腔谐振频率与腔体直径 D（T）、腔体长度 L（T）之间的关系，以及空腔品质因数与微波内表面电阻 R_s（T）之间的关系。因此，只要测量某一温度和某一模式下空腔的谐振频率和品质因数，就可计算得到该温度和该模式下 D（T）、L（T）和 R_s（T）。式（4-1）有两个未知量，需要同模式和同温度下两个空腔谐振频率测试数据，才能计算得到 D（T）和 L（T）。

设第 i 段的温度为 T（i），直径为 D（i）、长度为 L（i）、腔体内表面电阻为 R_s（i），每段常温下对应的高度为 L_C（i）。设腔体高温等温区的温度为 T_2，腔体顶端温度为 T_1，温度为 T_2 处所对应的腔体直径、长度及微波内表面电阻分别为 D（T_2）、L（T_2）、R_s（T_2），其相邻点的温度 $T_D=T_2-\Delta T$ 处所对应的腔体直径、长度及微波内表面电阻分别为 D（T_D）、L（T_D）、R_s（T_D），则

$$D(i)=D(T_D)+\frac{D(T_D)-D(T_2)}{T_D-T_2}\cdot[T(i)-T_D] \tag{4-14}$$

$$L(i)=L(T_D)+\frac{L(T_D)-L(T_2)}{T_D-T_2}\cdot[T(i)-T_D] \tag{4-15}$$

$$R_s(i)=R_s(T_D)+\frac{R_s(T_D)-R_s(T_2)}{T_D-T_2}\cdot[T(i)-T_D] \tag{4-16}$$

因此，腔体内的所有尺寸和内表面电阻均可用 D（T_2）、L（T_2）、R_s（T_2）表示。

4.3.2 高温测试系统与测试方法

4.3.2.1 测试系统

高温高 Q 腔法测试系统一般包括微波网络分析仪、高温高 Q 谐振腔、高温微波传输系统、高温炉与控温系统、活塞定位装置等。当高温炉采用感应加热时，其系统框图如图 4-9 所示。

（1）微波网络分析仪

微波矢量或标量网络分析仪的选用，要求信号源为合成扫频信号源。频率分辨率优于 10 Hz，幅值分辨率优于 0.02 dB。当采用微波标量网络分析仪时，应另接合成扫频信号源

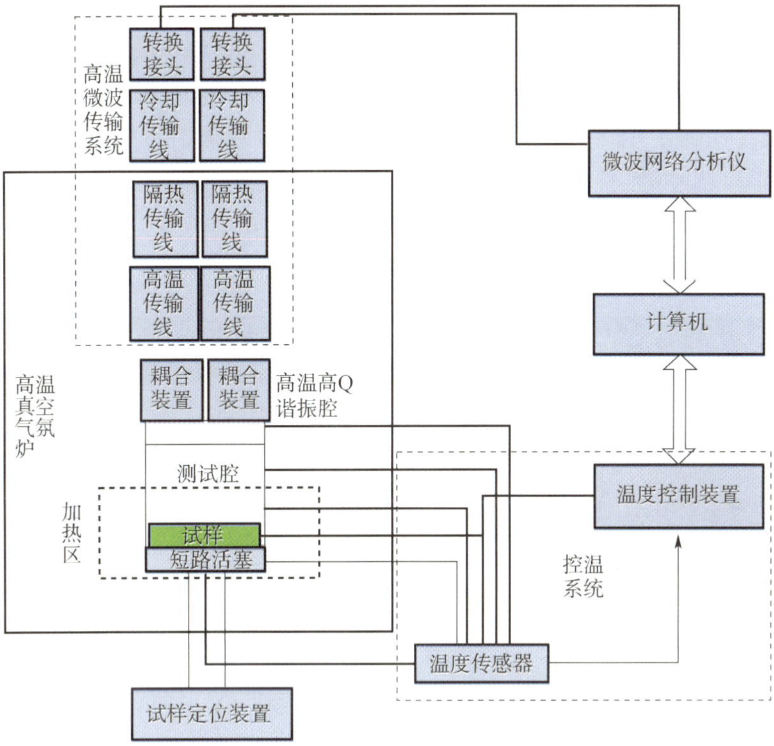

图 4-9　高温高 Q 腔法测试系统组成框图

和检波器。

（2）高温高 Q 谐振腔

高温高 Q 谐振腔包括测试腔、耦合装置、短路活塞（试样台与短路定位板）等。短路活塞一般为移动式，便于试样的放置与取出。短路活塞应与测试腔同轴，其同轴度应不大于 0.05 mm，试样台与短路定位板间应有吸波层。谐振腔的空腔品质因数 Q_{00} 应不低于 4 000，插损应足够小，$|S_{11}|$ 与 $|S_{22}|$ 绝对值相差优于 0.2 dB，图 4-10 为典型高温高 Q 谐振腔实物照片[35]。

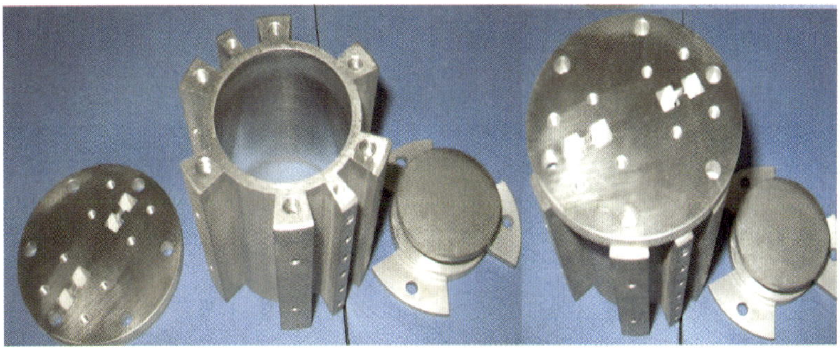

图 4-10　典型高温高 Q 腔实物照片

（3）高温微波传输系统

高温微波传输系统包括高温传输线、隔热传输线、冷却传输线、转换接头等，是一套组合传输系统。传输方式可以是同轴传输、矩形波导传输或双脊波导传输。高温微波传输系统总体性能应达到：驻波系数不大于 1.50，传输线的总插损不大于 5 dB，基线噪声不大于 0.003 dB，真空度不小于 1 Pa。在 7～18 GHz 频率范围内，可采用双脊波导 WRD650（图 4－11）。双脊波导不易保证气密，在需要真空的条件下，可将选择易于密封的同轴传输。

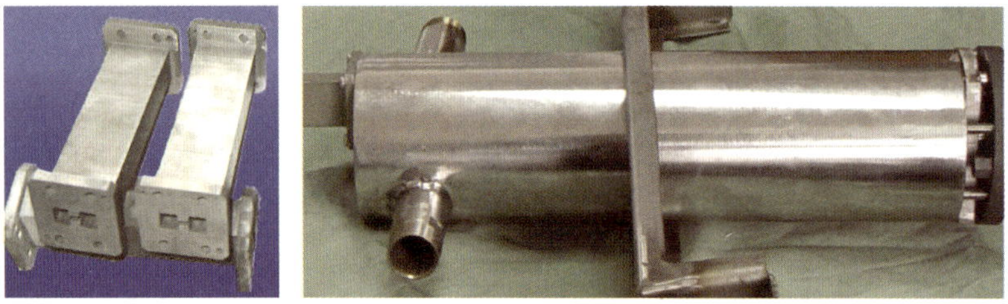

（a）高温传输线　　**（b）水冷却传输线**

图 4－11　高 Q 腔法高低温双脊波导 WRD650 传输线

（4）活塞定位装置

活塞定位装置将短路活塞（试样台）送入测试腔内，实现定位与锁定功能，并保证活塞的重复定位误差不大于 0.05 mm。活塞的支撑杆一般选用耐高温的陶瓷材料或耐高温的金属材料，且热膨胀系数应不大于测试腔材料的热膨胀系数。

4.3.2.2　测试方法

下面介绍高 Q 腔测试一般方法，包括试样要求、试验流程和误差分析等。

（1）试样要求

高 Q 腔法需要根据测试频率和试样的具体介电参数值优选试样厚度。优选方法分单点单频和多点宽频。单点单频可选电厚度 75°左右[31]，多点宽频选电厚度 35°～145°之间。当进行高温测试时，考虑到介电常数和介电损耗随温度的升高而增大，试样厚度还应适当减薄。

表 4－4 给出了测量模式为 TE_{013}^{0}，D＝52.0 mm，L＝68.5 mm，f_{00}＝9.5 GHz，单点单频不同介电常数段试样厚度的参考值。

表 4－4　定频试样厚度（9.5 GHz）

ε'	d/mm	ε'	d/mm
1.2～1.5	7.10	5.0～6.0	2.70
1.5～2.0	5.50	6.0～7.5	2.40
2.0～2.5	4.60	7.5～9.0	2.10
2.5～3.0	4.00	9.0～11.0	1.90
3.0～3.5	3.60	11.0～13.0	1.70
3.5～4.0	3.40	13.0～16.0	1.60
4.0～5.0	3.00	16.0～20.0	1.40

表 4 - 5 给出了测量模式为 TE^{0}_{0mn}，D=52.0 mm，L=68.5 mm，7～18 GHz 内，多点宽频不同介电常数段参考的试样厚度。

表 4 - 5　高温宽频试样厚度推荐表（7～18 GHz）

介电性能		1～1.5	1.5～2.5	2.5～3.8	3.8～5	5～7.5	7.5～10
厚度/mm	tanδ>0.01	3.5±0.2	2.8±0.1	2.3±0.1	1.8±0.1	1.5±0.1	1.1±0.1
	tanδ<0.01	5.0±0.5	4.0±0.4	3.3±0.4	2.6±0.3	2.0±0.2	1.4±0.2

（2）试验流程

高温测试还需要根据加热方式与具体试样材料确定试验流程和气氛。采用感应加热时，感应线圈和炉体外壳均通冷却水，冷却部位容易吸附水汽，高温水汽易和腔体、高温传输线等反应，反应物不及时排出会污染腔体或试样。当选用钼作为高温腔体和高温传输线基材时，高温下钼极易和水蒸气发生反应生成氧化钼，氧化钼的熔点和沸点约为 1 068 K和 1 428 K。当温度超过其沸点时，氧化钼蒸气不但会干扰微波测量信号，还会沉积到腔体内壁和试样表面，严重污染腔体和试样，见图 4 - 12。因此，除在系统结构设计方面考虑腔内污染物及时排出外，还应制定合理的试验流程，尽量避免附加污染物的产生。

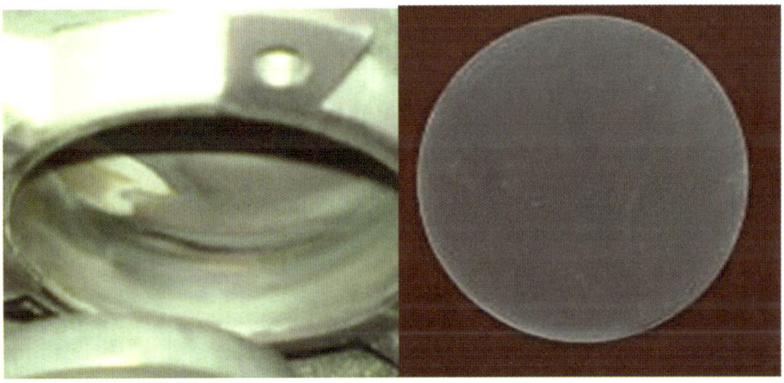

图 4 - 12　被污染的测试腔体和试样

同时，对于易气化/分解的测试材料，应通过气氛的调控，抑制气化或分解速度。如测试材料为氮化硅时，可采用微正压的高纯氮气保护，抑制氮化硅的高温分解。

综合考虑上述因素，合理的测试流程应为：

1）确定试样前处理工艺和测试气氛，进行试样前处理。

2）关机检查测试系统中各电路、气路、水路是否连接正确、到位。

3）进行空腔测试校准。

4）测量试样厚度，估算所测温度下试样厚度的膨胀量。如膨胀量大于 0.02 mm，或由此导入的测试误差大于 0.5%，应输入试样的热膨胀系数，进行试样尺寸修正。

5）打开高温真空气氛炉，放入试样。

6）密封炉门，抽真空，同时打开网络分析仪、计算机、温度控制器等电源开关。当真空度小于 1 Pa 时，继续抽真空 20 min。若需要真空测试，继续保持抽真空状态；若需要在特定气氛下测试，充入相应气氛。

7）开启自动测试软件，输入试样属性、温度要求等，进入试样测试环节。

8）开启水冷设备，打开感应加热设备，进入变温测试。

9）待试样测试完毕，关闭感应加热电源。当试样温度低于 450 K 时，停水停气停电，结束试验。

（3）误差分析

高温高 Q 腔介电性能测试的误差源主要包括[2]：

1）腔体直径 D 和高度 L 测量不确定度引入的误差；

2）试样厚度 d 测量不确定度引入的误差；

3）信号源频率不稳定度 f 和谐振频率测量引入的误差，包括空腔和试样测试两个误差源；

4）有载品质因数测试误差，实际为 3.01 dB 点的频宽 Δf 和功率误差 $\Delta\alpha$，包括空腔和试样测试两个误差源；

5）腔体控温精度和试样温度不均匀性引入的误差；

6）试样表面与电磁波入射方向不垂直引入的误差；

7）耦合装置及模式抑制装置引入的误差。

其中，前 4 项为直接测量量的误差，可通过误差传递公式获得，后 3 项为偏离理想模型导致的原理性误差，采用微扰理论进行分析。

表 4-6 为高温高 Q 腔法主要误差源值一般可实现的不确定度。

表 4-6　高 Q 腔法各误差源不确定度[36]

序号	误差源	主要来源	不确定度
1	D	腔体直径不确定度	$(0.005+D\times4\times1.8\times10^{-5})$ mm
2	d	试样厚度测量不确定度	$(0.02+d\times300\times5.0\times10^{-6})$ mm
3	f_{00}，f_{0s}	信号源频率不稳定度	$\pm f_{00}\times1.2\times10^{-6}$
4	Q_{00}，Q_{0s}	网络分析仪有载品质因数测试误差 传输系统插损引入的误差 耦合装置引入的误差 高次干扰模式引入的误差	6%
5	$\lvert\Delta\varepsilon\rvert_1$	电磁计算方法不确定度 试样放置引入的高次模	0.54%
6	$\lvert\Delta\tan\delta\rvert_1$	电磁计算方法不确定度 试样放置引入的高次模	$4.1\%\tan\delta+0.38\times10^{-4}$

采用 Matlab 软件进行误差模拟仿真，计算得到高 Q 腔法测试误差的典型值如下。

室温：

$|\Delta\varepsilon/\varepsilon|\leqslant2.0\%$，$\varepsilon=2.0\sim12.0$

$|\Delta\varepsilon|\leqslant1.6\%\varepsilon'+0.02$，$\varepsilon'=1.1\sim2.0$

$|\Delta\tan\delta|\leqslant12\%\tan\delta+0.0004$

高温：

$|\Delta\varepsilon'/\varepsilon'|\leqslant 4\%$

$|\Delta\tan\delta| \leqslant 30\%\tan\delta+0.000\,6$

4.3.3　典型测试结果

美国麻省理工学院采用铜、银、铂、铂铑和铱等多种高导电材料制作了不同耐温级别的谐振腔体，实现了单点单频高温高 Q 腔测试。国内近年来研制了以铱作为导电层、钼作为基材的谐振腔体，实现了 7～18 GHz 频率范围内多频点高温高 Q 腔测试[36-42]。

图 4－13 为麻省理工学院获得的 300～1 073 K（单频点 8.0 GHz）石英玻璃介电性能测试数据[12]。

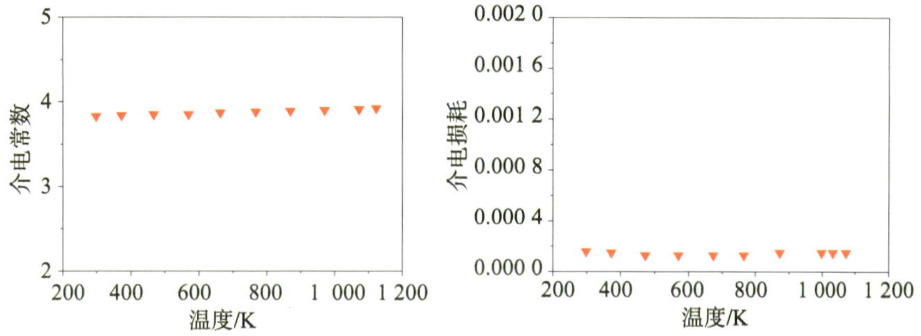

图 4－13　麻省理工学院石英玻璃介电性能单频点变温测试结果
（频率 8.0 GHz）

图 4－14、图 4－15 和图 4－16 为国内采用高 Q 腔法获得的高温介电性能多频点典型测试结果，测试材料包括石英玻璃、陶瓷隔热瓦材料及热压 BN（垂直向）等。由图可见，在 7～18 GHz 频率范围内，随温度的升高不同材料介电性能变化规律不尽相同。

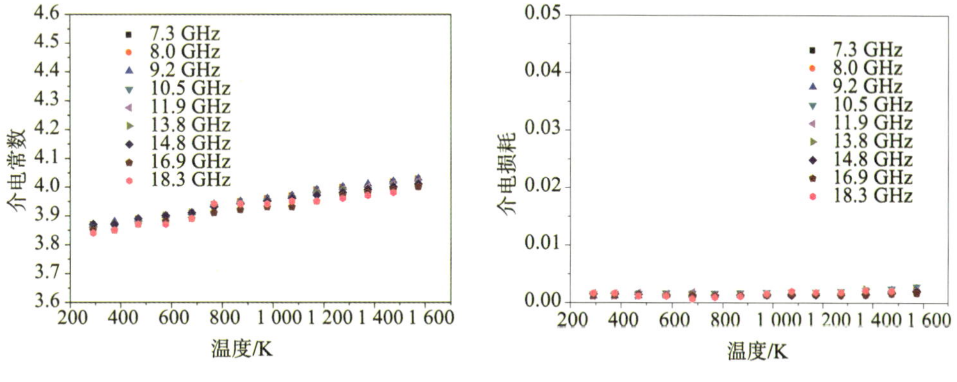

图 4－14　石英玻璃室温～1 573 K/7.3～18.3 GHz 介电性能测试结果

图 4－17 为受潮氧化硅复合材料随温度变化的典型试验曲线，低温段（600 K 以下）反映了氧化硅吸潮对介电性能的影响；600 K 以上，吸附水基本脱出，测试数据反映了氧化硅材料的本征介电性能。

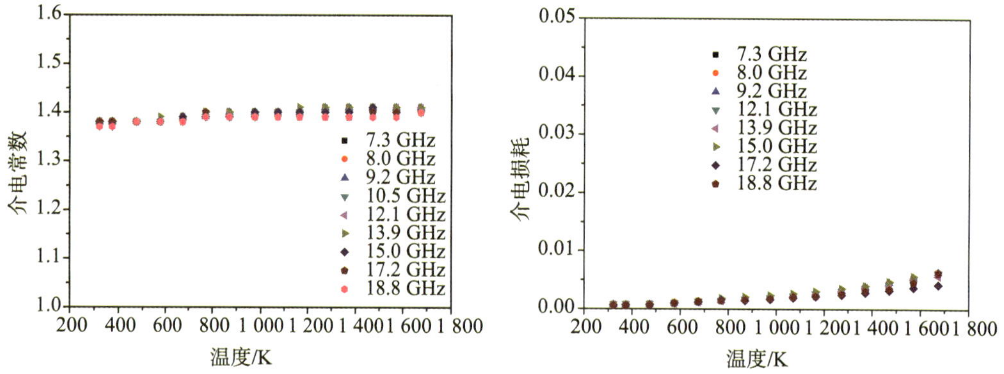

图 4-15　陶瓷隔热瓦材料室温～1 673 K/7.3～18.8 GHz 介电性能测试结果

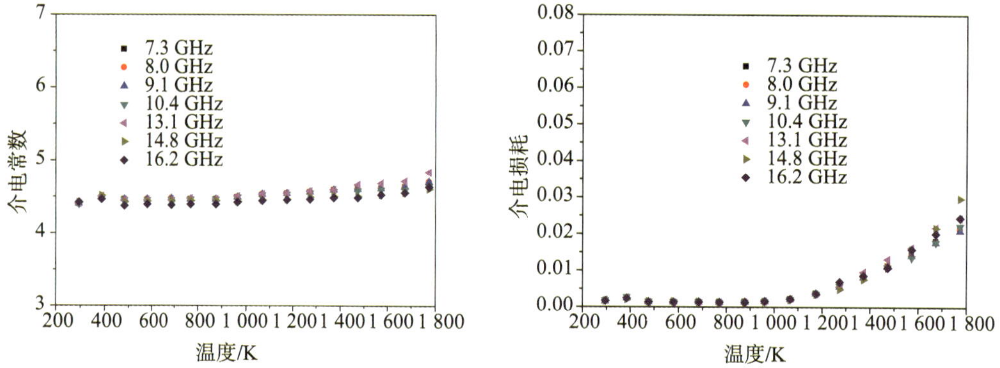

图 4-16　热压 BN（1.92 g/cm³）室温～1 773 K/7.3～16.2 GHz 介电性能测试结果

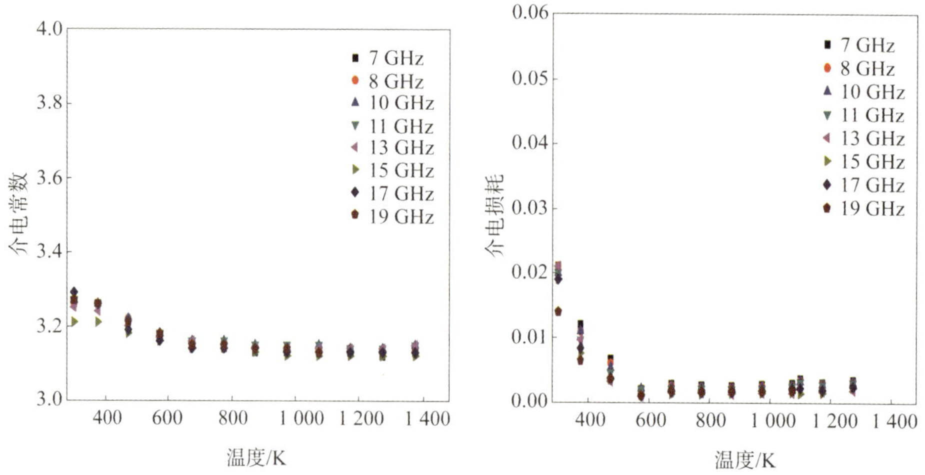

图 4-17　受潮 SiO_2 复合材料室温～1 373 K/7～19 GHz 介电性能典型测试结果

4.4　带状线谐振腔法

对于低频（2～7 GHz）下小损耗材料的测试，带状线谐振腔法具有试样尺寸较小的优势，可有效解决高 Q 腔法低频下试样尺寸过大、关键器件及系统研制困难等问题。

带状线谐振腔法测试时有全填充和部分填充两种方式。全填充有精确场解，但实现困难；部分填充实现容易但无解析解，需要借用全填充测试原理和数值求解方法。

4.4.1　测试原理与高温校准方法

4.4.1.1　基本测试原理

全填充腔体示意图如图 4－18 所示。在某一确定模式（TEM_{00n}）下，带状线矩形谐振腔初始谐振频率为 f_{00}，固有品质因数为 Q_{00}。当 n 为奇数时，测试腔中间部位电场最强、磁场最弱处，横截面全填充厚度为 d 的矩形状长条试样。有耗试样将扰动腔中电磁场分布，从而使谐振频率降为 f_{0s}，品质因数下降为 Q_{0s}。

依据电磁场理论分析，全填充带状线谐振腔的精确场解如式（4－17）所示，并按式（4－17）～式（4－20）计算试样的介电常数[43]。

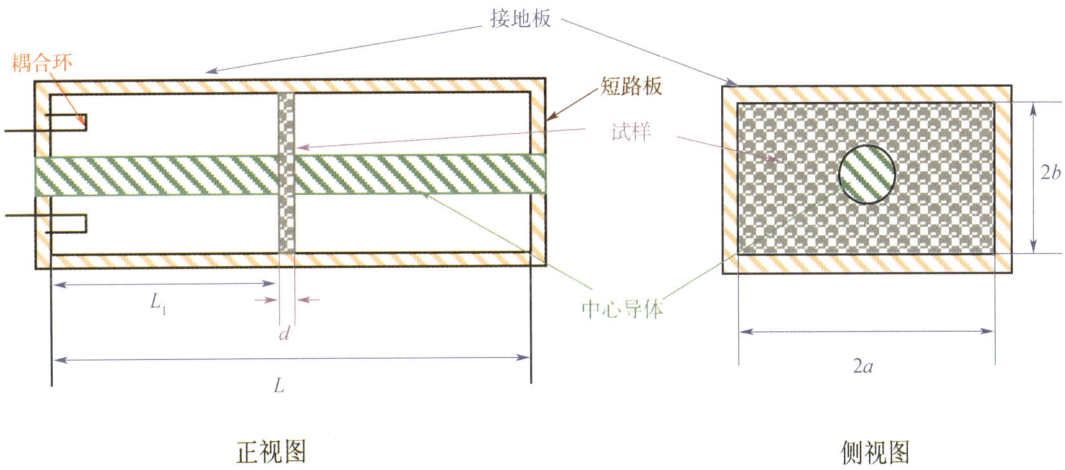

图 4－18　全填充试样带状线谐振法

$$\beta_2^2=\frac{\beta_1}{\tan(\beta_1 L_1)}\cdot\frac{\beta_2}{\tan(\beta_2 d)}+\frac{\beta_1}{\tan(\beta_1 L_1)}\cdot\frac{\beta_3}{\tan[\beta_3(L-L_1-d)]}+\frac{\beta_2}{\tan(\beta_2 d)}\cdot\frac{\beta_3}{\tan[\beta_3(L-L_1-d)]} \tag{4-17}$$

式中　β_1——左半部分填充空气时的传播常数；

β_2——中间部分填充试样时的传播常数；

β_3——右半部分填充空气时的传播常数。

β_1～β_3 分别为

$$\beta_1=\beta_3=\frac{2\pi\cdot c}{f_{0s}} \tag{4-18}$$

$$\beta_2=\left(\frac{2\pi\cdot c}{f_{0s}}\right)\cdot\sqrt{\varepsilon'} \tag{4-19}$$

式中，$c=3\times10^8$ m/s 为真空光速，腔体长度尺寸 L 可由空腔谐振频率（f_{00}）计算得到

$$L=\frac{cn}{2f_{00}} \tag{4-20}$$

当测量模式确定时，试样的介电损耗按式（4-21）～式（4-31）进行计算

$$\tan\delta=\frac{P_1}{\omega\cdot2\varepsilon'\varepsilon_0\cdot\left(\begin{array}{l}\dfrac{A_2}{\beta_2}\cdot\{\cos(\beta_1\cdot L_1)-\cos[\beta_1\cdot(L_1+d)]\}-\\ \dfrac{B_2}{\beta_2}\cdot\{\sin(\beta_1\cdot L_1)-\sin[\beta_1\cdot(L_1+d)]\}\end{array}\right)\cdot E_{XY}} \tag{4-21}$$

其中　P_1、A_2、B_2 为简化公式所设立的代数符号，其表达式如下

$$\begin{aligned}P_1=&\frac{4\varepsilon_0\cdot\pi\cdot f_{0\varepsilon}\cdot EXY}{Q_{0s}}\cdot\\&\left[\frac{A_1}{\beta_1}\cdot[1-\cos(\beta_1\cdot L_1)]+\varepsilon'\left(\begin{array}{l}\dfrac{A_2}{\beta_2}\cdot\{\cos(\beta_1\cdot L_1)-\cos[\beta_1\cdot(L_1+d)]\}-\\ \dfrac{B_2}{\beta_2}\cdot\{\sin(\beta_1\cdot L_1)-\sin[\beta_1\cdot(L_1+d)]\}\end{array}\right)+\right.\\&\left.\left(\begin{array}{l}\dfrac{A_3}{\beta_3}\cdot\{\cos[\beta_3\cdot(L_1+d)]-\cos(\beta_3\cdot L)\}-\\ \dfrac{B_3}{\beta_3}\cdot\{\sin[\beta_1\cdot(L_1+d)]-\sin(\beta_3\cdot L)\}\end{array}\right)\right]-\frac{R_s}{2\omega}\{A_1\cdot[1-\cos(\beta_1L_1)]\}\cdot\\&(E_{XYN}+E_{XY0})-\frac{R_s}{2\omega}\left(\begin{array}{l}A_2\cdot\{\cos[\beta_1(L_1+d)]-\cos(\beta_1L_1)\}\\-B_2\cdot\{\sin[\beta_1(L_1+d)]-\sin(\beta_1L_1)\}\end{array}\right)\cdot(E_{XYN}+E_{XY0})-\\&\frac{R_s}{2\omega}\left(\begin{array}{l}A_3\{\cos(\beta_3L)-\cos[\beta_1(L_1+d)]\}\\-B_3\cdot\{\sin(\beta_3L)-\sin[\beta_1(L_1+d)]\}\end{array}\right)\cdot(E_{XYN}+E_{XY0})-\frac{R_s}{2\omega}\cdot A_{1EXY}-\frac{R_s}{2\omega}\cdot\\&[A_3\cos(\beta_3L)-B_3\cdot\sin(\beta_3L)]\cdot E_{XY}\end{aligned} \tag{4-22}$$

$$A_1=-\frac{1}{\beta_2\cos(\beta_3L)}\cdot\frac{\beta_2\sin[\beta_3(L-L_1-d)]\cos(\beta_2d)+\beta_3\sin(\beta_2d)\cos[\beta_3(L-L_1-d)]}{\sin(\beta_1L_1)} \tag{4-23}$$

$$A_2=\frac{1}{\beta_2\cos(\beta_3L)}\left\{\begin{array}{l}-\beta_2\sin[\beta_3(L-L_1-d)]\sin[\beta_2(L-L_1)]+\\ \beta_3\cos[\beta_3(L-L_1-d)]\cos[\beta_2(L-L_1)]\end{array}\right\} \tag{4-24}$$

$A_3=$常数　　(4-25)

$$B_2=-\frac{1}{\beta_2\cos(\beta_3L)}\left\{\begin{array}{l}\beta_2\sin[\beta_3(L-L_1-d)]\cos[\beta_2(L-L_1)]+\\ \beta_3\cos[\beta_3(L-L_1-d])\sin[\beta_2(L-L_1)]\end{array}\right\} \tag{4-26}$$

$$B_3=-\tan(\beta_3L) \tag{4-27}$$

$$R_s=\alpha_c\cdot\frac{376.6^2b}{4Z_0}\cdot\frac{1}{\left[\frac{1}{1-t/b}+\frac{2w/b}{(1-t/b)^2}+\frac{1}{\pi}\frac{1+t/b}{(1-t/b)^2}\cdot\ln\left(\frac{\frac{1}{1-t/b}+1}{\frac{1}{1-t/b}-1}\right)\right]}\tag{4-28}$$

$$Z_0=\frac{94.15}{\frac{D/(b/2)}{1-D/(b/2)}+\frac{C_f}{0.000\,885}}\tag{4-29}$$

$$C_f=\frac{0.008\,8}{\pi}\left(\frac{2}{1-D/(b/2)}\ln\left[\frac{1}{1-D/(b/2)}+1\right]-\left[\frac{1}{1-D/(b/2)}-1\right]\cdot\ln\left\{\frac{1}{[1-D/(b/2)]^2}-1\right\}\right)\tag{4-30}$$

$$\alpha_c=\frac{n\pi}{2Q_{00}L}\tag{4-31}$$

式（4-21）～式（4-31）中

D——带状线中心导体的直径；

$2b$——带状线两个接地板之间的距离；

C_f——电容；

d——被测试样的厚度；

α_c——腔体材料的电导率。

在真实测试中，为了装样方便多采用部分填充方案。该方案有顶部填充和底部填充两种测量方式，如图 4-19 所示。

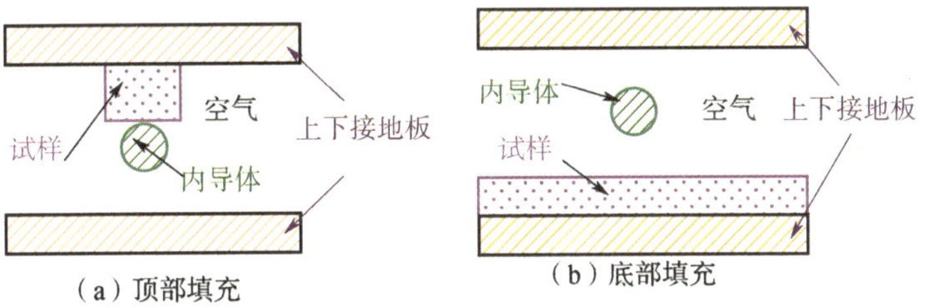

图 4-19　带状线谐振腔法试样放置方式

无论采用何种填充方式，都需要借助 FDTD（时域有限差分算法）数值计算方法。即对其场强分别进行网格划分，仿真计算得到部分填充与全填充条件下介电常数间对应关系，插值获得介电常数。

以 2.0 GHz 频点为例，采用 FDTD 算法计算得到不同厚度试样的介电常数真值与全填充等效介电常数之间的关系曲线（见图 4-20），插值得到对应的真实介电常数。

4.4.1.2　高温校准方法

由式（4-20）和式（4-31）可知，空腔谐振频率只与腔体长度和所选测量模式相关，空腔品质因数只与腔体的长度和电导率相关，与腔体高度和宽度无关。因此，带状线谐振腔法高温校准相比其他方法略为简单。

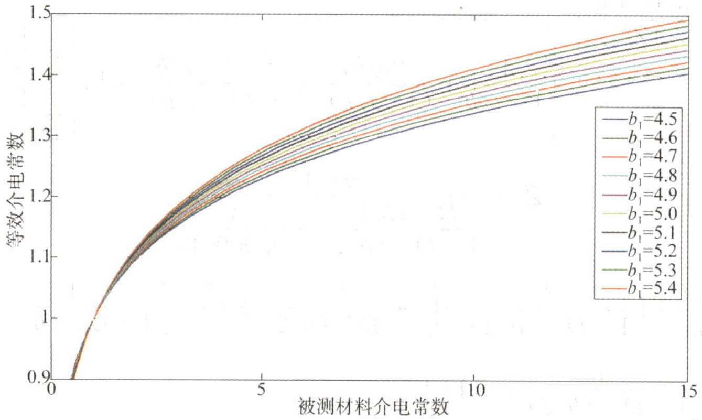

图 4-20　2.0 GHz 时不同厚度试样等效介电常数与试样介电常数真值关系

通过空腔不同温度和不同模式下，谐振频率和品质因数的测试，可反算得该温度该模式下的等效腔长 $L(T)$、$L_1(T)$ 和 $\alpha_c(T)$。即

$$L_n(T)=\frac{cn}{2f_{0n}(T)} \tag{4-32}$$

$$L_{1n}(T)=L(T)\cdot\frac{L_{1n}(T_0)}{L_n(T_0)} \tag{4-33}$$

$$\alpha_{cn}(T)=\frac{n\pi}{2Q_{0n}(T)L_n(T)} \tag{4-34}$$

式中　$f_{0n}(T)$，$Q_{0n}(T)$——分别为变温条件下，模式 n 的空腔谐振频率和品质因数；

T_0，T——分别为室温和测试温度；

$L_{1n}(T_0)$，$L_n(T_0)$——分别为室温模式 n 时，距离左短路面的距离和腔体总长度；

$L_{1n}(T)$，$L_n(T)$，$a_{cn}(T)$——分别为温度 T 模式 n 时，距离左短路面的距离、腔体总长度和电导率。

4.4.2　高温测试系统与测试方法

4.4.2.1　测试系统

带状线谐振腔法高温测试系统组成与高 Q 腔法相似，由微波网络分析仪、高温带状线谐振腔、微波传输系统、高温真空炉与控温系统等组成，见图 4-21。

（1）微波网络分析仪

微波网络分析仪的要求同 4.3.2.1 节高温高 Q 腔法测试系统。

（2）高温带状线谐振腔

高温带状线谐振腔包括测试腔、带状线中心导体、耦合装置等。要求高温空腔品质因数 Q_{00} 不低于 500，腔体插损足够小，$|S_{11}|$ 与 $|S_{22}|$ 相差绝对值优于 0.2 dB，图 4-22 为高温带状线谐振腔典型结构与实物照片。

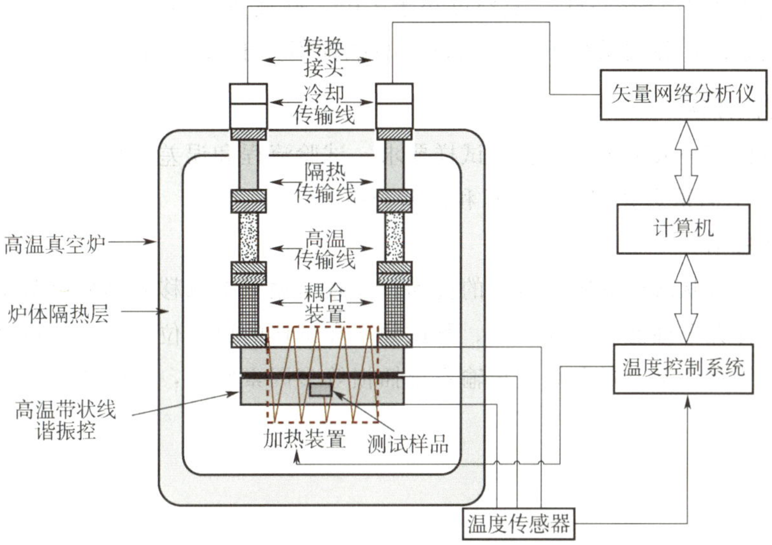

图 4-21　带状线谐振腔法高温测试系统组成框图

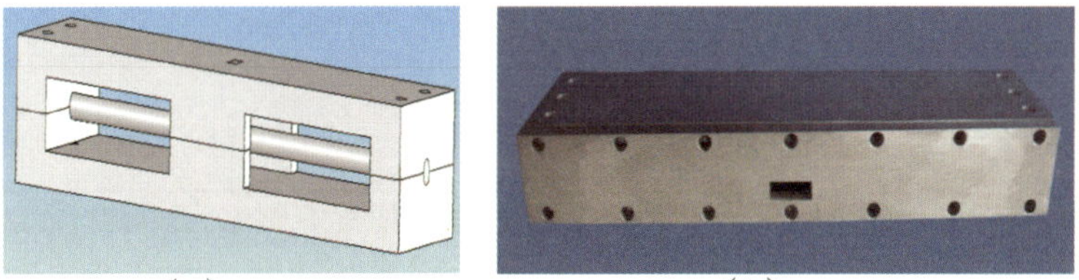

(a)　　(b)

图 4-22　高温带状线谐振腔内部结构和实物图

（3）高温微波传输系统

高温微波传输系统包括高温传输线、隔热传输线、冷却传输线、密封接头等。依据微波传输原理[44]，在 2～8 GHz 频率范围内，如果采用矩形波导传输，则波导口尺寸较大；如果采用双脊波导传输，则需要四套才能覆盖；如果采用同轴传输，则只用一套即可解决上述问题，因此通常采用同轴传输。图 4-23 为典型同轴波导实物照片。

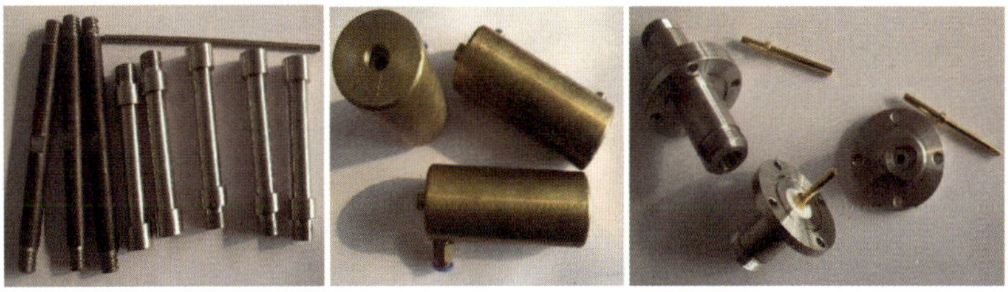

(a)高温同轴传输线　　(b)冷却同轴传输线　　(c)同轴密封接头

图 4-23　高、低温传输线及同轴密封接头

同轴密封接头应满足真空密封、宽频传输、小驻波系数、小插损等技术要求。通常要

求覆盖频率范围大于1～8 GHz，真空度小于2 Pa，驻波系数小于1.30，插损小于0.5 dB。高温微波传输系统，驻波系数不大于1.50，总插损不大于3.0 dB。

4.4.2.2　测试方法

带状线谐振腔一般测试方法包括试样要求、试验流程和误差分析等。其中，试验流程同高Q腔法，下面重点介绍试样要求和误差分析。

（1）试样要求

由于试样对带状线谐振腔内电场的扰动，导致谐振频率偏移和品质因数下降，其变化幅度取决于试样介电性能、试样尺寸、测试频率和试样的放置位置。受矢量网络分析仪灵敏度、高次模干扰、耦合量和微波传输系统插损等多因素影响，过强或过弱的扰动均不能满足测试精度要求。一般情况下要求有试样时，谐振频率变化率 A 和品质因数 Q_{0s} 的上下限应满足式（4-35）和式（4-36）。

$$1.74\times10^{-3}\times\left[\cos\left(\frac{n\cdot d}{L}\pi\right)\right]^2\leqslant A\leqslant4\% \tag{4-35}$$

$$100\leqslant Q_{0s}\leqslant\left\{1-2\times0.06\left[\cos\left(\frac{nd}{L}\pi\right)\right]^2\right\}Q_{00} \tag{4-36}$$

式中　n——模式数；

L——带状线谐振腔总长；

d——试样厚度；

Q_{00}——空腔品质因数。

针对测试频率范围宽、试样介电常数和介电损耗变化范围大等特点，对顶部和底部两种填充方式分别进行了传输系数幅值和相位模拟，计算得到不同厚度、介电参数和频率下的谐振频率变化率和品质因数。根据确定的谐振频率变化率和品质因数上下限，确定试样要求，包括孔尺寸、试样尺寸及测试适用范围。选择开孔尺寸为10 mm×5.2 mm的顶开孔和开孔尺寸为10 mm×20 mm的底开孔，可基本覆盖频率1～8 GHz、介电常数1.5～12、介电损耗0.0 005～0.05等测试参数范围，见表4-7和表4-8。

表4-7　顶部放样时介电常数、介电损耗和频率适用范围

试样厚度	测试频率范围	介电常数范围	介电损耗范围
2 mm	1～2 GHz	8～12	0.000 5～0.05
	2～8 GHz	5.5～12	0.000 5～0.05
	1～8 GHz	2～12	0.006～0.05
5 mm	1～2 GHz	1.5～8	0.000 5～0.05
	2～8 GHz	1.5～5.5	0.000 5～0.02

表4-8　底部放样时介电常数、介电损耗和频率适用范围

测试频率范围	介电常数范围	介电损耗范围
1～2 GHz	1.2～3	0.000 5～0.06
2～4 GHz	1.0～2.5	0.000 5～0.05
4～8 GHz	1～2	0.000 5～0.05

（2）误差分析

影响带状线谐振腔法测试准确性的因素与高 Q 腔法基本相同。不同的是，带状线谐振腔法多了试样放置位置和电磁场数值计算导入的误差。带状线谐振腔法各误差源值见表4－9 所示。

表 4－9　带状线谐振腔各误差源值

序号	误差源	主要来源	不确定度
1	L_1	放置位置变化	±0.2 mm
2	L	温度不稳定性	±0.032 mm
3	f_{00}，f_{0s}	谐振频率测试不确定度	$\pm f_0 \times 8.7\times10^{-5}$
4	d，b	由试样尺寸加工、测量及热膨胀引起	$[0.02+d\ (b)\ \times30\times5.0\times10^{-6}]$ mm
5	Q_{00}，Q_{0s}	网络分析仪有载品质因数测试误差 传输系统插损引入的误差 耦合装置引入的误差 高次干扰模式引入的误差	6%
6	$\lvert\Delta\varepsilon'\rvert_1$	电磁计算方法不确定度 试样放置引入的高次模	$0.2\%\varepsilon_r+0.016$
7	$\lvert\Delta\varepsilon'\rvert_2$	试样放置不理想度	0.25%
8	$\lvert\Delta\tan\delta\rvert_1$	电磁计算方法不确定度 试样放置引入的高次模	$3.6\%\tan\delta+0.58\times10^{-4}$
9	$\lvert\Delta\tan\delta\rvert$	试样放置位置偏差	$2.8\%\tan\delta+0.3\times10^{-4}$

采用 Matlab 软件模拟仿真，计算得到带状线谐振腔测试系统的测试误差典型值如下。

室温：

$\left|\dfrac{\Delta\varepsilon'}{\varepsilon'}\right| \leqslant 2.5\%$，$\varepsilon'=2.0\sim12.0$

$|\Delta\varepsilon'| \leqslant 2.3\%\varepsilon'+0.03$，$\varepsilon'=1.1\sim2.0$

$|\Delta\tan\delta| \leqslant 50\%\tan\delta$，$\tan\delta=0.000\,5\sim0.002$

$|\Delta\tan\delta| \leqslant 30\%\tan\delta$，$\tan\delta=0.002\sim0.008$

$|\Delta\tan\delta| \leqslant 18\%\tan\delta$，$\tan\delta=0.008\sim0.05$

1 873 K 温度：

$\left|\dfrac{\Delta\varepsilon'}{\varepsilon'}\right| \leqslant 4.6\%$，$\varepsilon'=2.0\sim12.0$

$|\Delta\varepsilon'| \leqslant 3.5\%\varepsilon'+0.04$，$\varepsilon'=1.1\sim2.0$

$|\Delta\tan\delta| \leqslant 90\%\tan\delta$，$\tan\delta=0.0005\sim0.002$

$|\Delta\tan\delta| \leqslant 50\%\tan\delta$，$\tan\delta=0.002\sim0.008$

$|\Delta\tan\delta| \leqslant 25\%\tan\delta$，$\tan\delta=0.008\sim0.05$

4.4.3　典型测试结果

图 4－24 至图 4－28 为高温带状线谐振腔法 0.7～8.8 GHz 典型测试结果，其中陶瓷隔热瓦测试温度最高为 1 673 K，其他材料最高温度为 1 473～1 573 K。由图可见，在 0.7～8.8 GHz 范围内，频率对介电性能的影响不明显。

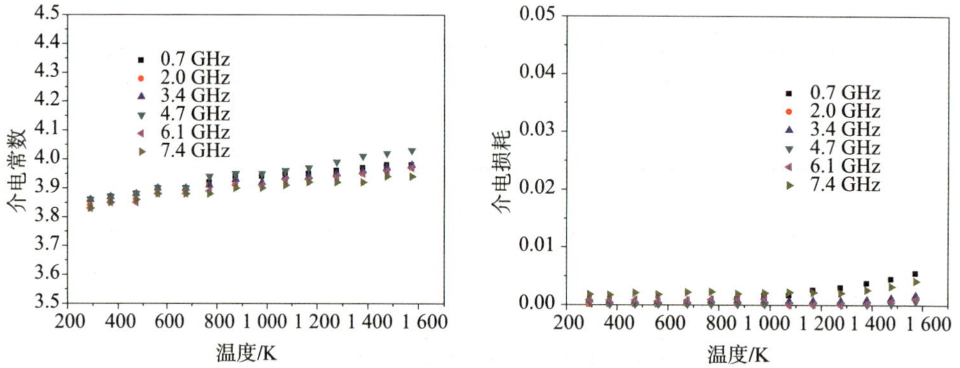

图 4-24　石英玻璃室温～1 573 K/0.7～7.4 GHz 介电性能测试结果

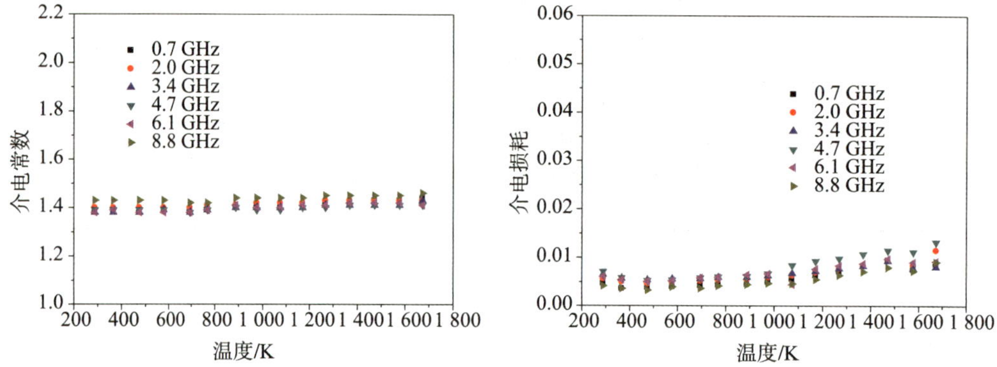

图 4-25　陶瓷隔热瓦材料室温～1 673 K/0.7～8.8 GHz 介电性能测试结果

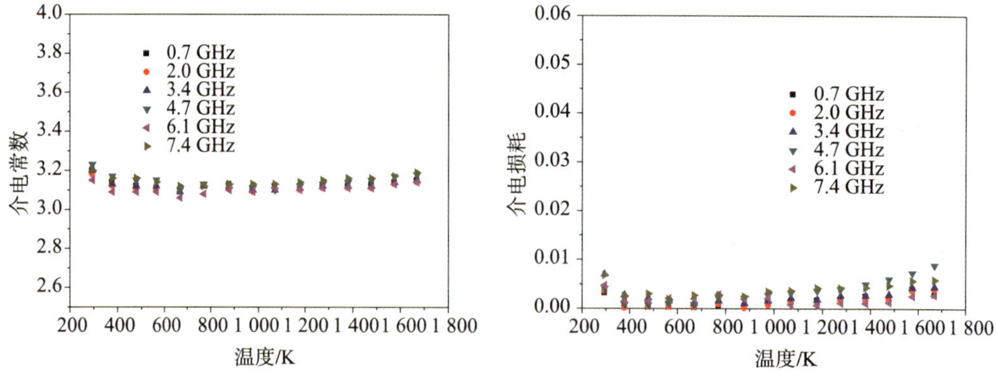

图 4-26　SiO_2 复合材料室温～1 673 K/0.7～7.4 GHz 介电性能测试结果

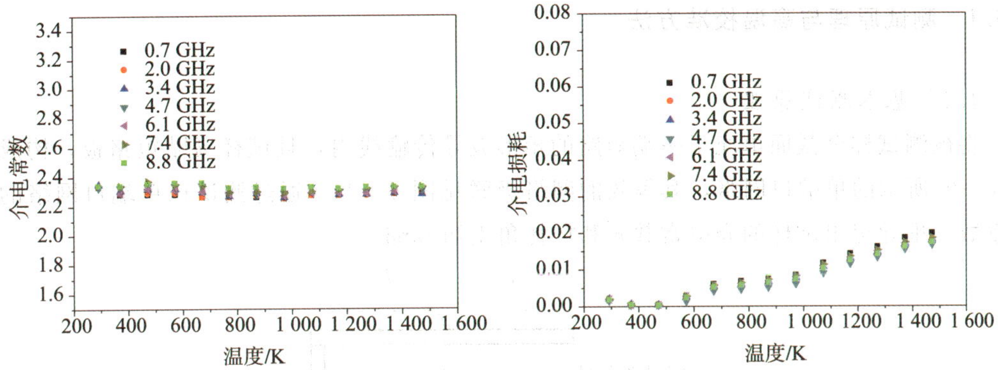

图 4-27　多孔 Si_3N_4 室温～1 473K/0.7～8.8GHz 介电性能测试结果

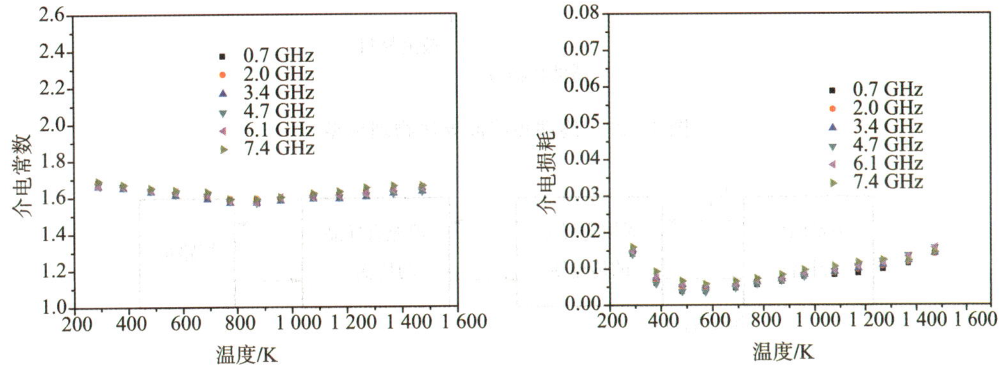

图 4-28　纳米隔热材料室温～1 473 K/0.7～7.4 GHz 介电性能测试结果

4.5　终端短路法

终端短路法于 20 世纪 40 年代由 Roberts 和 Von Hippel[45] 等提出，是介电性能测试中一种经典的方法，ASTM D2520 测试标准[9] 主要以该方法为基础。

该方法是将一段置入试样的传输线终端短路，测量其反射系数，依据反射系数的幅值和相位计算材料的复介电常数。所采用的传输线可以是同轴线、波导或其他类型的传输线，其中矩形波导应用最为常见；采用的短路板（或短路器）可以是固定的，也可以是移动的[46]。

该方法仅需要测量单端口的反射系数，装置相对较简单，因此较容易实现高温测试。20 世纪七八十年代所获得的材料高温介电性能数据，多由该方法测得[12]。本节以矩形波导传输线为例进行介绍。

4.5.1 测试原理与高温校准方法

4.5.1.1 基本测试原理

将被测试样全截面填充于一端短路的矩形波导传输线内，且试样紧贴短路板，构成如图 4－29 所示的单端口网络，其等效的网络级联见图 4－30。通过测试该单端口网络的反射系数，推导得出试样的介电常数 ε' 和损耗角正切 $\tan\delta$。

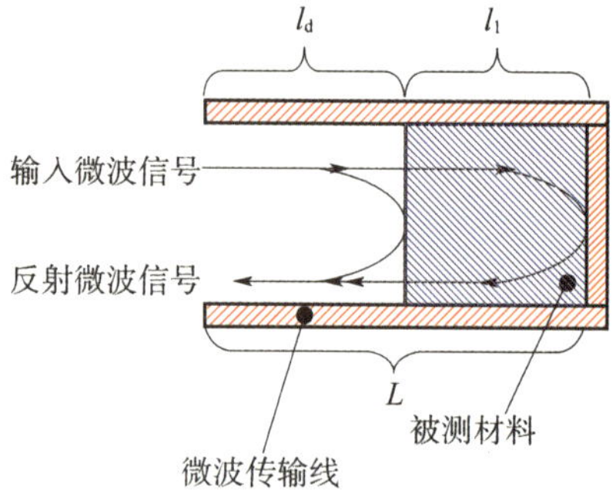

图 4－29 终端短路波导法物理模型

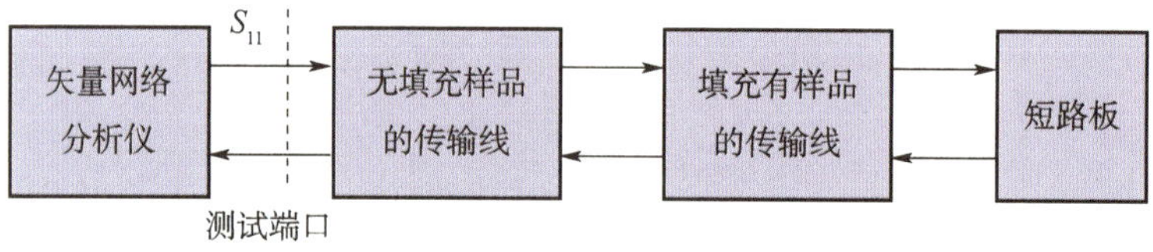

图 4－30 终端短路法网络级联示意图

假设采用矢量网络分析仪测试得到该单端口网络的反射系数为 $|S_{11}|e^{j\theta_{s11}}$，则：

$$\rho=\frac{1+|S_{11}|}{1-|S_{11}|} \tag{4-37}$$

$$\theta_j=\frac{\theta_{s_{11}}-(2\cdot n+1)\cdot\pi}{2}+2\cdot\beta_0\cdot l_d \tag{4-38}$$

$$\beta_0=\frac{2\cdot\pi}{\lambda_0}\cdot\sqrt{1-\left(\frac{\lambda_0}{\lambda_c}\right)^2} \tag{4-39}$$

$$\gamma=a+j\beta \tag{4-40}$$

式中 ρ——驻波系数；

γ——填充试样波导的传播常数；

l_d——反射系数测试面到试样的空波导长度（mm）；

β_0——空波导的传播常数；

λ_0——自由空间波长（mm）；

λ_c——波导截止波长（mm）。

当矩形波导采用 TE_{10} 模式时，有 $\lambda_c=2a$，a 为矩形波导宽边的尺寸（mm）。于是，有

$$\varepsilon'=\frac{\lambda_0}{2\cdot\pi}\cdot\left[\left(\frac{2\cdot\pi}{\lambda_c}\right)^2+\beta^2-\alpha^2\right] \tag{4-41}$$

$$\tan\delta=\frac{2\cdot\alpha\cdot\beta}{\left(\frac{2\cdot\pi}{\lambda_c}\right)^2+\beta^2-\alpha^2} \tag{4-42}$$

利用上述公式，可知复介电常数 ε_r 与如下参量相关

$$\varepsilon_r=f\ (l_1,\ a,\ f_0,\ S_{11},\ l_d) \tag{4-43}$$

即 ε_r 与 S_{11} 的幅值和相位、a、测试频率、l_1、l_d 等相关，而 S_{11} 的幅值和相位又与测试波导的微波损耗和长度相关。由于相位模糊性和超越方程多值解问题，一个频率下的复反射系数将有多个复介电常数测试结果，且校准端面与被测试样间距越大，影响越严重，该问题可通过输入与待测试样介电常数接近的初值予以解决。ASTM[9] 及 NIST[33,47] 标准提出介电常数的初值可以通过将待测试样全截面填充于矩形波导内，构成全填充矩形谐振腔（如图 4-31 所示），利用该矩形谐振腔填充试样前后的谐振频率计算得到。

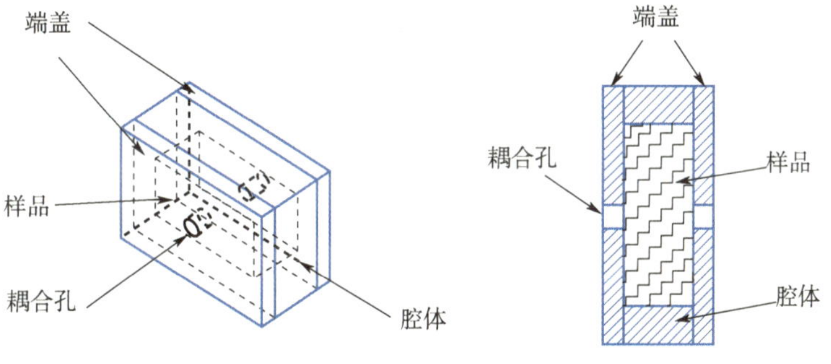

图 4-31　填充试样的矩形谐振腔示意图

以尺寸为 $a\times b\times l$ 的矩形谐振腔为例，全填充介电常数为 ε' 的试样时，TE_{mnp} 模式的谐振频率 f_{mnp} 为

$$f_{mnp}=\frac{c}{2\pi\sqrt{\varepsilon'}}\sqrt{\left(\frac{m\pi}{a}\right)^2+\left(\frac{n\pi}{b}\right)^2+\left(\frac{p\pi}{l}\right)^2} \tag{4-44}$$

全填充空气时，谐振频率 f'_{mnp} 为

$$f'_{mnp}=\frac{c}{2\pi}\sqrt{\left(\frac{m\pi}{a}\right)^2+\left(\frac{n\pi}{b}\right)^2+\left(\frac{p\pi}{l}\right)^2} \tag{4-45}$$

因此，被测试样的介电常数初值为

$$\varepsilon'=\left(\frac{f'_{mnp}}{f_{mnp}}\right)^2 \tag{4-46}$$

该方法适用于低损耗材料，对于高损耗材料，由于谐振腔不能起振，无法获得介电常数初值。

4.5.1.2　高温校准方法

终端短路法的室温校准方法相对简单，只需采用 TRL（Through－Reflect－Line）直通—反射—传输线三步校准方法，即可以抵消主要误差项[48-50]。该方法用于高温测试时准

确性相对较低，这主要由两方面的原因造成：1）波导材料与被测试样之间的热膨胀系数存在差异，造成波导口与试样之间的缝隙尺度改变；2）高温腔体材料电特性的衰变，造成插损幅值增大、相位偏移。

终端短路法的高温校准可采用材质和尺寸相同的两套波导同时进行高温对比测试，该方法能有效实现空波导插损幅值和相位偏移量的准确校准。两套空波导先同步测试（见图4-32），消除初始状态的差异性，实现归一化；随后将试样置于其中一套波导中，和另一套空波导再进行同步比对测试，以扣除高温波导插损和相位偏移的影响（见图4-33）。

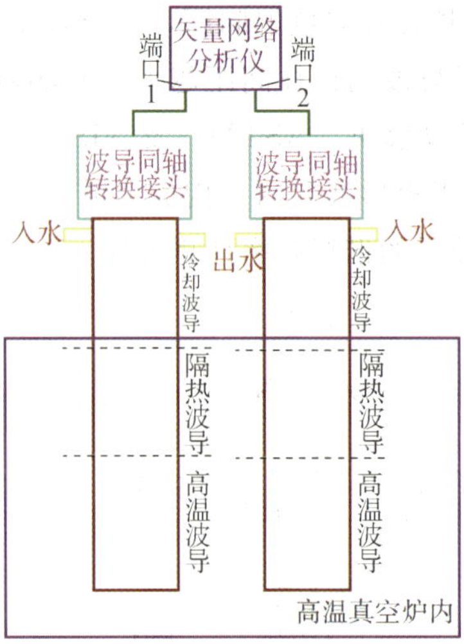

图 4-32　两套空波导高温归一化测试

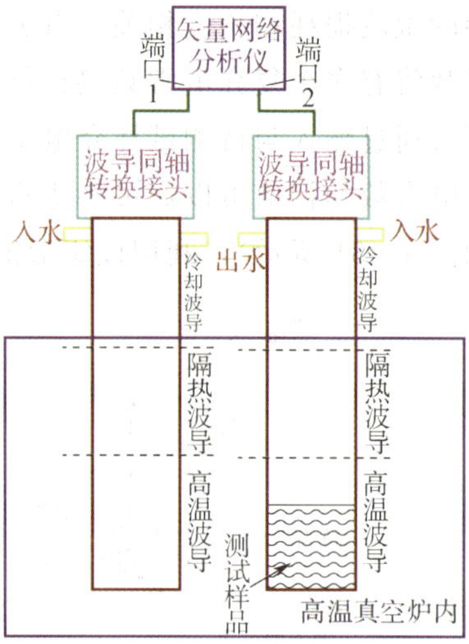

图 4-33　高温空波导与试样的对比测试

4.5.2　高温测试系统与测试方法

4.5.2.1　测试系统

高温终端短路法测试系统由微波矢量网络分析仪、高温微波传输系统、高温真空炉与控温系统等组成，其中高温微波传输系统（高温测试波导至同轴转换密封接头）是其中的关键器件，若采用高温比对校准，则需要两套材质和尺寸相同的高温传输系统，其基本组成如图 4-34 所示。

（1）微波矢量网络分析仪

微波矢量网络分析仪的性能要求同 4.3.2.1 节的高温高 Q 腔法测试系统。

（2）高温微波传输系统

高温微波传输系统包括材质和尺寸相同的两套高温测试波导、隔热波导、冷却波导及波导至同轴转换的密封接头。高温测试波导选用耐温性和导电性满足要求的材料制作，波导口尺寸与测试频段相关，具体参见相关标准。图 4-35 为铂铑合金和石墨制作的 X 波段矩形波导实物图。

高温微波传输系统在完成高温校准后，要求高温空波导反射系数幅值重复性测量偏差不大于 0.5 dB，相位偏移量重复性测量偏差不大于 0.5°，空波导长度尺寸准确性优于 0.03 mm 等要求。

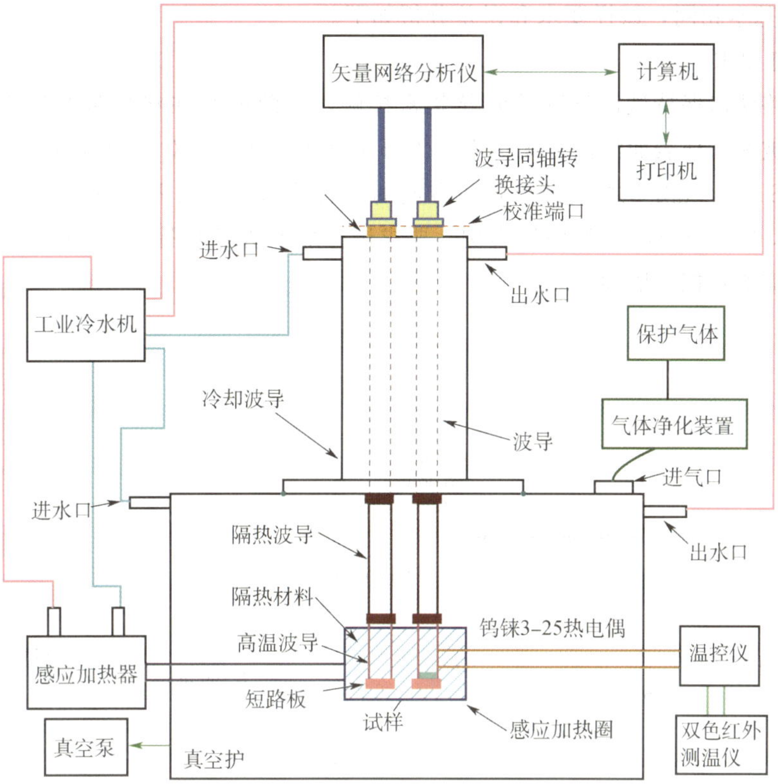

图 4－34 终端短路法高温测试系统基本组成

图 4－35　X 波段铂铑合金波导和石墨波导

4.5.2.2　测试方法

终端短路法的一般测试方法包括试样要求、试验流程和误差分析等。其中，试验流程与高 Q 腔法基本相同，试样要求和误差分析如下。

(1) 试样要求

终端短路法需保持试样与测试波导紧密接触，缝隙的存在将导致测试误差增大。因此，除要求被测试样表面清洁、无污染、无可见辨的损伤外，对其尺寸及形位公差有严格的要求。NIST[33,47]规定试样与波导各个方向的配合缝隙允许公差为（2.5～7.6）$\times 10^{-6}$ m（0.000 1～0.000 3 in），以 X 波段为例，要求试样加工精度如图 4-36 所示，且安装与卸载试样时，应避免擦伤磨损等。

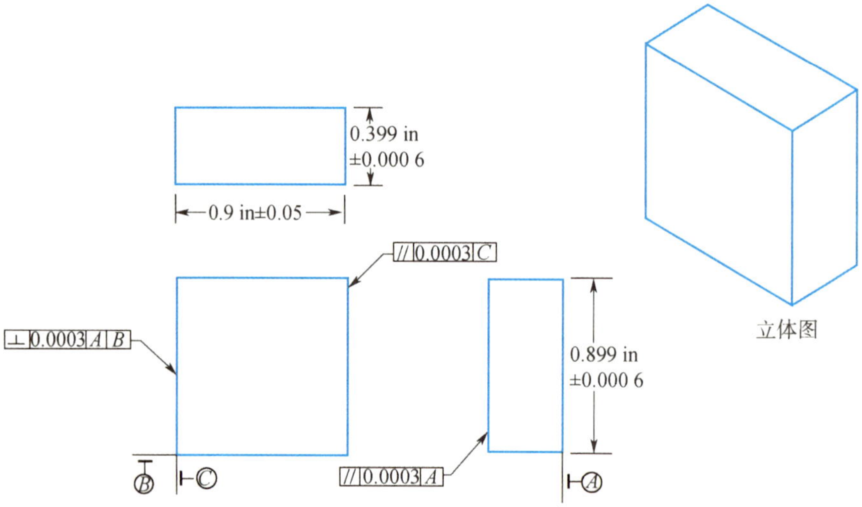

图 4-36　NIST 规定的试样加工要求

为适应高温测试的需要，ASTM D2520[9]标准对试样的加工要求有所放宽，只要求试样各方向尺寸小于同方向波导口尺寸（0.05 ± 0.025）mm，试样平行度和平面度为 0.01 mm，垂直度为 ±0.05°。

当试样与测试波导配合缝隙未达要求，或高温下由于试样和测试波导热膨胀系数的不匹配造成缝隙增大时，需进行缝隙修正。假设矩形波导窄边存在空气隙（图 4-37），可采用电容器修正模型，修正公式为[45]

$$\varepsilon'_c = \varepsilon'_m \frac{d}{b - (b-d)\varepsilon'_m} \tag{4-47}$$

$$\tan\delta_c = \tan\delta_m \frac{b}{b - (b-d)\varepsilon'_m} \tag{4-48}$$

式中　ε'_c，$\tan\delta_c$——修正值；

ε'_m，$\tan\delta_m$——测量值；

b——波导口的窄边尺寸；

d——试样的窄边尺寸。

或针对不同介电常数，分区间进行修正[51]

$$1<\varepsilon'<2.6,\quad \varepsilon'_c = \varepsilon'_m + \left(1-\frac{d}{b}\right)\varepsilon'_m(\varepsilon'_m - 1) \tag{4-49}$$

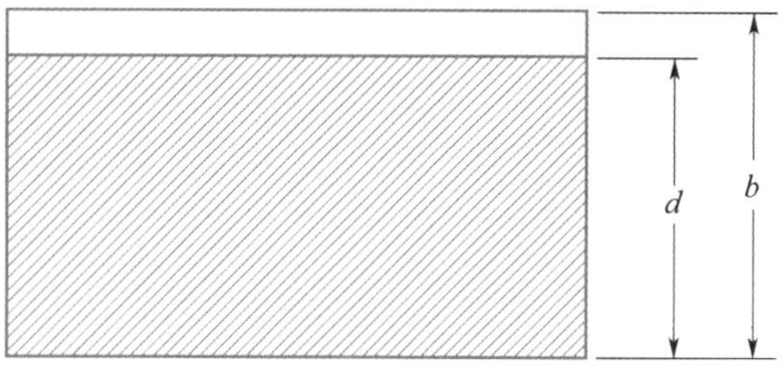

图 4-37　试样与矩形波导窄边空气隙模型

$$2.6<\varepsilon'<5.2,\ \varepsilon'_c=\varepsilon'_m+4.16\left(1-\frac{d}{b}\right) \tag{4-50}$$

$$\varepsilon'>5.2,\ \varepsilon'_c=\varepsilon'_m+\left(1-\frac{d}{b}\right)(\varepsilon'_m-1) \tag{4-51}$$

（2）误差分析

终端短路法介电性能测试的误差包括原理误差和测试误差：原理误差来源于与理想状态的差异性，测试误差来源于反射系数测试过程中各测量量的误差。

终端短路法进行测试的理想状态为：

1）被测试样与波导间无缝隙；

2）被测试样表面与电磁波入射方向垂直；

3）试样为均匀材料；

4）波导填充试样后接理想短路板。

因此，终端短路法的测试误差项包括：

1）反射参数测量引入的误差，包括幅值和相位的误差；

2）试样厚度测量引入的误差；

3）空波导长度测量引入的误差；

4）信号源频率不稳定引入的误差；

5）截止波长测量引入的误差；

6）短路面非理想状态引入的误差；

7）试样与波导缝隙引入的误差；

8）试样表面与电磁波入射方向不垂直引入的误差；

9）试样不均匀性引入的误差。

在以上 9 项误差中，前 5 项是由于测量量引入的，可采用误差递推公式进行分析；第 6 项是由器件引入，不影响测试中的传输模式，只影响反射系数测量的准确性，可以合并到反射系数的测量误差中；第 7～9 项是真实状态偏离理想物理模型所导致的误差，可采用微扰理论进行分析。

表 4-10 和表 4-11[48]分别给出了各误差源引入介电常数和介电损耗的误差值大小。由表可见当试样厚度测量误差达到 0.13 mm 时，对介电常数和介电损耗的影响分别达到了 5.2×10^{-2} 和 1.3×10^{-3} 水平，空波导长度和反射系数相位等也都有明显的影响。

表 4－10　终端短路波导法介电常数各误差源引入的误差

	自由空间波长	截止波长	反射系数幅度	反射系数相位	样品厚度	空波导宽度
误差源	3.0×10⁻⁵ mm	0.16 mm	0.01	0.8°	0.13 mm	0.03 mm
引入误差	10^{-5}	3.2×10^{-3}	6.0×10^{-4}	1.4×10^{-2}	5.2×10^{-2}	1.8×10^{-2}

表 4－11　终端短路波导法介电损耗各误差源引入的误差

	自由空间波长	截止波长	反射系数幅度	反射系数相位	样品厚度	空波导宽度
误差源	3.0×10^{-5} mm	0.16 mm	0.01	0.8°	0.13 mm	0.03 mm
引入误差	10^{-5}	4.0×10^{-5}	3.0×10^{-3}	2.3×10^{-3}	1.3×10^{-3}	1.8×10^{-3}

4.5.3　高温典型测试结果

美国国家航空航天局兰利研究中心实验室早期建有终端短路法高温测试系统[13]，可实现室温至 1 473 K 的介电性能测试，但由于当时无集成化的矢量网络分析仪，系统比较复杂。采用该测试系统几乎获得了当时所有航天飞机候选窗口材料的介电性能数据，图 4－38 为磷酸铝泡沫和莫来石陶瓷瓦两种典型低密度材料的测试结果。

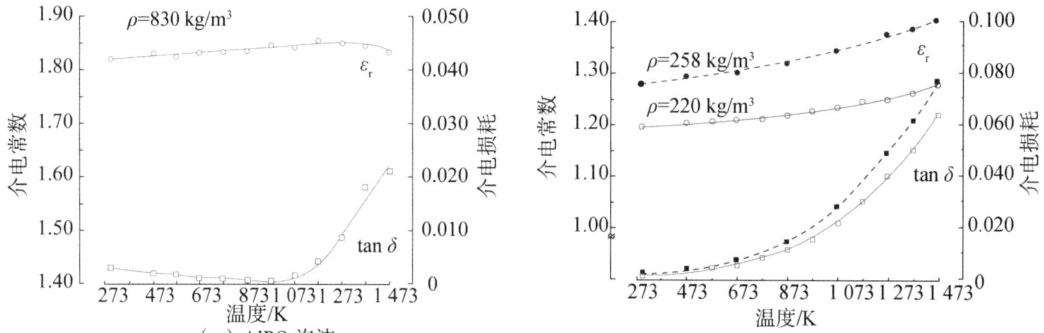

（a）$AlPO_4$泡沫　　（b）莫来石陶瓷瓦

图 4－38　兰利研究中心终端短路法高温测试结果

美国麻省理工学院采用圆波导终端短路法测试系统，获得了大量热透波材料高温介电性能数据，图 4－39 为不同密度氧化硅基材料高温介电性能测试数据。

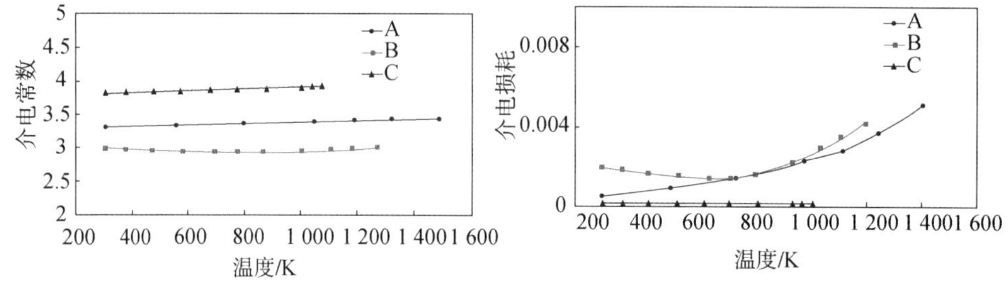

图 4－39　麻省理工学院氧化硅基材料高温介电性能测试数据

A—烧结氧化硅，$\rho=1.91\ g/cm^3$；B—三向石英增强氧化硅，$\rho=1.91\ g/cm^3$；C—石英玻璃

近期国内建立了 2 220 K/X 波段高温测试装置[48-50]，用于氮化硼和氧化硅高温熔体等测试。采用该测试装置，获得了热压氮化硼室温～1 773 K/X 波段测试结果，见图 4－40 所示。

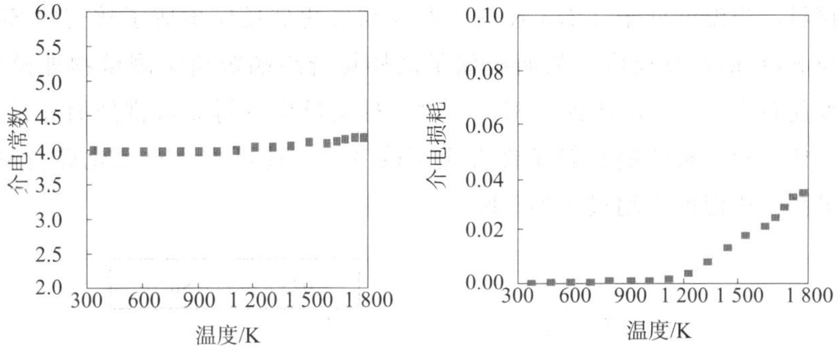

图 4－40　氮化硼室温～1 800 K/10 GHz 介电性能测试结果

4.5.4　高温熔体介电性能测试

高速飞行的航天器，其表面温度可超过材料的熔融温度，造成天线窗（罩）表面存在液态层，有可能对透波性能产生影响，因此高温熔体介电性能测试对于研究热透波材料超高温透波性能具有非常重要的意义。随着测试温度的升高，熔体的结构与性质发生变化，测试难度较大，其中高温腔体的选材尤为突出。二氧化硅材料是最典型且广泛应用的熔融烧蚀型热透波材料，本节以该类材料为例，介绍温度范围为 1 800～2 250 K 时，熔融态测试中的几个典型问题，包括高温腔体和短路板的选材，测试中熔体气泡的控制等。

4.5.4.1　腔体选材

依据 4.2.2 节的分析，石墨是满足该温区使用要求的首选材料。但石墨的纯度对测试结果的准确度影响显著。图 4－41 是以普通石墨和高纯石墨作为高温腔体时的测试结果，从图中可以看出普通石墨由于杂质含量较高，会导致 S_{11} 和 S_{22} 空腔插损宽幅振荡，不能满足电性能测试需求；而高纯石墨的空腔 S_{11} 和 S_{22} 在室温～2 220 K（测试频率 10 GHz±0.2 GHz）内，总插损小于 1 dB，幅值差小于 0.2 dB，满足介电性能测试要求。

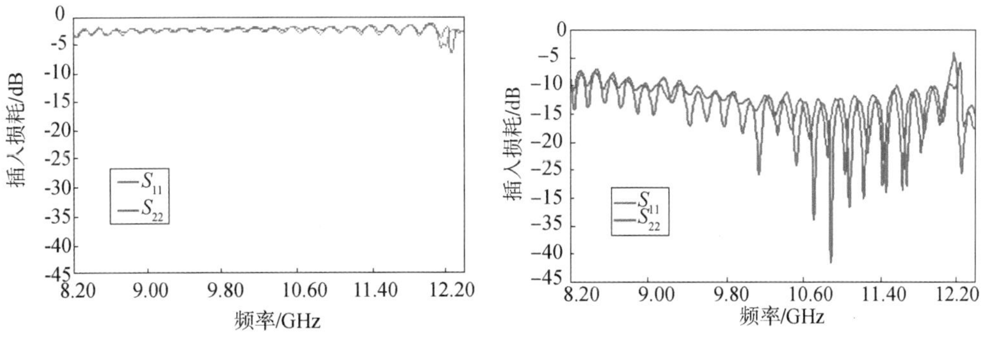

（b）普通石墨　　　　　　　　　　　　（a）高纯石墨

图 4－41　普通石墨和高纯石墨测试结果的比对

4.5.4.2　短路板选材

短路板选材主要考虑石墨和铱。经室温～2 373 K 测试发现（图 4-42），若采用石墨作为短路板材料，当温度低于 2 273 K 时，石墨与氧化硅反应生成了致密的 SiC 层，能有效阻止石墨与 SiO_2 的继续反应，从而确保了试样符合终端短路法测试物理模型和计算模型；但当温度超过 2 273 K，达到 2 373 K 时，硅碳反应变得非常剧烈而导致试样外形发生明显变化，使与短路板的电接触条件发生了改变。由此可见，对氧化硅材料熔体测试，石墨短路板最高使用温度不超过 2 273 K。

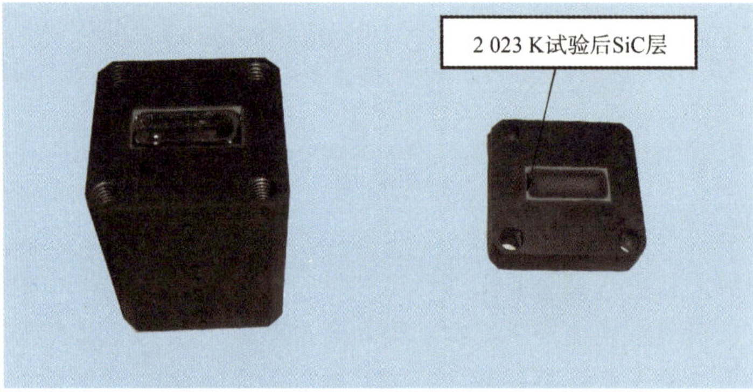

(a) 2 023 K

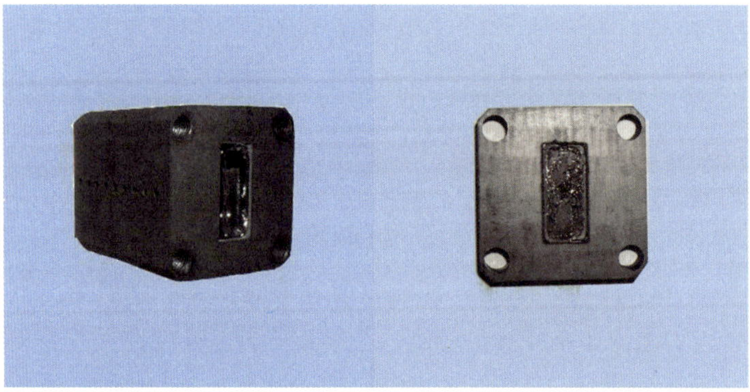

(b) 2 223 K

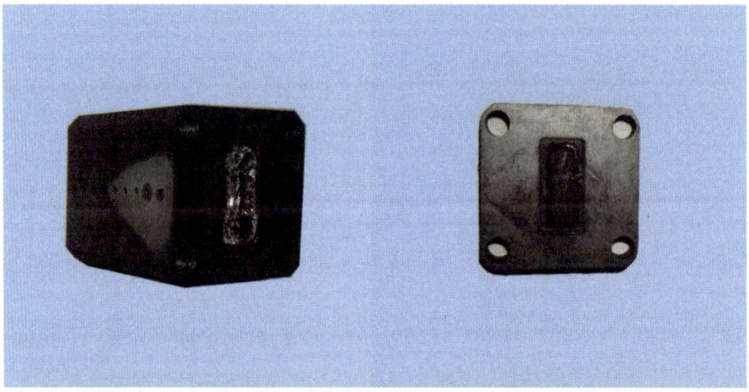

(c) 2 373 K

图 4-42　不同温度试验后试样与短路板的反应情况

若采用铱作为短路板材料，当温度超过 2 000 K 时，铱会和熔融氧化硅反应，见图 4－43。因此，铱不宜制作熔体氧化硅介电性能测试用短路板。

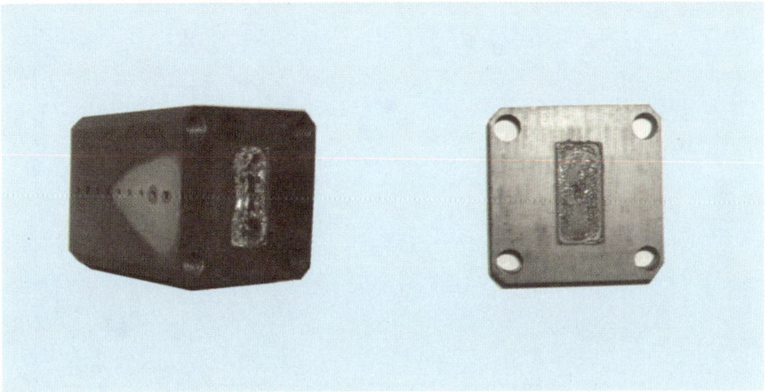

图 4－43　铱短路板高温试验后试样形态

4.5.4.3　气泡控制

试样中的气泡会对高温熔体测试结果产生明显影响。非致密二氧化硅或含气泡的石英玻璃在高温熔体测试过程中，将出现鼓泡，导致测试结果数据异常，见图 4－44 和图 4－45。这是因为气泡高温膨胀使试样形状、尺寸和电接触均发生变化，偏离测试物理模型与计算模型，因此，为了控制试样的气泡，应选用致密的材料，或者在测试时施加一定的气压，且需要对测试结果进行修正。

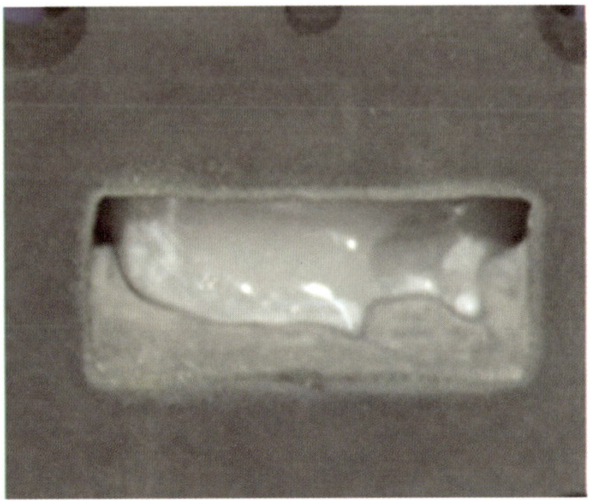

图 4－44　鼓泡的试样

4.5.4.4　熔融态典型测试结果

图 4－46 为采用高纯石墨作为腔体材料，采用终端短路法，获得的不同纯度致密氧化硅材料室温～2 273 K/10 GHz 点频介电性能数据。由图可见，微成分的二氧化硅材料介电常数变化规律基本相同，即熔融前介电常数缓慢增加，且介电常数实测值无明显差异，

当温度超过熔融温度（1 983 K）后，介电常数迅速增大，介电常数测试值表现出与微成分的相关性；介电损耗呈现与介电常数相似的规律，但材料中微成分的影响更为明显。

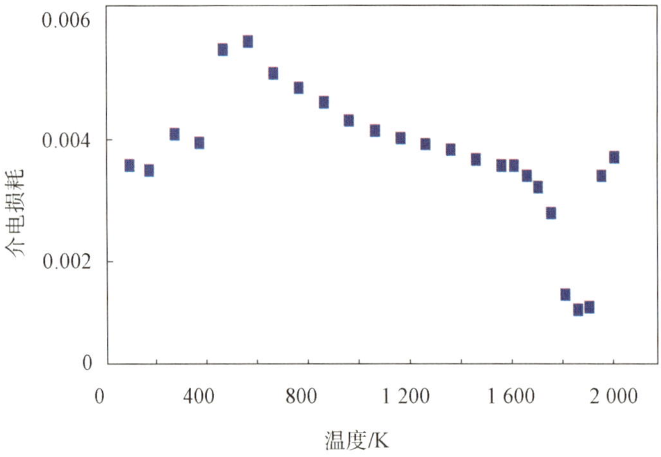

图 4-45　非正常的数据

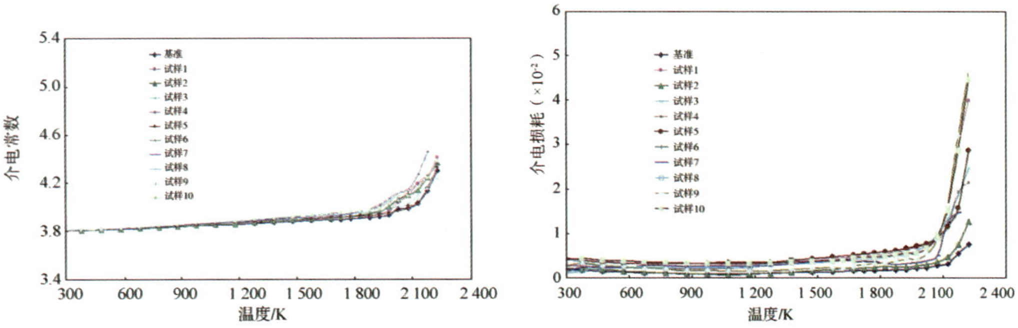

图 4-46　不同纯度氧化硅室温～2 273 K/10 GHz 介电性能测试结果

4.6　其他方法

4.6.1　自由空间法

4.6.1.1　测试原理

自由空间法将焦距和频段相同的发射天线和接收天线分别置于试样两侧，试样置于两天线焦距处（见图 4-47）。发射天线以准 TEM 模式辐射电磁波，在试样与天线间发生反射和透射，通过测量反射系数 S_{11} 和透射系数 S_{21}，可计算材料的复介电常数。该方法要求试样平整、上下表面平行、面积足够大，低损耗试样需要足够厚，同时要尽量避免电磁波的绕射和空间二次散射[1,2,10,52]，。

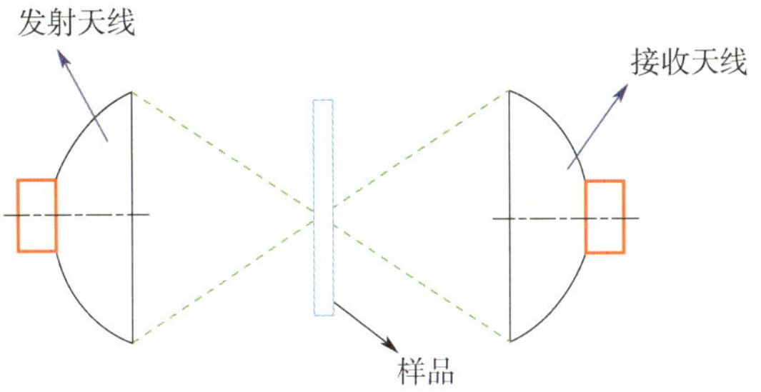

图 4-47　自由空间法测试原理

$$S_{21}=\frac{T\ (1-\Gamma^2)}{1-\Gamma^2 T^2} \tag{4-52}$$

其中，Γ 和 T 分别为

$$\Gamma=\frac{Z_{sn}-1}{Z_{sn}+1} \tag{4-53}$$

$$T=e^{ikd} \tag{4-54}$$

式中，Z_{sn} 和 k 分别为标准阻抗和试样传播常数，其与试样介电常数的关系分别为

$$Z_{sn}=\frac{1}{\sqrt{\varepsilon'}} \tag{4-55}$$

$$k=k_0\sqrt{\varepsilon'} \tag{4-56}$$

式中，$k_0=2\pi/\lambda_0$，λ_0 为自由空间波长。

4.6.1.2　典型测试结果

美国宾夕法尼亚大学电声材料工程中心 Varadan V. V. 等[52]建立了频率为 5.85～40 GHz,最高温度为 1 123 K 的自由空间法复介电常数测试装置，其中炉体隔热材料为低密度石英纤维隔热毡，如图 4-48 所示。

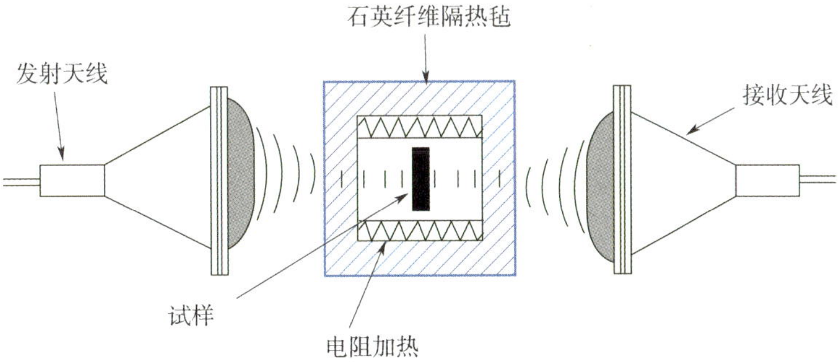

图 4-48　高温测试装置组成图

该装置采用 TRL 两步校准法：第一步为室温校准，用于抵消仪器、天线和传输线路的影响；第二步为高温无试样条件下的校准，用于消除炉子的隔热材料、试样支撑架、温度环境等因素的影响。但 TRL 校准并不能消除试样与天线间的来回反射，需采用时域法进行修正。

分析了高温试样位置及倾斜情况（图 4 - 49 所示）对测试信号的影响，结果表明：倾斜对 S_{21} 影响较小，对 S_{11} 影响明显。因此提出了用传输系数 S_{21} 计算材料的复介电常数，但对低损耗试样，要想获得准确测试结果，还需通过反射系数 S_{11} 来计算介电损耗，且需要采用 3 阶电厚度的试样。

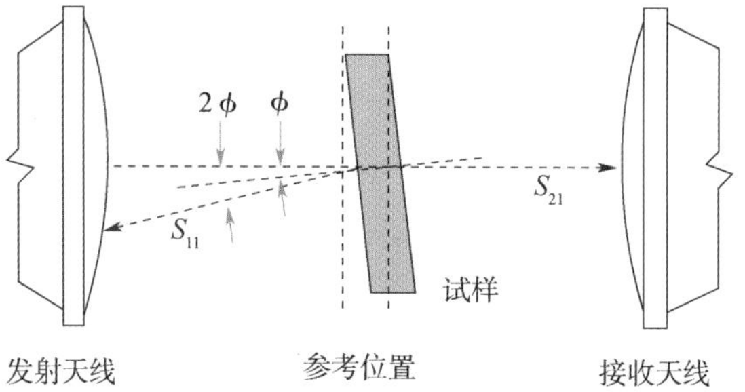

图 4 - 49　试样倾斜的影响分析

基于上述分析与校准测试，获得了厚度为 4.8 mm 石英玻璃和 12.7 mm BN 介电性能自由空间法的测试数据（图 4 - 50），由于石英玻璃试样很薄，不能形成介质谐振，未获得其介电损耗数据。

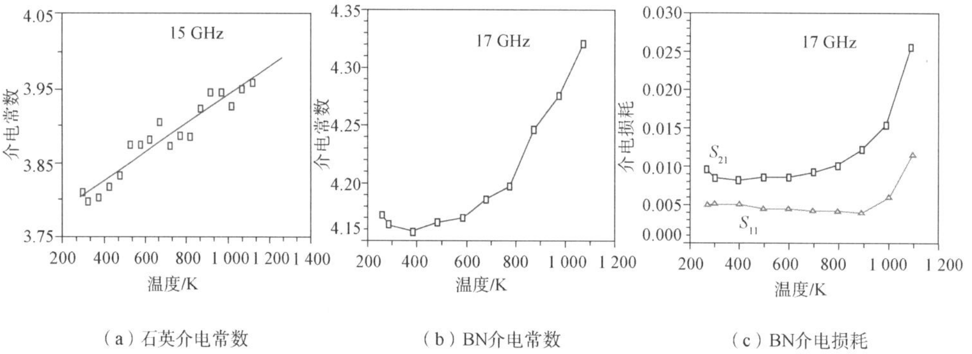

图 4 - 50　石英玻璃和 BN 测试结果

佐治亚州理工大学 Harold L. Bassett 于 1970 年建立了温度超过 2 200 K 氧乙炔火焰加热的自由空间法测试系统[10]。采用该系统对氧化硅材料进行了研究性测试，试样熔融前的测试结果具有一定参考价值。

该系统利用置于两天线焦距的旋转试样，试样的一侧的部分区域受氧乙炔火焰加热，并在高速旋转实现均热，同步动态测试其传输损耗与相位，见图 4 - 51。为防止试样高温变形造成位置变化，将一阶电厚度的试样镶嵌于 Φ40 cm 板内，采用 3 个光学高温计（1 个比色高温计、1 个光学高温计和 1 个全波段辐射高温计）检测试样表面温度，并记录试样温度、传输损耗和相位随时间的变化。

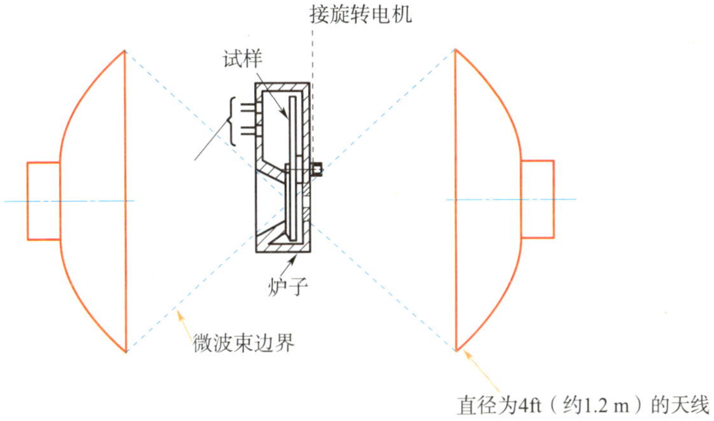

图 4-51　高温自由空间法中采用氧乙炔加热测试原理图

4.6.2　微扰法

4.6.2.1　测试原理

微扰法大多采用两种规则外形的谐振腔，一种是矩形腔，采用的模式为 $TE^{□}_{10n}$，试样置于矩形腔中心电场最强处；另一种为圆柱腔，采用的模式为 TM°_{0m0}，试样置于圆柱腔中心磁场最强处，见图 4-52。同样测量放置试样前后腔体的谐振频率和品质因数，由微扰理论推导获得计算介电常数和损耗角正切的公式。

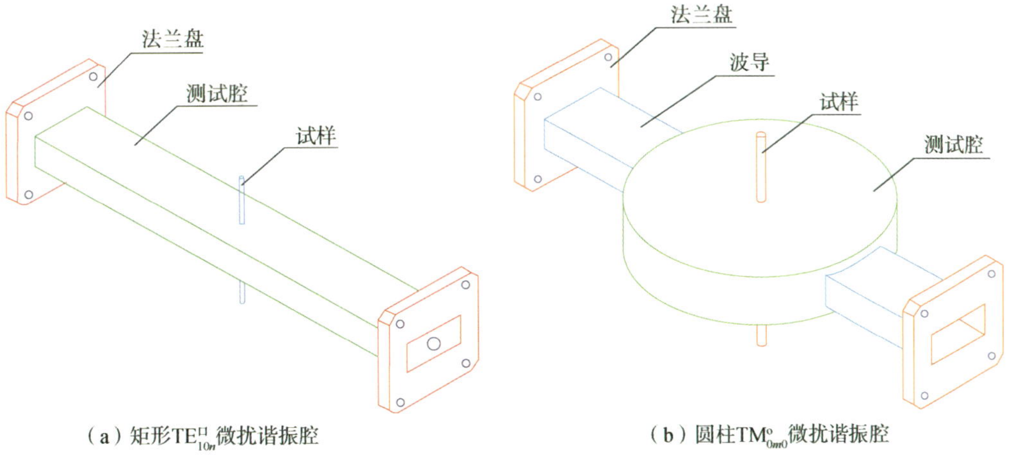

图 4-52　微扰测试腔结构示意图

对于矩形微扰腔，有[55]

$$\varepsilon' = 1 + 2K\left(\frac{aL}{\pi d_s^2}\right)\frac{f_{00} - f_{0s}}{f_{0s}} \quad (\text{圆棒试样}) \tag{4-57}$$

$$\varepsilon' = 1 + \frac{1}{2}K\left(\frac{aL}{Wt}\right)\frac{f_{00} - f_{0s}}{f_{0s}} \quad (\text{矩形试样}) \tag{4-58}$$

式中　f_{00}——空腔谐振频率（MHz）；

f_{0s}——放入试样后测试腔的谐振频率（MHz）；

d_s——圆棒试样直径（mm）；

a——矩形腔体宽边尺寸（mm）；

L——矩形腔体长度（mm）；

W——矩形棒试样宽度（mm）；

t——矩形棒试样厚度（mm）；

K——微扰公式的修正因子。

$$\tan\delta=\frac{\varepsilon''}{\varepsilon'}=\frac{aL}{\pi\varepsilon' d_s^2}\left[\frac{1}{Q_{0s}}-\frac{1}{Q_{00}}\right]\ (\text{圆棒试样}) \tag{4-59}$$

$$\tan\delta=\frac{aL}{4\varepsilon' Wt}\left[\frac{1}{Q_{0s}}-\frac{1}{Q_{00}}\right]\ (\text{矩形棒试样}) \tag{4-60}$$

式中　Q_{00}——空腔的无载品质因数；

Q_{0s}——放入试样后的无载品质因数。

微扰法对试样尺寸要求较高，其中 ASTM D2520[9] 标准规定：对于圆棒状试样，当频率为 X 波段（8～12 GHz）时，若要满足介电常数测试误差小于 1%，则试样的直径应不超过 $1.04^{0}_{-0.005}$ mm；当频率为 S 波段（2.6～3.9 GHz）时，试样的直径应不超过 $3.2^{0}_{-0.05}$ mm。由此可见，测试频率越高试样直径将越小。

4.6.2.2　典型测试结果

微扰法曾用于中、高损耗纤维、粉末高温介电性能研究[53-56]，但由于对试样尺寸要求严格，一定程度影响了该方法在热透波材料高温测试中的普及与应用。采用该方法获得了 Si_3N_4 粉末 0.6～3.8 GHz 高温介电性能变化趋势性数据[56]，见图 4-53。

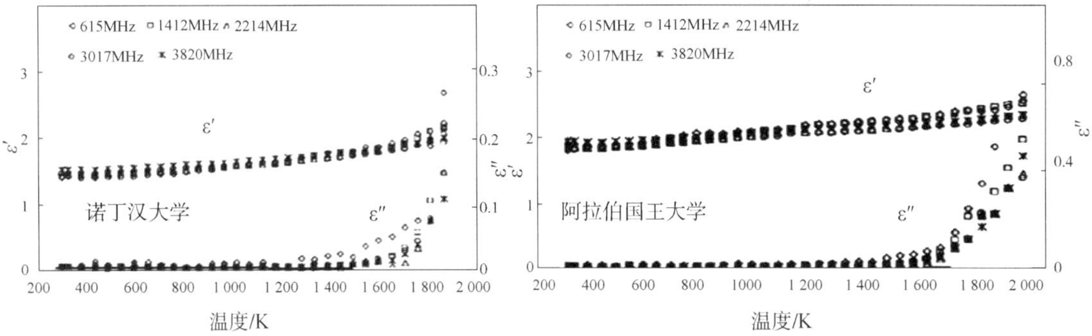

图 4-53　诺丁汉大学与阿拉伯国王大学 Si_3N_4 高温微扰法测试结果

4.7　电弧加热器热透波模拟

热透波模拟试验可较真实地模拟和评价材料在实际使用热环境下的透波性能，是热透波选材和构件电气设计的重要参考依据和地面验证手段。热透波模拟试验复杂而困难，迄今主要发展了太阳炉（塔）法和电弧加热器法两类方法。

太阳炉（塔）法利用太阳热辐射作为热源，对微波的干扰很小，但热场尺度及热流密度均存在明显制约，对 Φ30 mm 以上区域难以达到 1.0 MW/m^2 以上热流密度。

电弧加热器法采用电弧作为热源，具有较大的热流密度调节范围（可达 10 MW/m^2 量级），可较为真实地模拟飞行热环境，但气体电离导致流场电子密度过高，对微波衰减幅度大，因此适合电气测量的热环境的获取是电弧加热器法的关键技术。早期试验由于该关键技术未有效突破，开机过程中微波衰减比较严重，在高状态条件下信号衰减达到25 dB（如图 4-54 所示），只能在关机后进行电气测量属于非实时热透波模拟。由于关机后材料处于降温过程，因此该方法不能真实模拟材料在实际使用热环境下的透波特性。

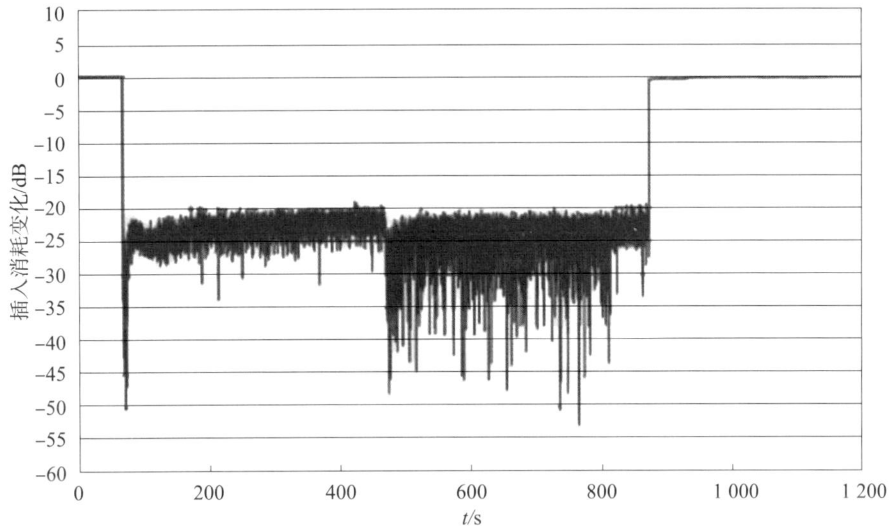

图 4-54　微波插入损耗测量曲线

实时热透波模拟采用电弧加热器射流加热技术对试样进行动态气动加热，同时利用置于试样两侧的发射和接收天线测量电磁波穿过灼热试样和高温流场的衰减，可以较为真实地模拟飞行热环境下的材料热透波性能。利用流场品质调控技术获得适合电气测量的热环境是实时热透波模拟关键。本节以电弧加热器实时热透波模拟为重点，介绍热透波模拟的基本方法和典型测试结果。

4.7.1　热透波模拟测试系统

热透波模拟试验系统示意图见图 4-55，试验系统包括电弧风洞、测试系统和其他支持保障系统，包括电源系统、高压气源系统、高压软化水系统和低压循环水系统等。

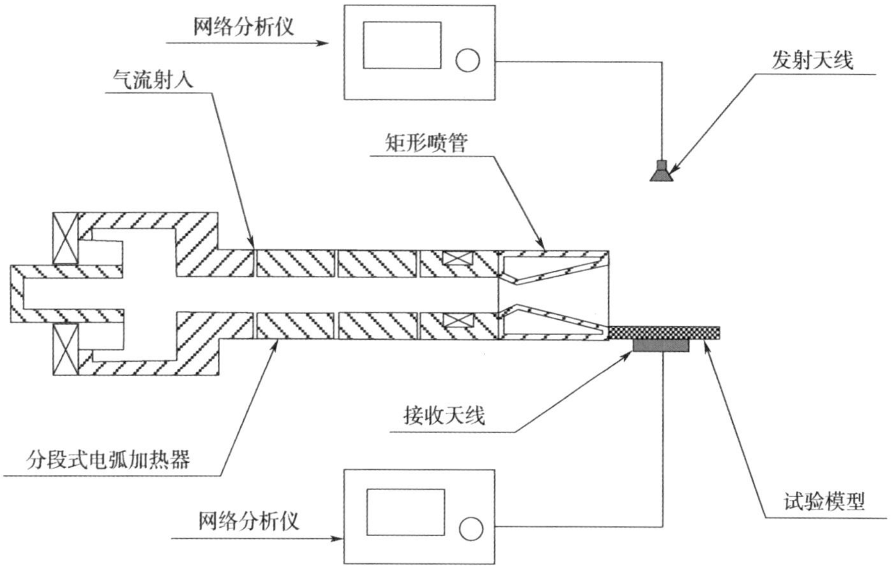

图 4-55 热透波模拟试验系统示意图

4.7.1.1 试验状态的调试

对特定的试验状态应先进行状态调试，其重点是达到预定的气态总焓和热流密度。

气流总焓可采用平衡声速流量法表征。平衡声速流量法假定喷管喉道前的气流处于平衡、等熵、定常状态，根据连续方程、能量方程和高温气体热力学性能，有如下关系式

$$H_0=4.532\times10^{-5}\times\left(\frac{P_0A_*}{\dot{m}}\right)^{2.519} \tag{4-61}$$

式中 H_0——气流总焓（kJ/kg）

A_*——喉道有效面积（m^2）；

P_0——弧室压力（Pa）；

$\dot{m}$——空气质量流量（kg/s）。

因此，通过对喉道有效面积、弧室压力和空气质量流量的调节可以实现对气流总焓的控制。

热流密度的测量与反馈可采用塞式量热计。这种量热计由无氧紫铜制成的圆柱形铜块、热电偶和绝热防护套组成。将量热计安装在热流测量探头中，保证铜块与防护套绝缘、绝热。量热响应只与量热块的几何尺寸和物理特性有关，不受其他因素影响，所以测量精度高，其表达式为

$$q=C_p\cdot\frac{m}{A}\cdot\frac{dT}{dt} \tag{4-62}$$

式中 q——冷壁热流密度（kW/m^2）；

C_p——紫铜比热容［kJ/（kg·K）］；

m——紫铜量热块质量（kg）；

A——紫铜量热块受热面积（m^2）；

dT/dt——紫铜块单位时间温升（K/s）。

因此，通过测量并反馈控制紫铜块温升速度可实现对热流密度的调节与控制。

实现上述环境的执行机构是电弧风洞，典型的压力-真空式电弧风洞由电弧加热器、混合稳压室、矩形喷管、试验段、冷却器及真空系统构成。被电弧加热器加热的高温气体通过喷管膨胀，在试验段形成高温、高速气流，实现对高温、高焓、高速热环境的模拟。试验后的气体经过扩压段减速，再由冷却器降温后排入真空罐组并最终排入大气。

为提高电弧电压以达到增加电功率和提高气体焓值的目的，可采用分段式电弧加热器。分段式电弧加热器由前电极、后电极、进气室、磁场线圈等部分组成（图 4 - 56）。前电极被分成几段，每个分段又相互绝缘，通过分段可把电弧强制拉长，从而起到提高电弧电压作用。分段间为防止“串弧”，需要在分段间增加辅助切向进气。分段式电弧加热器可获得较高的热流密度，并具备结构简单、操作方便等特点，适合高热流条件下大尺度试样的热透波模拟试验。

图 4 - 56　分段式电弧加热器

混合稳压室用于调节气流总温和消除气流脉动，使气流压力达到稳定值。喷管是将高温高压气体形成所需流场的物理通道，其尺寸及几何形状须根据试样尺寸及所需热流分布进行设计。

4.7.1.2　热、电参数的测量

通过对试样表面温度和背面温度的测量可反映材料在模拟环境下的热响应特性。试样表面温度通常较高，无法直接测量，可采用辐射温度计测量。典型辐射温度计测温范围为 850～3 300 K，精度为 0.3%，基本满足热透波模拟试验要求。试样背温通常不高，可采用热电偶直接测量，测点的数量及分布可根据实际测试需求确定。

微波测量系统由微波小孔透过装置、聚焦天线、微波稳相传输线、矢量网络分析仪和直线导轨测试平台组成（图 4 - 57）。微波发射和接收天线采用波束较窄的聚焦透镜天线，实验室局部需铺设吸波材料和屏蔽板，以有效降低开放环境下微波反射、绕射及叠加对测量系统的影响，满足测量精度要求。可采用矢量网络分析仪测量微波传输过程中的插入损耗，典型矢量网络分析仪（图 4 - 58）工作频率范围为 10 MHz～40 GHz，动态响应范围大于 100 dB，最大采集时间大于 1 600 s，满足热透波模拟试验测试要求。微波测量前需进行调节和校准。

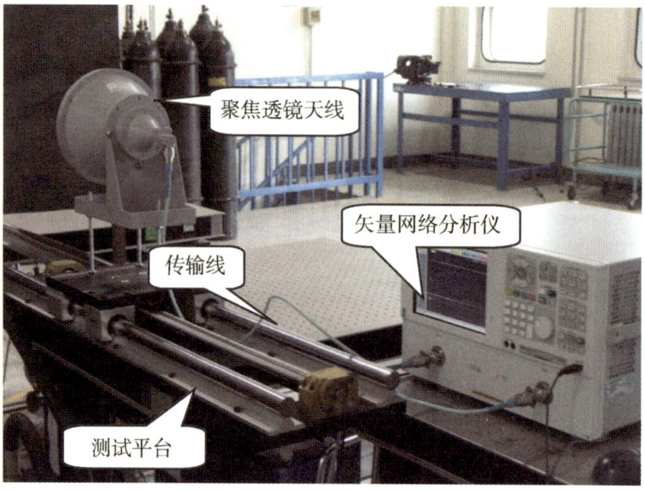

图 4-57　微波测量系统

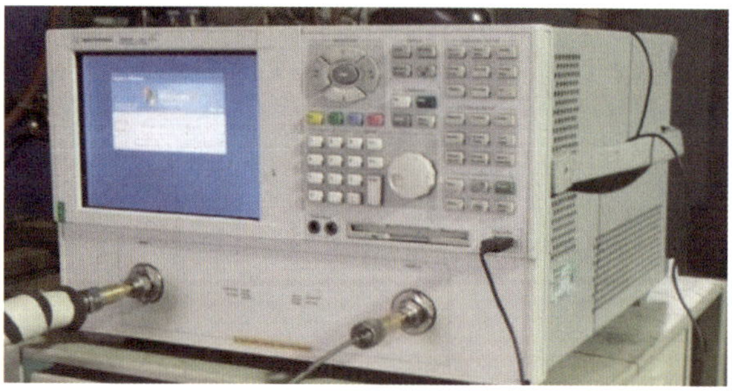

图 4-58　矢量网络分析仪

4.7.2　流场品质控制

要实现实时热透波模拟，必须突破流场品质控制关键技术，以有效降低流场对微波传输的影响。在材料发生明显烧蚀的热环境下，流场电子密度一般在 $10^{13}\sim10^{14}$ n/cm^3 量级，微波传输基本截止，无法进行热透波模拟试验。

电弧加热器工作时气体的电离、喷管内的流动状态及电极烧损是影响流场电子密度和流场均匀性的主要因素，控制流场品质需从上述三方面入手。

4.7.2.1　气体电离与工作介质的选择

气体电离是流场电子的主要来源之一。电弧加热器常用的工作介质有氮气和氩气，依气体纯度等级不同，其杂质含量差异较大，其中影响最显著的是氧含量。

在 1 个大气压下，温度升至 800 K 左右，气体分子振动激发，2 500 K 左右 O_2 开始离解，至 4 000 K 左右几乎全部离解；N_2 在 4 000 K 左右开始离解，至 9 000 K 左右几乎全部离解；温度升至 9 000 K 以上，原子 N、O 开始电离；在 4 000 K 至 6 000 K 范围内，生成 NO，NO 的电离能很低，其电离产物为 NO^+ 和自由电子，见图 4-59。

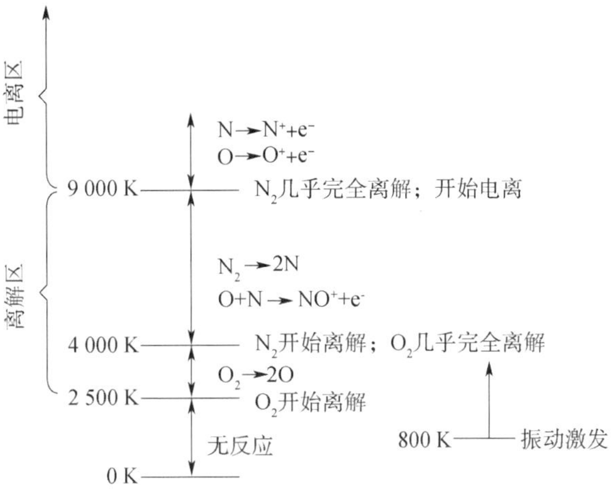

图 4-59　氮气和氧气的电离特性

可见，采用电离温度更高的氮气，尽量降低电离温度较低的氧含量，有利于降低流场电子密度，提高流场品质。另外，降低氧含量还有利于控制电极的热化学烧蚀。对流场电子密度的评估结果表明，N_2 的纯度提高一个量级，电子密度可以降低约半个量级。因此，选用 99.999%的高纯氮气作为工作介质可基本满足实时热透波模拟试验要求。

4.7.2.2　流场分布模拟与控制

在常规试验条件下，喷管内的流动为热化学非平衡流动。非平衡流动现象越严重，流场电子密度越高。采用三维全流场 N-S 方程对喷管内的高温气体流动状态及化学反应动力学状态进行数值模拟分析计算，并对流场均匀性和电子密度分布进行评估，据此可改进喷管型面设计，优化流场分布，降低电子密度。

采用三维全流场 N-S 方程，可建立 N_2、O_2、NO、NO^+、N、O 和 e^-等 7 个组元的化学反应模型和基本控制方程。

$$N_2+M=2N+M,\ O_2+M=2O+M,\ NO+M=O+N+M,$$
$$NO+O=O_2+N,\ O+N_2=NO+N,\ O+N=NO^++e^-$$

带有化学源项的三维 N-S 方程表述如下

$$\frac{\partial U}{\partial t}+\frac{\partial E}{\partial x}+\frac{\partial F}{\partial y}+\frac{\partial G}{\partial z}=\frac{\partial E_v}{\partial x}+\frac{\partial F_v}{\partial y}+\frac{\partial G_v}{\partial z}+S$$

对于非平衡化学反应系统，方程中气体组元 i 的生成速率表达式为

$$\frac{\dot{\omega} i}{\rho}=\omega\cdot{}_i^0-\omega\cdot{}_i^1C_i$$

流场求解可采用无自由参数、无波动的高分辨率 NND 格式进行

$$\begin{aligned}\hat{U}_{i,j,k}^{n+1}&=\hat{U}_{i,j,k}^{n}-\frac{\Delta\tau}{\Delta\xi}\left[\tilde{E}_{i+\frac{1}{2},j,k}^{n}-\tilde{E}_{i-\frac{1}{2},j,k}^{n}\right]-\frac{\Delta\tau}{\Delta\eta}\left[\tilde{F}_{i,j+\frac{1}{2},k}^{n}-\tilde{F}_{i,j-\frac{1}{2},k}^{n}\right]-\\&\quad\frac{\Delta\tau}{\Delta\xi}\left[\tilde{G}_{i,j,k+\frac{1}{2}}^{n}-\tilde{G}_{i,j,k-\frac{1}{2}}^{n}\right]+\Delta\tau\left[\frac{\partial\hat{E}_v}{\partial\xi}+\frac{\partial\hat{F}_v}{\partial\eta}+\frac{\partial\hat{G}_v}{\partial\zeta}\right]+\Delta\tau\hat{S}\\&=\hat{U}_{i,j,k}^{n}+\Delta\tau\cdot RHS\end{aligned}$$

在来流条件及喷管型面确定的条件下，可计算得到流场电子密度分布。典型计算结果如图 4-60 所示，计算所用的来流条件：气流总焓 8 MJ/kg，气流总温 4 700 K，气流总压 6 MPa，马赫数 3.2，气流组分为 99.9% N_2、0.1% O_2，喷管喉道尺寸为 15 mm×30 mm，喷管出口尺寸为 90 mm×30 mm，喷管长度分别为 500 mm 和 800 mm。

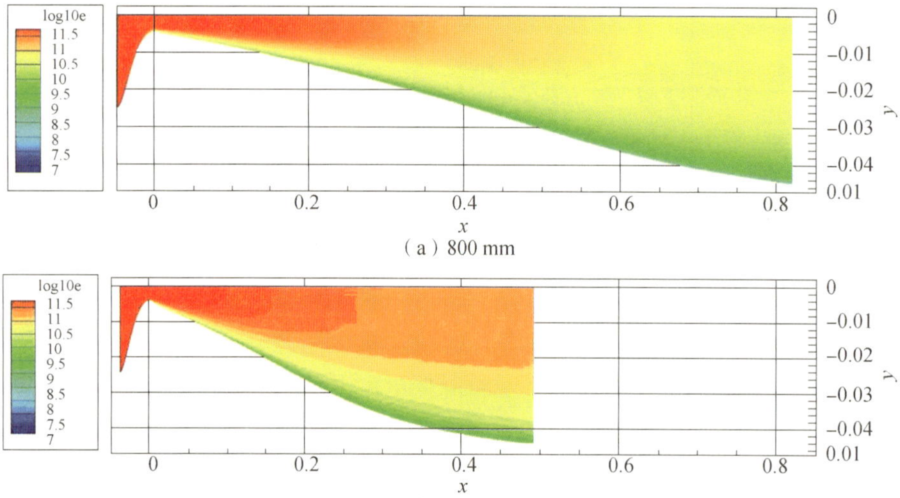

（a）800 mm

（b）500 mm

图 4-60　不同喷管长度流场电子密度模拟结果

从两种喷管长度电子密度计算结果来看（图 4-60），长度 800 mm 的喷管出口电子密度比长度 500 mm 的喷管低半个量级，长度增加后喷管内流动更接近平衡流动。图 4-61

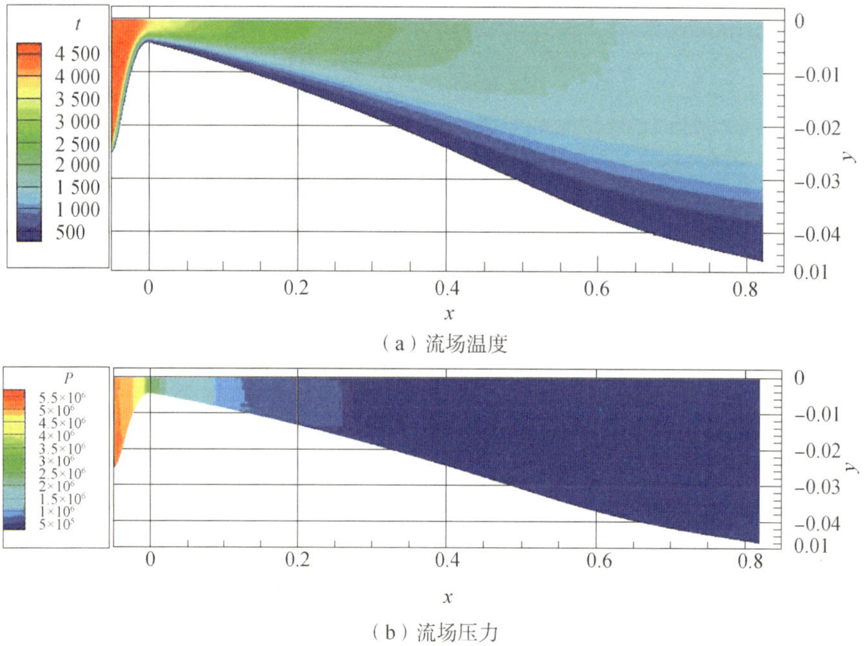

（a）流场温度

（b）流场压力

图 4-61　流场温度、压力数值模拟结果

给出长度 800 mm 喷管出口温度和压力计算结果，出口流场温度和压力分布比较均匀。因此采用长度 800 mm 的喷管设计方案，有利于进行热透波模拟的试验。

4.7.2.3　加热电极改进

在大电流作用下，普通电极会发生明显的烧损现象，烧损产生的铜离子使得流场颜色明显偏深（图 4－62），而且会污染试样表面，对微波测量产生不利影响。

由于加热功率与电流平方成正比，因此通过改进电极设计，降低电极电流可有效降低电极表面温度，控制电极烧损。另外，在满足结构强度的前提下应尽量减薄电极壁厚，在电极外壁加肋增强换热，同时增加电极冷却水流量，通过上述改进措施可进一步降低电极表面温度，减少电极烧损对流场的污染，降低流场电子密度。

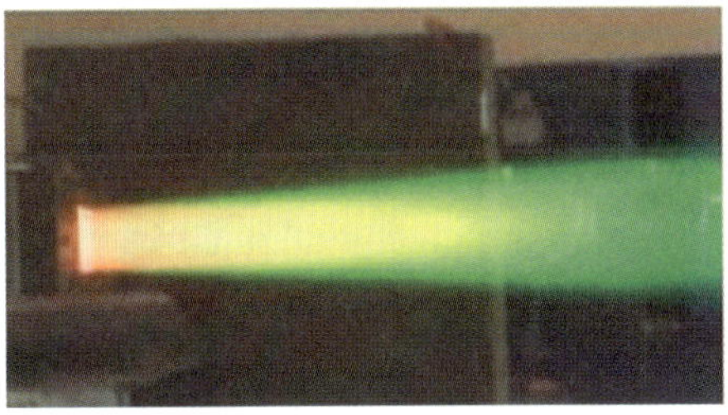

（a）改进前

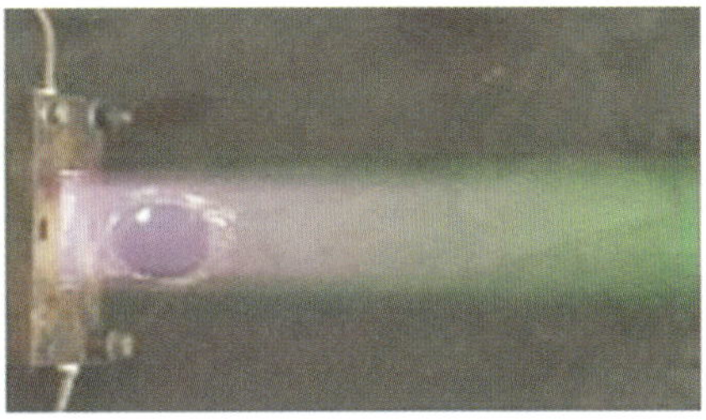

（b）改进后

图 4－62　改进前后流场对比

通过上述三方面的控制与改进，流场品质大幅提高。改进前后流场对比照片如图 4－62所示，改进后流场颜色明显变浅，电弧加热器运行稳定，流场电子密度从 $10^{13}\sim10^{14}$ n/cm^{3}量级降低到 10^9 n/cm^{3}以内，流场对 Ku 波段的微波信号的衰减由 20～30 dB 降低到 0.1 dB 以内（图 4－63），达到了热透波模拟试验的要求。

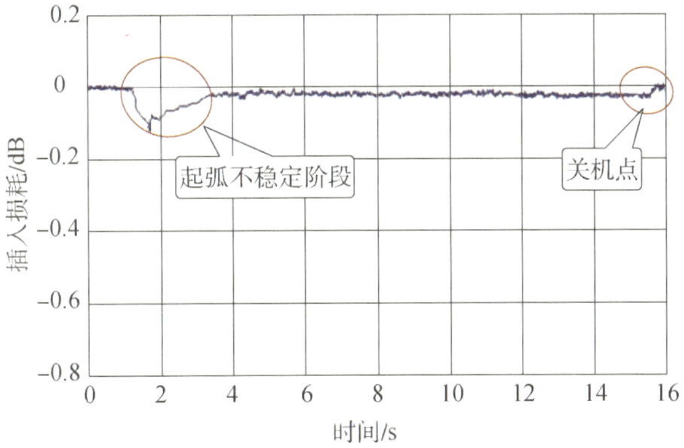

图 4－63　改进后空流场 Ku 波段信号衰减

4.7.3　典型热透波模拟试验结果

利用实时热透波模拟系统，可实现 10 MW/m^2 热流密度量级热透波模拟试验，试验结果的重复性及准确性较高。

4.7.3.1　重复性测试

采用两块二阶电厚度的高硅氧纤维复合材料试样（厚度相差 0.02 mm）进行了相同加热状态的热透波模拟试验，试验时间均为 15 s。

两块试样烧蚀前后照片对比见图 4 - 64，烧蚀后试样表面可观察到明显的烧蚀现象。图 4 - 65 和图 4 - 66 分别为两块试样背面温度测量曲线和插入损耗测试曲线。两块试样在关机前的背面温度相差不超过 3 K，插入损耗相差不大于 0.06 dB，说明建立的热透波模拟试验系统具有较好的重复性。

（a）试验前　　　　（b）试验后

图 4 - 64　试验前后照片

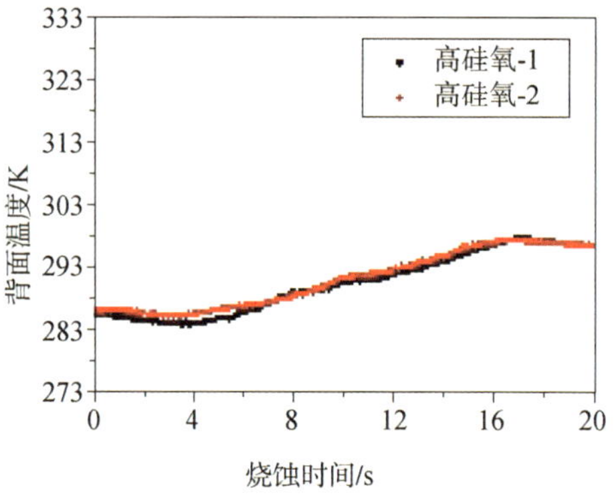

图 4 - 65　背面温度测量曲线对比

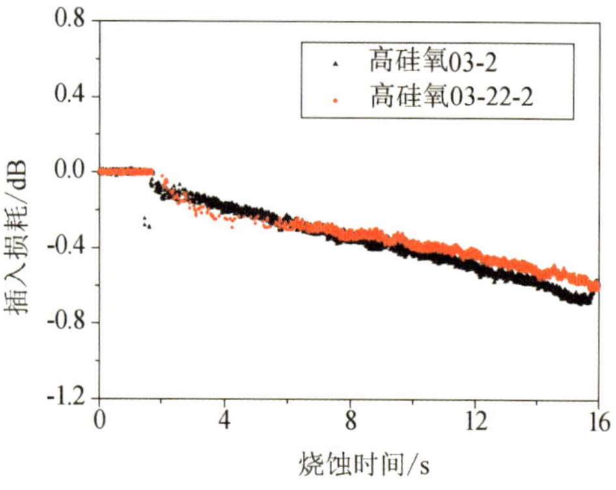

图 4 - 66　高硅氧插入损耗曲线对比

4.7.3.2　典型 SiO_2 复合材料试验结果

掺杂不同一价金属离子的二氧化硅复合材料及空白样（一阶电厚度，三块掺杂试样掺杂浓度相同，试验时间 13 s）动态热透波模拟试验结果如图 4 - 67 所示。空白试样在整个测试时间段内透波性能良好，掺杂试样透波性能有不同程度下降，下降幅度最大的为 Li^{+}，其次为 Na^{+}，最后为 K^{+}，试验结果与第 2 章材料热电行为理论分析结果一致。

掺杂不同浓度 Na^{+} 的二氧化硅复合材料及空白样（一阶电厚度，试验时间 13 s）动态

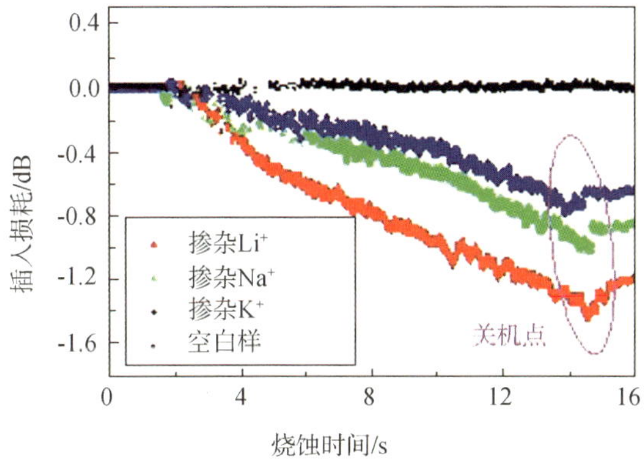

图 4 - 67　掺杂一价金属杂质对热透波性能的影响

热透波模拟试验结果如图 4 - 68 所示。随着掺杂浓度提高，试样热透波性能随之下降，下降幅度最高达 2.14 dB。

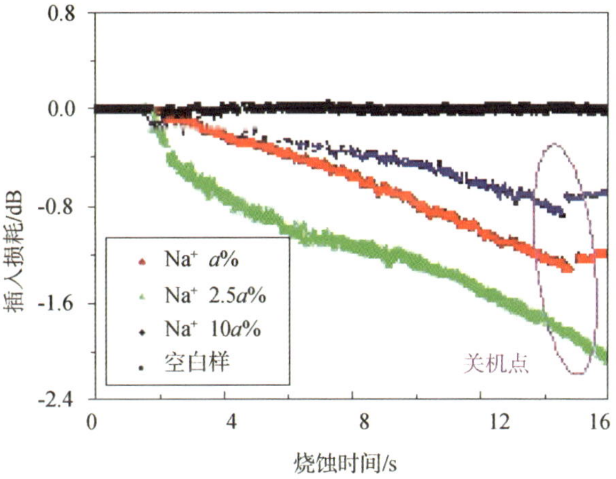

图 4 - 68　不同浓度 Na^+ 杂质插入损耗变化曲线

参考文献

[1] CHEN L E，ONG C K，VARADAN V V，et al. Microwave electronics measurement and materials characterization. Natioal University of Singapore and Pennsylvania State University，USA. John Wiley & Sons，Ltd，2004.

[2] 李恩．透波材料介电性能高温宽频测试技术研究．成都：电子科技大学，2009.

[3] WEEKESSER L B. Radome aerodynamic heating eggect on boresight error. Applied Physics Laboratory，Johns Hopkins University，1978.

[4] TILLIAN D J，et al. Thermal performance and radio-frequency transmissivity of candidate ablation materials for S-band antenna window application on manned spacecraft. NASA – TM – X – 68325，1970.

[5] ARNOLD J，HANAWA L T. Plasma ARC test technique for evaluating antenna window RF transmission performance. Washington D C：American Institute of Aeronautics and Astronautics，AIAA 82—0900，1982. 138—144.

[6] SPLINTER S C，DARYABEIGI K，HORVATH T J. Solar tower experiments for radiometric calibration and validation of infrared imaging assets and analysis tools for entry aero-heating measurements. AIAA 2008—4025.

[7] LITZ M，ROSARIO R D，LESHICH K. Effects of a radome on a UWB detection system. ARL—SR—73，1998.

[8] 彭望泽，贾长泰，张漠杰，等．防空导弹天线罩．北京：宇航出版社，1993.

[9] The American Society for Teasting and Materials. Standard test method for complex permittivity (dielectric constant) of solid electrical insulating materials at microwave frequencies and temparatures to 1650℃. ASTM—D2520—2001.

[10] BASSETT H L. A free-space focused microwave system to determine the complex permittivity of materials to temperatures exceeding 2000℃. The Review of Scientific Instruments，1971，2：200—204.

[11] WALTON J D，DEKKER M. Radom engineering handbook. Design and Principles. New York，London，1970：371—372.

[12] WESTPHAL W B，IGLESIAS J. Dielectric measurements on high-temperature materials. Air Force Materials Laboratory ，AD873038：1—52.

[13] GILREATH M C，et al. High-temperature dielectric properties of candidate space-shuttle thermal-protection-system and antenna-window materials. NASA TN D—7523.

[14] 李恩，何凤梅，李仲平，等．用于微波测量的感应加热装置：中国，ZL200710050350. 9. 2009—04—29.

[15] HUTCHEON R，DE JONG M，ADAMS F. A system for rapid measurements of RF and microwave properties up to 1400℃. Journal of Microwave Power and Electromagnetic Energy，1992，2：87—92.

[16] BASSETT H L. A free－space focused microwave system to determine the complex permittivity of materials to temperatures exceeding 2000℃. The Review of Scientific Instruments，1971，2：200－204.

[17] 蔡乔方．加热炉．北京：冶金工业出版社，2007.

[18] 蒂姆恰克 B M，古索夫斯基 Bл. 加热炉与热处理炉计算手册．于凤仁，蔡玉德，译．北京：机械工业出版社，1989.

[19] 马庆芳，方荣生，项立成，等．实用热物理性质手册．北京：中国农业出版社，1986.

[20] 李梦龙．化学数据速查手册．北京：化学工业出版社，2003.

[21] 刘小川．PID 与模糊控制相结合的智能温度控制系统．电子质量，2002，2：19－21.

[22] 常宏杰，杨宜平，岳彦芳，等．高精度电阻加热组控制系统的设计．铸造技术，2007，9：1266－1268.

[23] 何振邦．氧－乙炔焰流热流量的自动测量．西安工业学院学报，1997，6：149－152.

[24] 孙鸿儒，王道隆．稀有金属手册．北京：冶金工业出版社，1993.

[25] BARTKOWIAK R A. Electric Circuits. New York：Intext Press，1973.

[26] 虞觉奇，易文质，陈帮迪，等．二元合金状态图集．上海：上海科学技术出版社，1987.

[27] 张新，罗远辉，李兴彦．铱电镀工艺的简介与展望．金属功能材料，2012，(2)．

[28] 朱利安，杨盛良，白书欣，等．铱及其合金的加工及应用．贵金属，2009，(4)．

[29] 杨文彬，张立同，成来飞，等．MOCVD 法制备多层 Ir 涂层的显微结构．固体火箭技术，2006，29 (1)：56－59.

[30] 北京化学试剂公司．化学试剂精细化学品手册．北京：化学工业出版社，2002.

[31] GB/T 5597—1999. 固体电介质微波复介电常数的测试方法．北京：中国标准出版社，1999－12－01.

[32] State Standard of Russian. Solid dielectrics：Method for the determination of kielectric constant and dielectric power factor from 9 to 10 GHz. 12723－67.

[33] JAMES B J，MICHAEL D J，BILL R，et al. Dieletric and conductor-loss characterization and measurements on electronic packaging materials. NIST Tech. Note 1520，2001.

[34] 陈小林．高温透波介质 h-BN 陶瓷介电性能建模研究．西安：西安交通大学，2007.

[35] 李恩，李仲平，聂在平，等．一种用于高温下微波测试的圆柱形高 Q 谐振腔：中国，ZL200710050347.7.2009－12－09.

[36] 卫锦先．物理性能测试方法的精密度、准确度和不确定度．GJB 1485—1992.

[37] 李恩，李仲平，聂在平，等．低损耗电介质材料高温复介电常数测试装置及方法：中国，ZL200710050352.8.2009－12－09.

[38] 何凤梅，李恩，李仲平，等．高温高 Q 腔法介电性能测试系统稳定性研究．宇航材料工艺，2009，1：78－81.

[39] 陈聪慧，何凤梅，李恩，等．透波材料高温介电性能评价表征．宇航材料工艺，2011，2：30－33.

[40] LI EN，LI ZHONGPING，NIE ZAIPING，et al. Measurement of complex permittivity of dielectrics at high temperatures by using cylindrical cavity. 2008 China-Japan Joint Microwave Conference，2008：707－709.

[41] LI EN，NIE ZAIPING，GUO GAOFENG，et al. Broadband measurement of dielectric properties of low-loss materials at high temperatures using circular cavity method. Progress In Electromagnetics Reserch，PIER92，2009：103－120.

[42] 黎义，李建保，何小瓦．采用谐振腔法研究透波材料的高温介电性能．红外与毫米波学报，2004，4：157—160.

[43] GUO GAOFENG，LI EN，XU ZENGCHAO，et al. Stripline resonator method to measure complex permittivity of dielectric substrate as a function of temperature. 7th International Symposium on Test and Measuremem，2007，2：1908—1910.

[44] 林为干．微波理论与技术．北京：科学出版社，1979.

[45] ROBERTS S，VON HIPPIE A. A new method for measuring dielectric constant and loss in the range of centimeter waves. J. Appl. Phys.，1946，7：610—616.

[46] DESCHAMPS G A. Determination of reflection coefficients and insertion loss of a wave-guide junction. J. Appl. Phys.，1953，2：1046—1050.

[47] JAMES B J. Transmission/reflection and short-circult line permittivity measurements. NIST Tech. Note 1341—4，1990.

[48] 郭高凤．终端短路法介质材料介电性能高温测试系统研究．成都：电子科技大学，2008.

[49] 李恩，李仲平，聂在平，等．基于终端短路法的介质材料高温复介电常数测量方法：中国，ZL200710050351.3.2009—12—09.

[50] GUO GAOFENG，LI EN，LI ZHONGPING，et al. A test system for complex permittivity measurements of low-loss materials at high temperatures up to 2000°C.

[51] BOWIE D M. IRE national convention record. Part Ⅰ，IEEE，New York 1957，3：270—281.

[52] VARADAN V V，HOLLINGER R D，GHODGAONKAR D K ，et al. Free-space，broadband measurements of high-temperature，complex dielectric properties at microwave frequencies. Ieee Transactions On Instrumentation and Measurement ，1991，10：842—846.

[53] HUTCHEON R，DE JONG M，ADAMS F，et a1. A technique for rapid Scoping measurement of RF properties up to 1000℃. Elecromagnetic Energy Reviews，1989，46.

[54] HUTCHEON R，DE JONG M，ADAMS F，et a1. Measurements of high temperature RF and microwave properties of selected aluminas and ferrites used in accelerators. IEEE Particle Accelarator Conference，1991，2：795—797.

[55] TIAN B Q，TINGA W R. Single frequency relative Q measurements using perturbation theory. IEEE Transactions on Microwave Theory and Techniques，1993，41：1922—1927.

[56] TINGA W R. Rapid high-temperature measurement of microwave dielectric properties. Materials Research Society Symposium Proceedings，1992，269：505—516.

[57] BRINGHURST S，ISKANDER M F，WHITE M J. Thin-sample measurements and error analysis of high-temperature coaxial dielectric probes. IEEE transactions on microwave theory and techniques，1997，12：2073—2083.

[58] ARAI M，BINNER J G P，CROSS T E. Correction of errors owing to thermal elongatlon of high temperature coaxial probe for microwave permittivity measurement. Electronics Letters，1995，7：1138—1139.

[59] GERSHON D L，CALAME J P，CARMEL Y，et al. Open—ended coaxial probe for high-temperature and broad-band dielectric measurements. IEEE transactions on microwave theory and techniques，1999，9：1640—1648.

第5章 热透波材料设计与制备技术

5.1 概述

热透波材料是集透波、防热和结构承载等多功能于一体的特殊功能材料，这里特指使用温度超过1 000 K的高温透波材料，以Si（B）—N—O—M（金属元素代称）无机材料体系为主，具体可分为致密陶瓷（含玻璃）、多孔陶瓷和陶瓷基复合材料三大类。

热透波材料的研究始于20世纪五六十年代，经过多年发展，形成了微晶玻璃、石英玻璃、石英陶瓷、氮化硅陶瓷、SiO_2复合材料等几个重点材料品种，具有各自的性能优势，在实际工程应用中发挥了重要作用。热透波材料研究与应用的早期阶段以致密陶瓷为主，应用对象多为低马赫数防空导弹天线罩。之后，随着高超声速飞行器天线罩研制需求的提出，对天线罩材料耐热性及综合性能提出了更高的要求，热透波材料研究重点转变为追求更为优异的抗热冲击性、更高温度下的热透波性能以及热、力、电性能的平衡。材料体系从单一氧化物体系向氮化物、氮氧化物体系发展，材料种类则向复合材料及多孔陶瓷方向发展。

热透波材料需兼顾多方面性能要求，使得选材范围小，难度大。因此，开展材料热、力、电单项性能及综合性能的优化设计非常重要，可有效指导热透波材料选材和新材料研制。

本章介绍了热透波材料选材原则及一般设计方法，按致密陶瓷、多孔陶瓷和复合材料，分别介绍了典型热透波材料的性能特点、制备方法和应用现状。

5.2 热透波材料的选材与设计

5.2.1 热透波材料选材

热透波材料的选材，需全面考察材料介电性能、力学性能、防隔热性能、抗热震性和工艺可实现性等多个因素，并针对实际工程应用背景进行权衡与折衷。

（1）材料介电性能及其稳定性

热透波材料的介电性能（介电常数和介电损耗）及其随温度和频率的变化在很大程度上决定了天线罩（窗）的透波性能（透波率和瞄准误差），因此，材料介电性能及其稳定性是透波材料选材的首要考察因素。

图5-1反映了介电常数大小对透波率的影响，当介电常数较大时，透波率对厚度和

频率变化都更为敏感。对频率的敏感性限制了制导系统工作带宽，对厚度的敏感性则对透波构件加工精度要求苛刻，增加了材料的工程应用难度。不同需求对介电常数大小要求不同，一般情况下要求介电常数低于10。图5－2反映了介电损耗大小对透波率的影响，当介电损耗为0.003时，2阶、3阶半波壁厚平板透波率与1阶相比，下降很小；当介电损耗增大到0.1时，随着壁厚增加，透波率迅速下降，2阶壁厚平板透波率已下降到50%以下。因此，介电损耗大小对透波率高低有直接影响，一般情况下要求介电损耗在使用温频范围内在10^{-2}量级以下。

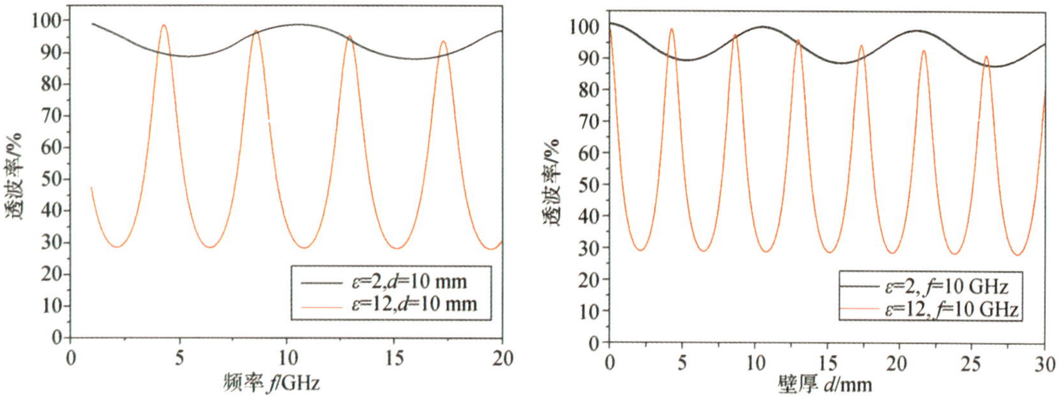

图5－1　介电常数对透波率的影响

0°入射，材料介电损耗均为0.003

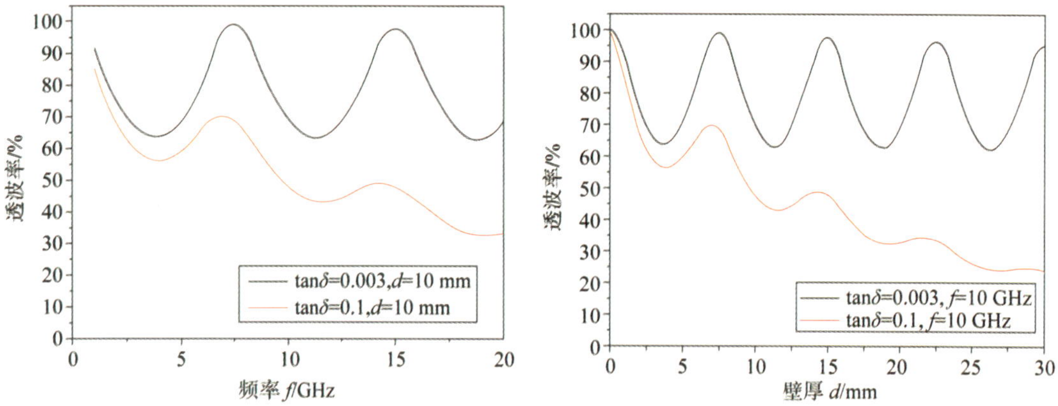

图5－2　介电损耗对透波率的影响

0°入射，材料介电常数均为4

温度的升高通常会引起材料介电性能的变化，介电性能的变化是决定天线罩（窗）高温透波性能的关键因素。由天线罩半波壁厚公式 $d=\lambda/2\ (\varepsilon-\sin^2\theta)^{1/2}$，材料介电常数的变化将直接导致半波壁厚的变化，引起透波构件电厚度失配。以10 GHz1阶半波壁天线罩为例，若采用介电常数4.0的透波材料，当介电常数变化0.2时，等效于壁厚变化0.2 mm，可使天线罩中心工作频率偏离约200 MHz，引起透波率下降及天线罩插入相位延迟（IPD）变化，直接影响天线罩瞄准误差及误差斜率。图5－3反映了介电常数微小变化对透波率的影响。在壁厚保持 2 阶半波长的条件下，假设由于温度变化引起材料介电常数变化±10%，当介电常数为 2 时，平板天线窗透波率下降很小，在 2%以内；当介电常数为 6，透波率下降幅度达到 9.1%；当介电常数为 12 时，透波率下降幅度达到了 25%。因此，介电常数的变化，特别是当材料介电常数较大时，对透波构件透波率也有重要影响，一般情况下要求材料介电常数在使用温频范围内变化率小于 7%。

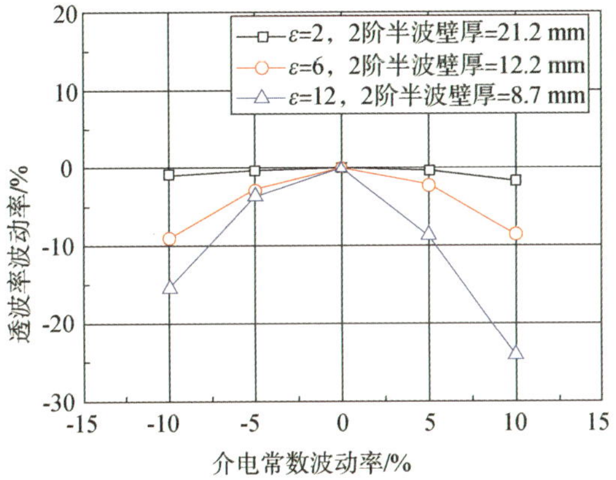

图 5 - 3　10 GHz/2 阶壁厚时介电常数微小变化和透波率的关系

计算过程不考虑介电损耗的影响，即假设介电损耗都为 0.003

可见，对于热透波选材，不仅要强调介电常数和损耗的重要性，而且要充分重视材料介电性能在工作温度和频率范围内的稳定性。

(2) 力学性能和抗热震性

天线罩（窗）不仅是保障气动热环境下电磁信号正常传输的功能部件，同时也是整个飞行器承力结构的一部分。材料力学性能和抗热震性是决定天线罩（窗）在飞行热力载荷下结构完整性与可靠性的主要因素。飞行器飞行过程中，天线罩（窗）上的载荷包含 3 类：一是气动力和气动力矩；二是高速高机动飞行引起的惯性载荷；三是温度梯度引起的材料内部热应力。天线罩结构设计和天线罩电气设计同样重要，且相互制约。天线罩采用半波壁厚设计时，如果材料力学性能偏低，则天线罩壁厚被迫增加；而壁厚每增加一阶，透波率会下降，瞄准误差也会增大。当天线罩采用薄壁结构设计时，天线罩壁厚远小于半波壁厚，材料力学性能对天线罩结构可靠性的影响更大。因此，材料力学性能和抗热震性是热透波材料选材需要考虑的关键因素之一。

描述材料力学性能的参量较多，不同材料具有不同的力学特性，应根据材料类别确定材料力学性能考查重点。

对于陶瓷类热透波材料，力学性能的考查重点是模量、强度以及与热环境相关的抗热震性。材料弹性模量本质上是原子间结合力的宏观反映，是材料的本征力学性能，工程应用上直接影响构件的刚度。材料强度方面，选用高强度透波材料，可降低天线罩（窗）壁厚阶数，有利于透波性能；选用低强度透波材料，为保障天线罩（窗）结构可靠性，其厚度被迫增加，将显著影响到构件透波性能。

抗热震性是高速飞行器陶瓷天线罩遇到的一个更为突出的问题。高速飞行带来的气动加热使得罩壁表面温度急剧上升，罩体内部出现很大的温度梯度，由此产生很大的热应力，其量值远大于气动应力，常引起天线罩的灾难性破坏。美国通用动力公司在经历过此类失败后，将研究重点从材料的室温和高温静强度转移到材料的抗热震性上。材料抗热震性是材料力学性能和热学性能的综合表现，取决于材料的热响应特性、热应力和强度3方面。材料热响应特性与材料热导率、比热容和辐射系数相关，在相同热环境下热响应快的材料其内部温度梯度小。在相同温度梯度条件下，材料内部热应力的大小主要取决于热膨胀系数和弹性模量，热膨胀系数和弹性模量越大，则热应力越大，反之亦然。材料的抗热震性通常采用抗热震因子（包括第一抗热震因子 R 和第二抗热震因子 R'，其中第一抗热震因子 R 也称为临界破坏温差 ΔT_c）来描述

$$R=\Delta T_c=\frac{\sigma_f(1-\gamma)}{E\alpha} \tag{5-1}$$

$$R'=\frac{\sigma_f k(1-\gamma)}{E\alpha} \tag{5-2}$$

式中 σ_f——材料断裂强度；

E——弹性模量；

γ——泊松比；

k——热导率；

α——热膨胀系数。

对于复合材料选材，力学性能的考查重点是强度、模量及各方向力学性能的平衡。由于采用连续纤维增强，材料使用可靠性大幅提高，与陶瓷材料相比，抗热震性的问题不再突出。选材的重点往往放在选择合适的增强纤维及其织物结构，并通过织物结构参数设计来平衡与优化各方向力学性能。

（3）防隔热性能与耐热性能

透波材料防隔热性能是天线罩（窗）气动热环境下使用可靠性的重要保障。热透波材料选材时，在防隔热性能方面应关注3方面的问题：一是材料耐烧蚀性能；二是材料隔热性能；三是在高温长时使用环境下材料物态物相的稳定性。

耐烧蚀性能是热透波材料选材时最受关注的一项性能，其原因在于耐烧蚀性能直接决定了天线罩（窗）在使用热环境下表面烧蚀量和烧蚀形貌，引起罩（窗）电厚度的变化，对罩（窗）热透波性能有直接影响。例如，对于10 GHz频率3阶半波壁厚（$\varepsilon=4$）天线罩，天线罩表面2 mm烧蚀量即可引起约970 MHz中心频率偏移，而天线允许带宽通常只有150 MHz左右。可见，烧蚀对天线罩透波性能影响很大，如果再考虑不均匀烧蚀对材料介电性能参数的影响，问题将更为复杂。除影响电厚度外，罩（窗）表面的烧蚀还直接关系到飞行器的气动外形，对飞行控制及制导精度甚至安全性都有重要影响。

天线罩（窗）背温通常要求不超过350 K，否则将影响天线及其他元器件的使用安全，因此，热透波材料必须具有良好的隔热性能。透波材料隔热性能较差时，需要增加透

波构件厚度或添加隔热层，影响天线罩（窗）透波性能。

新型高超声速飞行器高温服役时间长，甚至重复使用，材料性能可能退化，因此，材料物态物相的稳定性即材料耐高温性，也应视为材料防热性能的一个重要方面。二氧化硅复合材料熔点在 1 973 K 以上，且熔融粘度高，耐烧蚀性能优异，短时使用温度可达 2 773 K 以上，但材料在 1 473 K 以上发生析晶等物相转变，导致强度大幅下降，因此，长时使用温度只能在 1 473 K 以下。氮化硅陶瓷 2 100 K 以上才会发生明显的烧蚀现象，但在 1 700 K 以下其内部晶界相即发生软化，强度迅速下降，同时伴随氧化等现象，导致材料实际使用温度上限明显低于分解温度。

热透波材料研究已有 50 年以上历史，并发展出多个热透波材料品种，每种材料都有自己的性能优势，同时也存在性能不足，迄今为止还没有一种材料同时具备理想的热、力、电各项性能。例如，氮化硅陶瓷力学性能优于石英陶瓷，致密材料的实际强度比石英陶瓷高出一个数量级，但是氮化硅介电常数显著高于石英陶瓷，高温环境下介电常数及损耗变化幅度也显著高于石英陶瓷，和石英陶瓷相比氮化硅陶瓷的介电性能显然是性能弱项。

即使对于同一种热透波材料，从材料设计和工艺实现上来看，材料的热、力、电等关键性能之间，也往往存在相互制约的矛盾，其中最为突出的是力学性能和介电性能之间的矛盾。如对于氮化物材料，由于介电常数偏高，不利于天线罩（窗）电气设计，可通过提高材料气孔率来降低介电常数，但同时强度随气孔率增加呈指数关系大幅下降。致密氮化硅陶瓷弯曲强度超过 1 000 MPa，当气孔率达到 50%时，强度降至 100 MPa 左右，下降了一个数量级。

因此，需要在充分了解各种材料各项性能的基础上，从实际应用需求出发，合理取舍，平衡折衷，在保证主要性能的同时，兼顾次要性能。必要时，还可通过透波构件的合理设计补偿材料性能的不足。

5.2.2　热透波材料一般设计方法

热透波材料的设计主要解决两方面问题。一是分析预测综合性能更优异的新型透波材料体系，二是优化现有透波材料综合性能。对于材料本征性能特别是对力学、介电性能的分析与预测，第一原理和分子动力学是非常有应用前景的重要工具。对于材料某个单项性能（如力学性能）的理论分析，由于涉及微观、介观和宏观等多层次问题，是一个多尺度的分析过程。而材料宏观综合性能的优化设计，由于涉及多项性能，而每项性能又受到多个控制参量支配，是一个多目标、多参量的优化过程。热透波材料设计涉及材料对象和目标性能都较多，无法一一论述，本章以重点热透波材料的若干重点问题为例，介绍了热透波材料设计的一般方法。以致密陶瓷材料为对象，论述第一原理及分子动力学在新型透波材料体系设计与性能预测方面的应用；以多孔陶瓷材料为对象，论述多目标优化在透波材料综合性能优化设计方面的应用；以陶瓷基复合材料为对象，论述多尺度分析在材料力学性能优化方面的应用。

5.2.2.1　第一原理及分子动力学应用

热透波材料本征性能的分析以第一原理和分子动力学模拟为理论基础。通过第一原理密度泛函计算，建立材料的晶体结构模型，获得平衡条件下材料的晶体结构，包括晶格常数、内部原子坐标、空间群、化学键信息等；通过电子能带结构计算，考虑基态电子跃迁选择定则，获得材料的本征介电性能基础数据。通过对平衡态晶体结构单胞施加一系列的拉伸、剪切应变，获得材料弹性系数等本征力学性能参量；利用材料的对称性，选取合适的应变模式，计算得到材料的体模量、剪切模量、杨氏模量和泊松比等本征力学性能。

选取 Y—Si—O—N 四元体系中的 5 种典型透波材料为例，重点介绍第一原理和分子动力学在透波材料新体系设计与性能预测中的典型应用（限于篇幅，第一原理和分子动力学具体分析方法和计算过程不再赘述，读者可参考相关专业书籍和论文[1-4]）。利用第一原理，可对 Y—Si—O—N 体系构成的几种典型氧化物、氮化物和氮氧化物平衡相晶体进行结构建模（如图 5-4），其中包括二元、三元 Y—Si—O 化合物（SiO_2、$Y_2Si_2O_7$ 多形相），二元氮化物（Si_3N_4）和三元氮氧化物（Si_2N_2O）。获得的平衡条件下各种材料的平衡晶体结构（包括晶格常数、内部原子坐标、空间群、化学键键长等）如表 5-1 所示。在晶体结构分析的基础上，计算上述材料体系的本征力学性能和介电性能，在综合对比分析的基础上优选有应用前景的新型热透波材料。

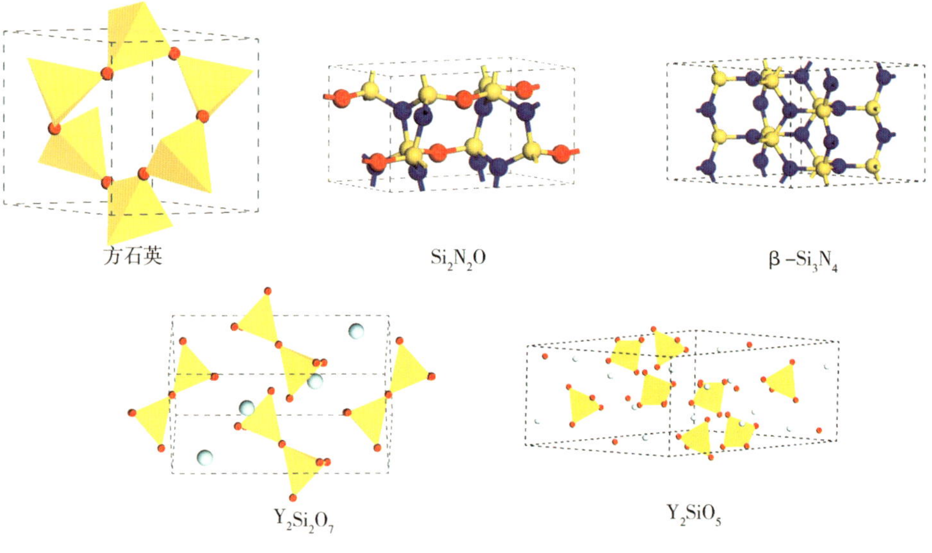

图 5-4　Y—Si—O—N 体系主要晶体结构模型

表 5-1　Y—Si—O—N 体系典型平衡相结构参数理论计算结果

	空间群	a/Å	b/Å	c/Å	密度/（g/cm³）
SiO_2	$P2_1/6$	4.865	—	5.351	2.73
$\gamma-Y_2Si_2O_7$	$P2_1/c$	4.634	10.699	5.501	4.24
Y_2SiO_5	$B2/b$	14.266	10.236	6.600	4.66
$\beta-Si_3N_4$	$P6_3/m$	7.516	—	2.87	3.31
Si_2N_2O	$Cmc2_1$	8.789	5.450	4.801	2.89

（1）本征力学性能预测

通过对平衡态单胞施加一系列的应变（如图 5-5 为施加剪切应变后的 $Y_2Si_2O_7$ 晶胞），运用第一原理密度泛函计算，获得单胞在不同应变下的应力值。由于施加的应变值在较小范围，材料的形变保持弹性形变规律，因此通过线性拟合计算出的应力—应变关系，[如式(5-3)所示，为用于计算 2 阶弹性系数的应力-应变关系]，可以获得相应的弹性系数。

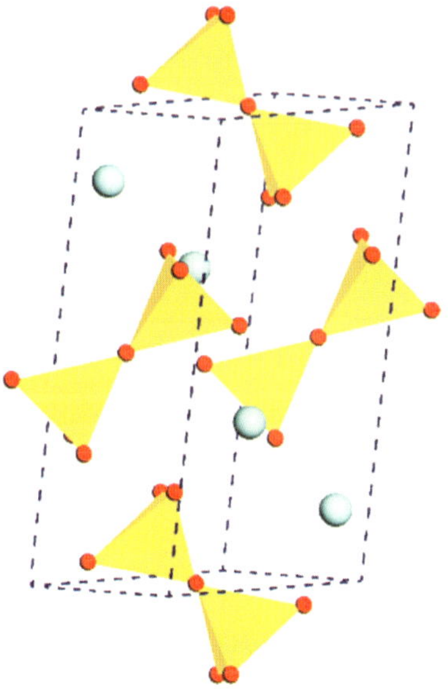

图 5-5　施加剪切应变后的 $Y_2Si_2O_7$ 晶胞

$$\begin{Bmatrix} \sigma_{11} \\ \sigma_{22} \\ \sigma_{33} \\ \sigma_{23} \\ \sigma_{13} \\ \sigma_{12} \end{Bmatrix} = \begin{bmatrix} c_{11} & c_{12} & c_{13} & c_{14} & c_{15} & c_{16} \\ c_{12} & c_{22} & c_{23} & c_{24} & c_{25} & c_{26} \\ c_{13} & c_{23} & c_{33} & c_{34} & c_{35} & c_{36} \\ c_{14} & c_{24} & c_{34} & c_{44} & c_{45} & c_{46} \\ c_{15} & c_{25} & c_{35} & c_{45} & c_{55} & c_{56} \\ c_{16} & c_{26} & c_{36} & c_{46} & c_{56} & c_{66} \end{bmatrix} \begin{Bmatrix} \varepsilon_{11} \\ \varepsilon_{22} \\ \varepsilon_{33} \\ \gamma_{23} \\ \gamma_{13} \\ \gamma_{12} \end{Bmatrix} \tag{5-3}$$

充分考虑材料的对称性，如果合适地选取应变模式，可以将所有的独立 2 阶弹性系数计算出来。2 阶弹性系数矩阵的伴随矩阵元可以用来计算材料的多晶体模量和剪切模量、各向异性杨氏模量和泊松比等。Y－Si－O－N 体系平衡相的晶体的力学性能（包括 2 阶弹性常数、体模量、剪切模量、杨氏模量和泊松比等）计算结果如图 5-6 所示。

$$\begin{pmatrix} 91 & 2 & 10 & 0 & -11 & 0 \\ 2 & 91 & 10 & 0 & 11 & 0 \\ 10 & 10 & 94 & 0 & 0 & 0 \\ 0 & 0 & 0 & 60 & 0 & 11 \\ -11 & 11 & 0 & 0 & 60 & 0 \\ 0 & 0 & 0 & 11 & 0 & 46 \end{pmatrix} \qquad \begin{pmatrix} 435 & 193 & 115 & 0 & 0 & 0 \\ 193 & 435 & 57 & 0 & 0 & 0 \\ 63 & 57 & 568 & 0 & 0 & 0 \\ 0 & 0 & 0 & 104 & 0 & 0 \\ 0 & 0 & 0 & 0 & 104 & 0 \\ 0 & 0 & 0 & 0 & 0 & 121 \end{pmatrix}$$

SiO_2　　　　**$\beta-Si_3N_4$**

$$\begin{pmatrix} 303 & 119 & 131 & 0 & -24 & 0 \\ 119 & 207 & 109 & 0 & 42 & 0 \\ 131 & 109 & 203 & 0 & -9 & 0 \\ 0 & 0 & 0 & 72 & 0 & 31 \\ -24 & 42 & -9 & 0 & 105 & 0 \\ 0 & 0 & 0 & 31 & 0 & 72 \end{pmatrix} \qquad \begin{pmatrix} 336 & 99 & 63 & 0 & 0 & 0 \\ 99 & 264 & 57 & 0 & 0 & 0 \\ 63 & 57 & 336 & 0 & 0 & 0 \\ 0 & 0 & 0 & 142 & 0 & 2 \\ 0 & 0 & 0 & 0 & 61 & 0 \\ 0 & 0 & 0 & 2 & 0 & 78 \end{pmatrix}$$

$\gamma-Y_2Si_2O_7$　　　　**Si_2N_2O**

$$\begin{pmatrix} 226 & 88 & 59 & 0 & 6 & 0 \\ 88 & 201 & 27 & 0 & -0.4 & 0 \\ 59 & 27 & 156 & 0 & -0.2 & 0 \\ 0 & 0 & 0 & 44 & 0 & 11 \\ 6 & -0.4 & -0.2 & 0 & 67 & 0 \\ 0 & 0 & 0 & 11 & 0 & 63 \end{pmatrix}$$

Y_2SiO_5

图 5-6　Y－Si－O－N 体系材料 2 阶弹性系数张量

（2）本征介电性能预测

通过电子能带结构计算，考虑基态电子跃迁选择定则，可计算得到 Y－Si－O－N 体系平衡相晶体的光频介电函数谱图（如图 5-7 所示）。据此计算得到的参数值如表 5-2 所示。

（3）新型热透波材料成分设计

在本征性能计算的基础上，可进一步分析新体系不同组元引入对本征性能的影响规律，据此为新型透波材料研究指明方向。以 Y－Si－O－N 体系为例，典型透波材料 SiO_2 作为基准，当 Y 元素引入时，将形成多种三元 Y－Si－O 化合物，其力学性能显著高于 SiO_2，但介电常数同时有所增大；当引入 N 元素且随着 N 的比例增加，孤立的 $Si(O/N)_4$ 四面体趋向于形成共角的三维空间网络，使材料力学性能明显上升，但决定材料介电性能的电子跃迁激发态也发生变化，导致介电常数上升。因此，进行该体系材料成分设计

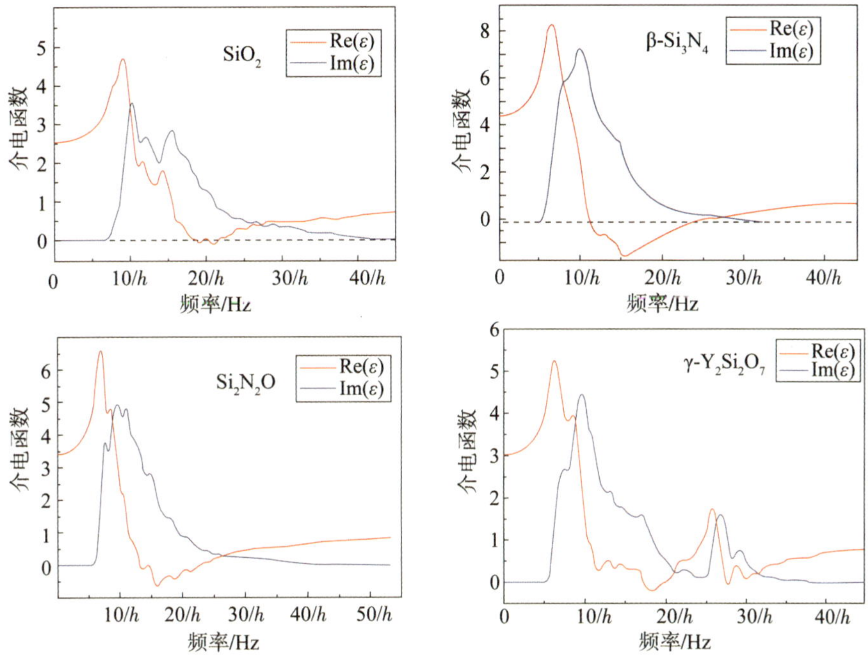

图 5-7　Y—Si—O—N 体系材料介电函数谱

横坐标中 h 为普朗克常数，$h=4.1357\times10^{-15}$ eV · s

表 5-2　第一原理计算的 Y—Si—O—N 材料常温体模量、介电常数和密度

	体模量/GPa	介电常数	密度/（g/cm^3）
SiO_2	35	2.5	2.73
γ-$Y_2Si_2O_7$	152	3.0	4.24
Y_2SiO_5	96	3.1	4.66
β-Si_3N_4	254	4.3	3.31
Si_2N_2O	150	3.4	2.89

时，Y 和 N 组分的引入量应根据应用需求在力学和介电性能之间进行平衡（如图 5-8 所示）。对于烧蚀热透波材料设计，一般采用窄频带设计，材料介电常数可以适当偏高，成分设计可以侧重于材料的力学和烧蚀性能；对于高温宽频透波材料设计，材料的宽频特性与其介电常数的大小密切相关，其成分设计必须同时兼顾力学性能和介电性能。

对 Y—Si—O—N 体系 11 种材料的弹性系数分析计算结果表明，$Y_2Si_2O_7$ 剪切变形的阻力较小，理论上材料具有高损伤容限。理论计算获得的 $Y_2Si_2O_7$ 应力—应变关系如图 5-9 所示，材料中 Y—O 键弱，容易发生形变，而 Si—O 键强，基本属于刚性转动。在外力作用下，相对较弱的 YO_6 八面体容忍剪切变形，而 Si_2O_7 结构单元抵抗形变，形成沿 <100> (010)的剪切滑移（图 5-10 是实际观察的结果）。这种原子尺度的剪切变形容忍度使 $Y_2Si_2O_7$ 具有可加工性，实验制备的 $Y_2Si_2O_7$ 材料（参见图 5-11 和表 5-3）验证结果与理论预测一致。

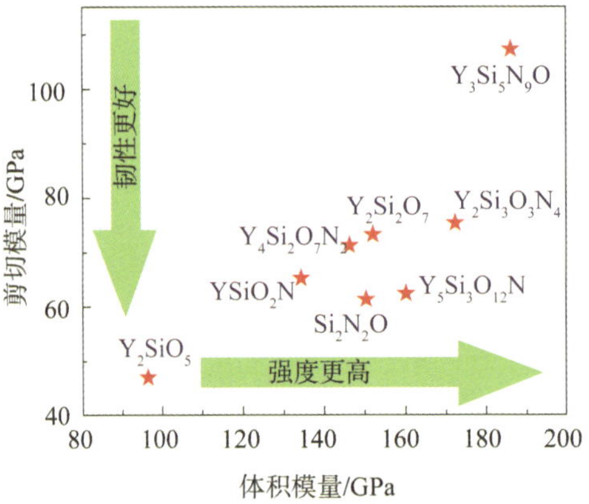

图 5-8　Y—Si—O—N 体系陶瓷力学性能与成分关系

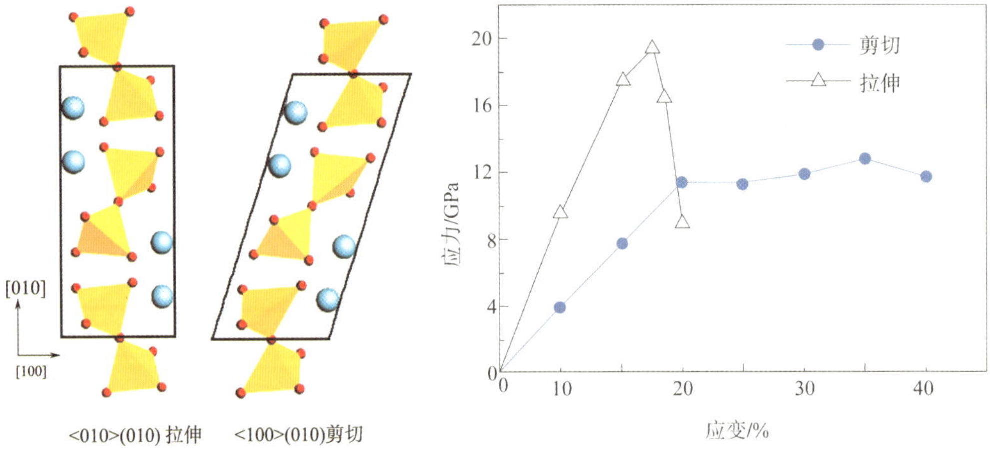

图 5-9　γ—$Y_2Si_2O_7$ 的剪切变形机制和理想应力—应变关系[1]

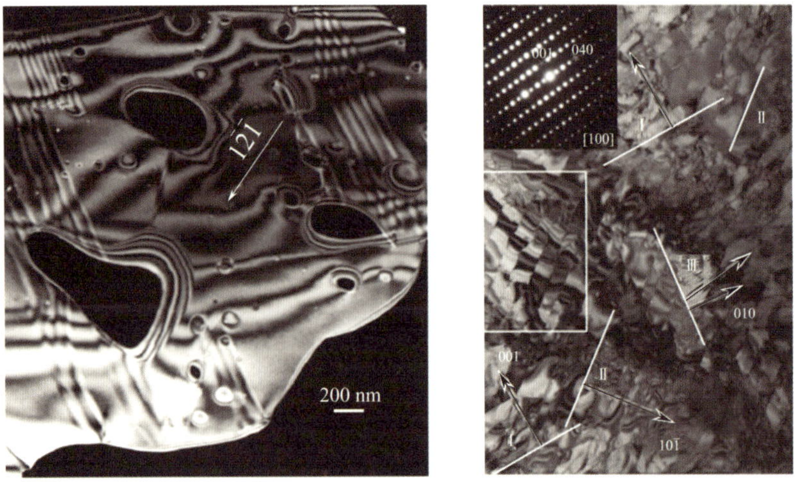

图 5-10　γ—$Y_2Si_2O_7$ （010） 面平行层错

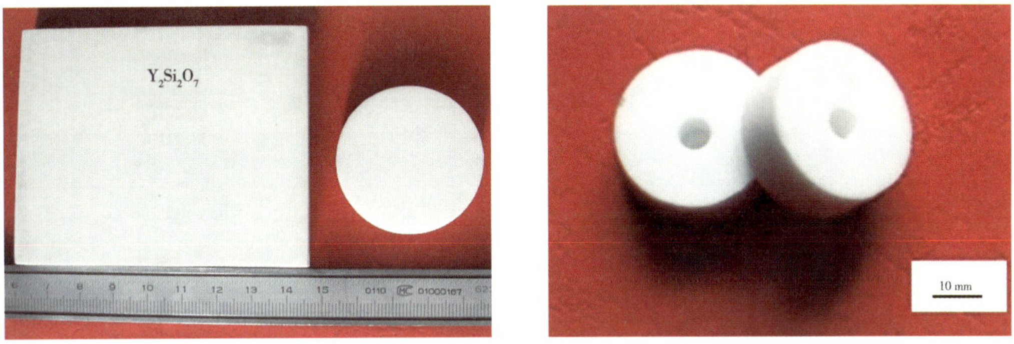

图 5－11　$\gamma-Y_2Si_2O_7$ 陶瓷材料样品

表 5－3　$\gamma-Y_2Si_2O_7$ 陶瓷材料力学性能

参数	弹性模量/GPa	剪切模量/GPa	泊松比	体积模量/GPa	弯曲强度/MPa	压缩强度/MPa	断裂韧性/($MPa \cdot m^{1/2}$)	硬度/GPa
参数值	155±3	61	0.27	112	135±4	650±20	2.12±0.05	6.2±0.1

综合比较 Y—Si—O—N 体系材料弹性系数及介电常数，Si_2N_2O 材料具有相对较高的强度和较低的介电常数，理论上是一种综合性能良好的新型热透波材料。Si_2N_2O 可视为由 Si—N 片层被 Si—O—Si 桥连接，其中 Si—O—Si 桥对力学性能具有决定作用（图 5－12）。通过化学键的力常数值比较，发现 Si—O—Si 桥剪切（弯曲）形变强度低，而压缩（伸长）形变强度非常高。当发生剪切变形时，Si—O—Si 桥发生刚性倾斜，其连接的 Si—N 片层做剪切滑动所需要的应变能较小，形变的阻力也较小，据此推测出 Si_2N_2O 可能具有较好的韧性，如图 5－12（b）所示材料断口上的典型层状结构，表明其具有较好的断裂韧性。

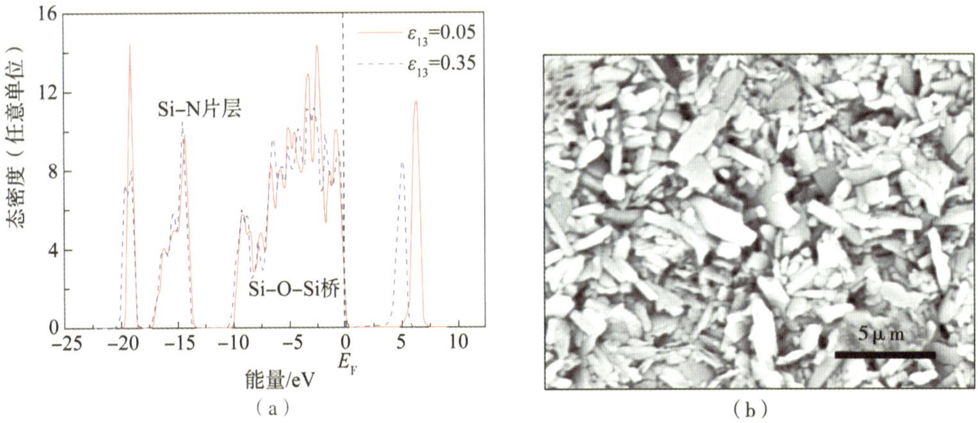

（a）　（b）

图 5－12　Si_2N_2O 电子态密度变化图（a）和 Si_2N_2O 陶瓷断口形貌（b）

实测数据表明，Si_2N_2O 致密陶瓷材料的强度和断裂韧性分别是 SiO_2 材料的 10 倍和 4 倍左右（见表 5－4），并具有较好的介电性能（见图 5－13）。

表 5－4　Si_2N_2O 陶瓷材料力学性能测试结果

试样	相对密度/%	弯曲强度/MPa	断裂韧性/（$MPa\cdot m^{1/2}$）	弹性模量/GPa	剪切模量/GPa	硬度/GPa
1	90.7	162	1.8±0.1	192	85	9.5±0.4
2	99.6	513	3.3±0.3	289	100	17.1±0.4

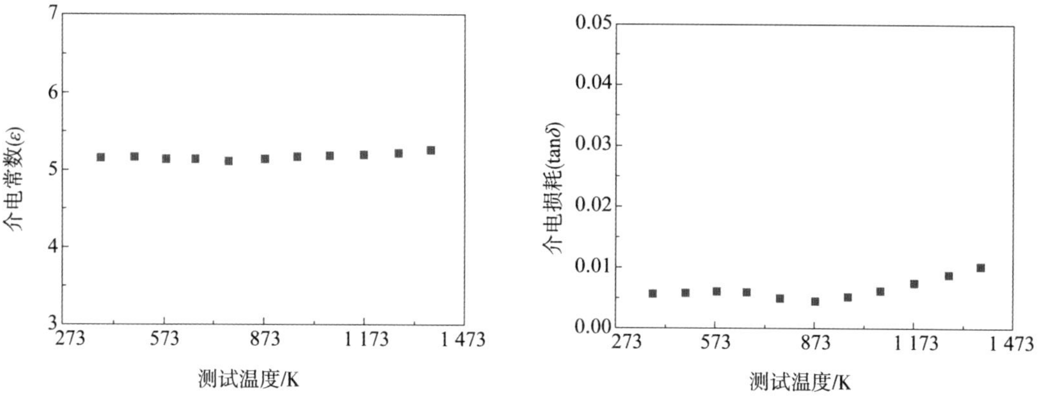

图 5－13　Si_2N_2O 陶瓷材料介电性能测试结果

5.2.2.2　多尺度分析在热透波材料设计中的应用

对于实际工程应用材料而言，材料性能往往是材料微观结构、介观结构和宏观结构等多个层次的因素共同决定的，材料宏观性能和本征性能之间存在较大差异。表 5－5 为石英纤维增强 SiO_2 复合材料拉伸强度。两组试样织物结构及参数相同，材料平均密度也基本相同，材料强度的显著差异来源于工艺不同引起的材料密度均匀性、界面结合状态等多个尺度结构上的差异性。表 5－6 反映了织物结构对石英纤维增强 SiO_2 复合材料力学性能的影响，两种材料制备工艺相同，只是织物结构上有差异。由表可知，3 D 结构复合材料经、纬两方向力学性能大致相当，而 2.5 D 结构复合材料经向拉伸强度显著高于纬向强度，说明毫米尺度的结构特征对复合材料力学性能也有重要影响。因此，仅原子尺度的本征性能分析计算还不足以准确分析评价工程用热透波材料的实际性能，有必要开展原子尺度、微纳尺度和毫米尺度的多尺度分析，以全面准确的揭示材料结构及制备工艺对其性能的影响规律，并据此指导材料制备工艺改进方向，优化材料性能。

表 5－5　石英纤维增强 SiO_2 复合材料拉伸强度

	复合工艺Ⅰ	复合工艺Ⅱ
拉伸强度/MPa	65	28

表 5－6　织物结构对石英纤维增强 SiO_2 复合材料力学性能的影响

织物结构	经向拉伸强度/MPa	纬向拉伸强度/MPa
2.5D	90～110	50～70
3D	100～120	80～100

在透波陶瓷及陶瓷基复合材料的诸多性能中，力学性能的多尺度特性表现得最为突出。下面以 SiO_2 复合材料为例，介绍材料结构、微结构多尺度建模和分析方法。图 5－14 为热透波材料多尺度分析计算方法的一般流程。通过第一原理和分子动力学等工具，计算石英纤维和基体之间的界面结合能，据此预测材料界面结合强度。通过有限元建立复合材料界面模型，分析界面失效模式及界面结合强度对材料应力-应变曲线的影响规律。通过有限元建立复合材料织物结构模型，分析织物结构及参数对材料力学性能的影响规律。

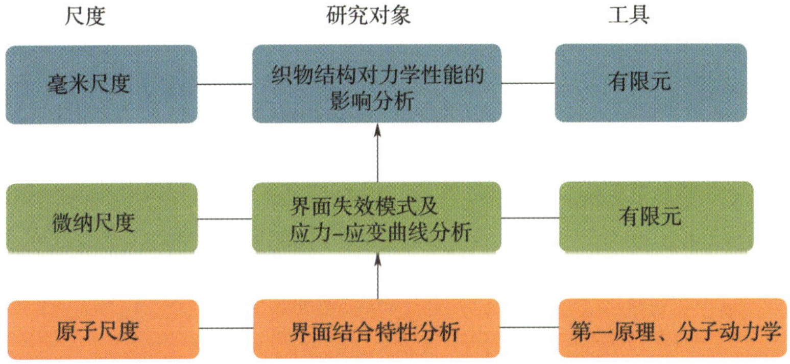

图 5－14　SiO_2 复合材料力学性能多尺度分析示意流程

（1）原子尺度建模分析

陶瓷基复合材料的界面是决定力学性能的关键因素之一，复合材料的界面能否有效地传递载荷和阻止裂纹扩展，与界面化学结合和物理结合的程度关系密切。为了获得理想的强韧化结果，要求复合材料具有适当的界面结合强度，在有效传递载荷的同时，可以实现界面处的裂纹偏转，以发挥纤维的桥联作用和拔出作用，避免复合材料发生与陶瓷材料类似的脆性破坏。利用分子动力学建立的 SiO_2 复合材料界面微观结构模型如图 5－15 所示，采用自恰方法解薛定谔方程处理电子之间的相互作用，应用超软赝势进行密度泛函计算，采用局域密度近似方法处理交换关联能，可以获得 SiO_2－SiO_2 和 SiO_2－BN（六方相）的界面结合能，并进一步计算出界面结合力。

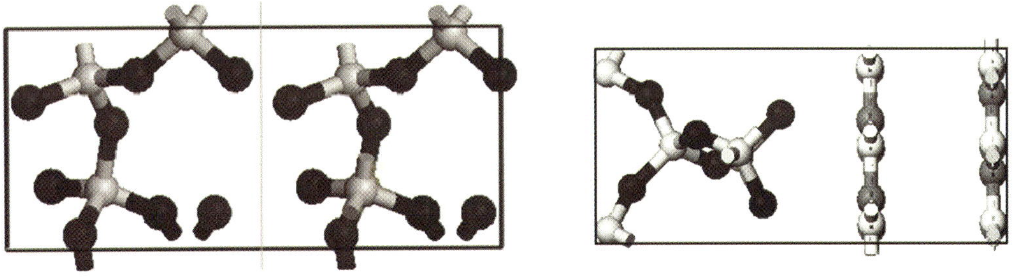

（a）SiO_2-SiO_2　　（b）SiO_2-BN（六方）

图 5－15　界面模型

计算结果如图 5－16 和图 5－17 所示，SiO_2－BN 的界面结合能明显弱于 SiO_2－SiO_2，因此在复合材料界面设计时可以引入六方 BN 界面，可调整复合材料的界面结合强度，优化力学性能。

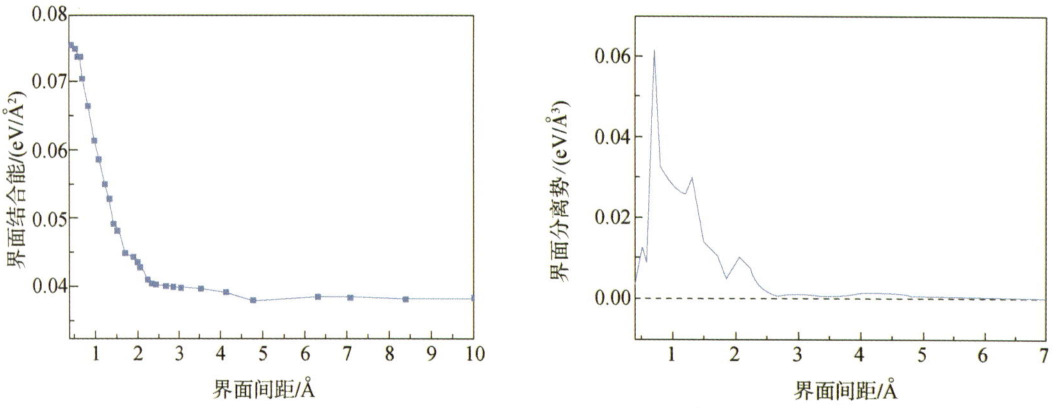

图 5－16　SiO_2－SiO_2 界面分离时界面结合能和界面分离势变化

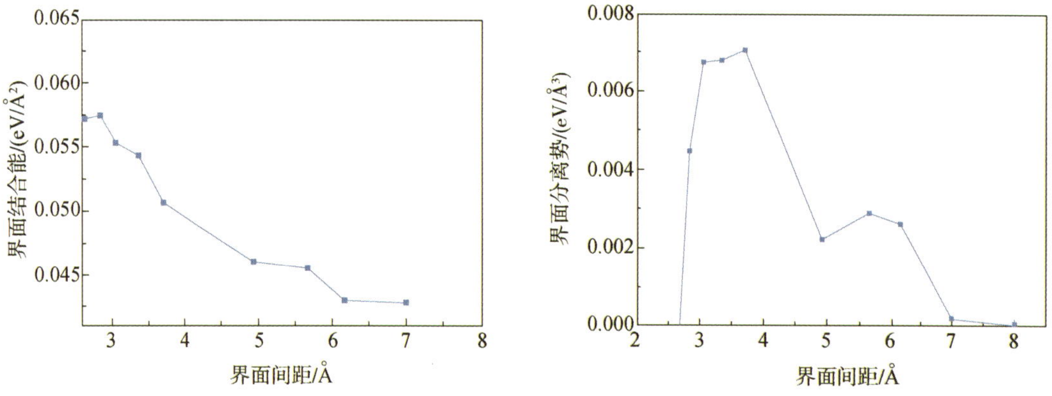

图 5－17　SiO_2－BN（六方）界面结合能和界面分离势随界面间距的变化

（2）微纳尺度建模分析

在微纳尺度上，利用有限元工具建立单纤维界面模型，如图 5－18 所示[6-7]。采用四节点平面应力单元模拟基体和纤维，通过纤维和基体重复节点的耦合来模拟界面粘结，裂纹的扩展采用节点力释放技术模拟。纤维两侧基体上的节点采用弹簧单元相连接模拟。当界面处的张应力小于界面结合强度时，界面处发生弹性变形，可利用有限元的弹簧单元模拟界面处应力应变；当界面张应力大于界面结合强度时，在该处撤去弹簧单元以模拟界面脱粘过程。利用微观尺度分析给出的界面结合强度，利用该模型，可模拟分析材料失效破坏过程，获得界面结合强度对材料应力-应变行为的影响规律。

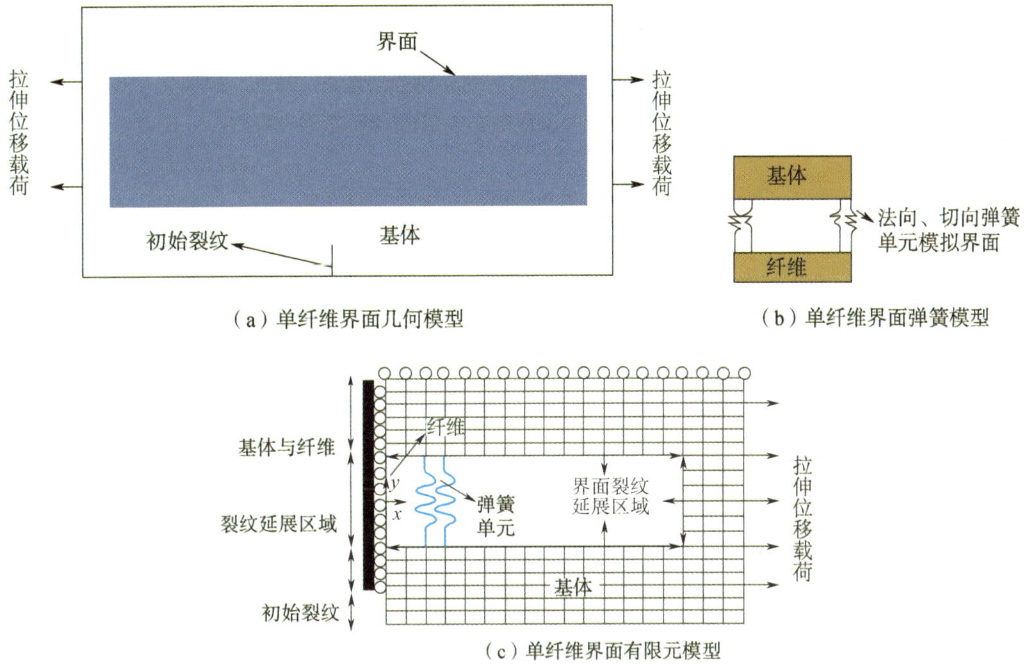

图 5-18　单纤维界面模型

分析结果如图 5-19 所示。材料在拉伸载荷作用下，裂纹有两种扩展方式。当界面结合较强时，裂纹扩展到纤维后，裂纹无法偏转，在纤维处产生应力集中，导致材料呈现脆性断裂特征，如图 5-19（a）中的曲线 *C*。当界面结合适中时，裂纹发生偏转，界面脱粘，可有效发挥纤维桥联和纤维拔出的耗能机制，材料呈现非脆性断裂特征，材料强度较高，如图 5-19（a）中的曲线 *B*。但界面结合强度过低时，界面不能有效传递载荷，复合材料强度也较低。

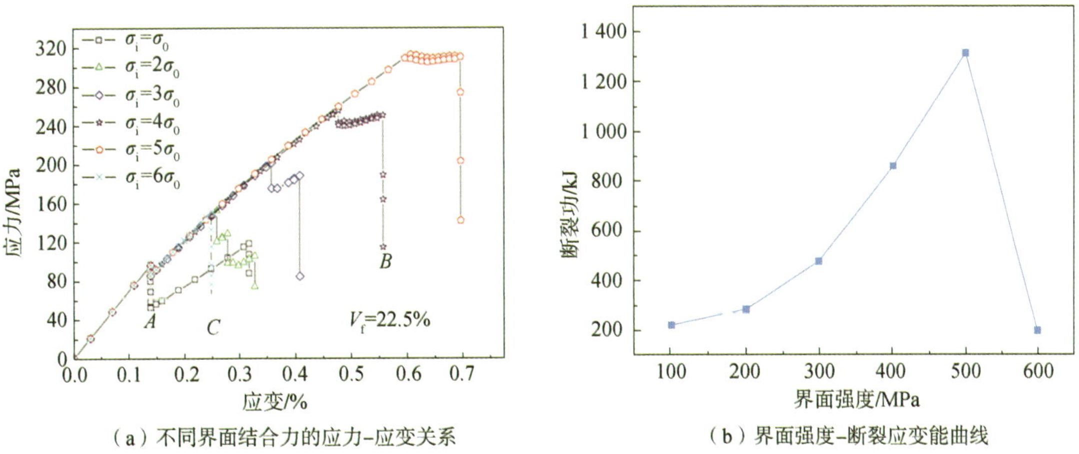

图 5-19　计算结果

从能量的角度分析，如图 5-19（b）所示，随着材料界面结合强度增大，断裂应变能先增大后减小。该结果表明，只有在界面结合力适中时，材料的断裂应变能才能达到最大值，与应力-应变强度分析结果一致。上述结果对复合材料界面设计及界面控制技术研究具有指导作用。

（3）毫米尺度建模分析

在毫米尺度，复合材料力学性能的决定因素是织物结构及织物参数。在分析织物结构及参数对复合材料力学性能的影响方面，有限元是较为有效的工具。图 5－20 为有限元建立的 2.5 D、3 D 和三维四向织物结构力学分析模型。以上述模型为基础，通过分析计算不同加载状态和织物参数情况下复合材料的弹性模量和 Von－Mises 应力分布，可获得复合材料各方向弹性模量随织物经密、纬密和倾角的变化规律，得到力学性能与织物结构参数的关系。

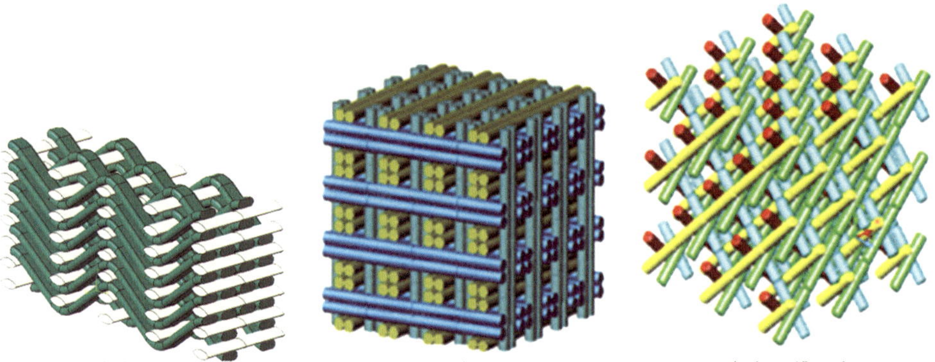

（a）2.5 D　（b）3D　（c）三维四向

图 5－20　不同增强结构宏观力学性能分析模型

2.5 D 织物结构适合回转体结构成型，是常见的透波复合材料增强织物结构之一，织物结构单元由经纱和纬纱组成，其中经纱分为直线段与弯曲勾连段两部分。层间剪切强度较低是 2.5 D 织物结构增强复合材料力学性能的主要薄弱环节。本节以优化 2.5 D 结构石英纤维增强 SiO_2 复合材料力学性能为例，介绍有限元模拟计算在透波材料宏观力学性能分析方面的应用。改进 2.5 D 力学性能途径有多种，其中较为有效的方法是在 2.5 D 织物结构基础上引入法向增强纱，如图 5－21 所示。

采用有限元软件对 2.5 D 织物结构及法向增强织物结构的单胞模型划分网格，如图 5－22和图5－23所示[8]。给定纤维及基体模量，并采用微纳尺度计算得到的界面结合强度，通过对材料各方向施加一定载荷，计算纤维及基体中的应力分布，据此获得法向纱引入对材料各方向弹性模量的影响关系。

法向纱的引入提高了材料的弹性模量，其中对拉伸模量的作用更显著（图 5－24）。相比于 2.5D 结构，引入法向纱后法向拉伸模量提高约 20％，同时沿经向和纬向的拉伸模量也略有提高。压缩模量的变化规律与拉伸模量相似。

法向纱的引入同时也降低了不同加载方式下材料中纱线的最大 Von－Mises 应力（图 5－25），变化最明显的是法向拉伸加载时经纱上的最大应力，下降幅度约为 15％。同时，

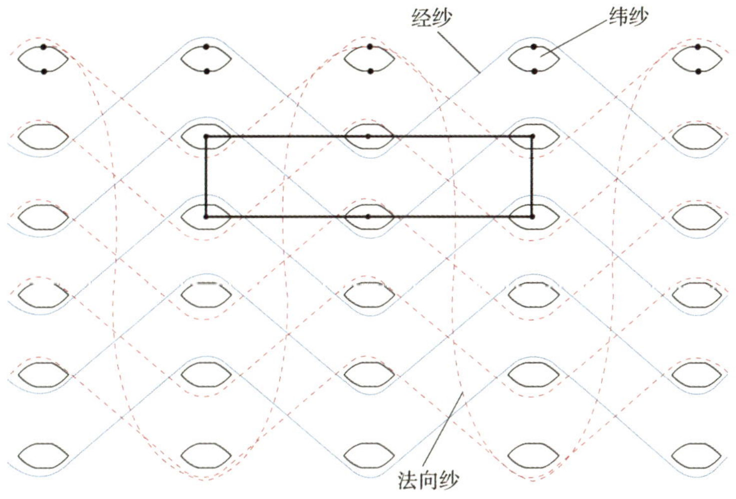

图 5-21　2.5D 结构法向纱引入示意图

经纱在经向拉伸载荷下、纬纱在纬向拉伸载荷下的最大应力水平也分别有一定幅度下降。压缩加载时，最大 Von-Mises 应力变化规律与拉伸加载时相似。

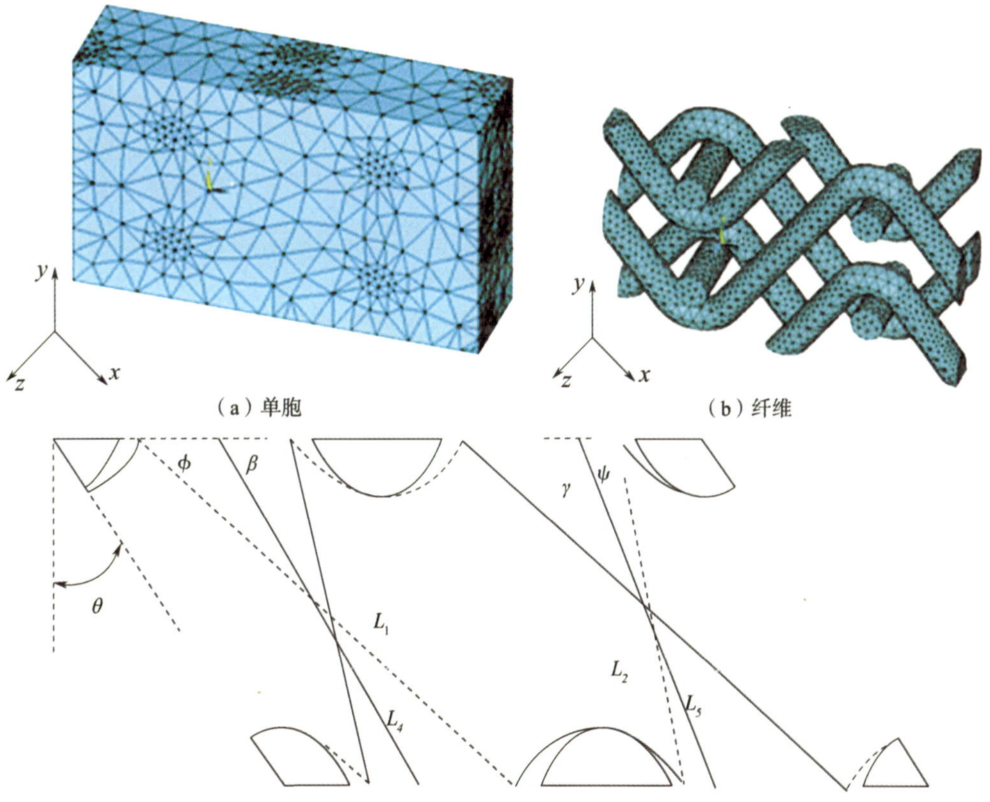

图 5-22　2.5D 织物的有限元模型

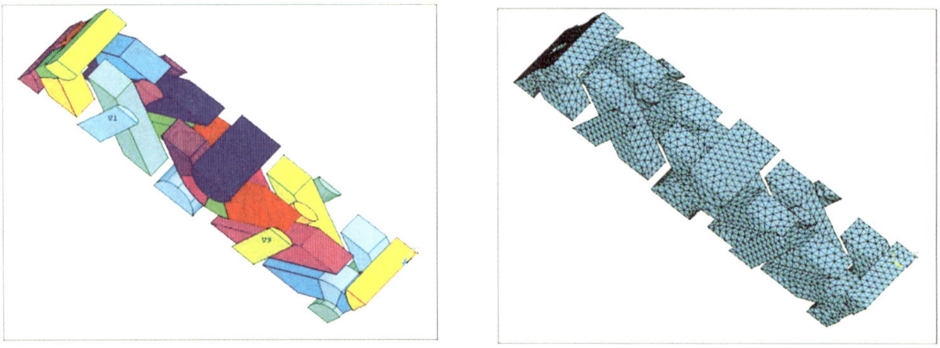

图 5-23　法向纱增强 2.5D 有限元模型及其网格划分

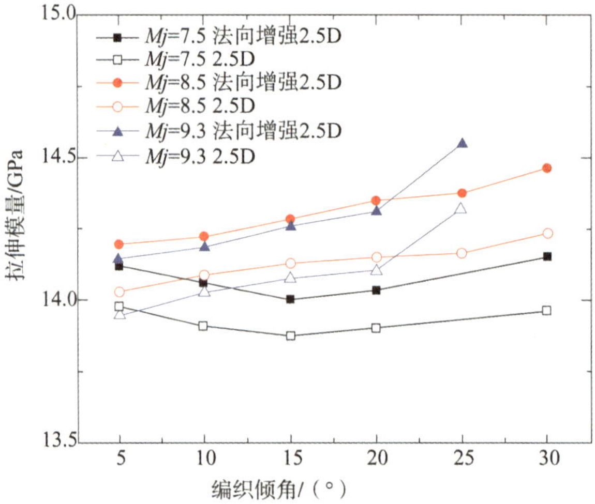

（a）经向拉伸模量

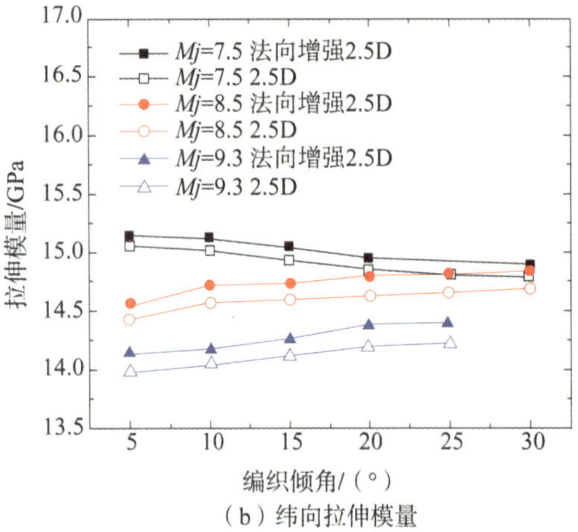

（b）纬向拉伸模量

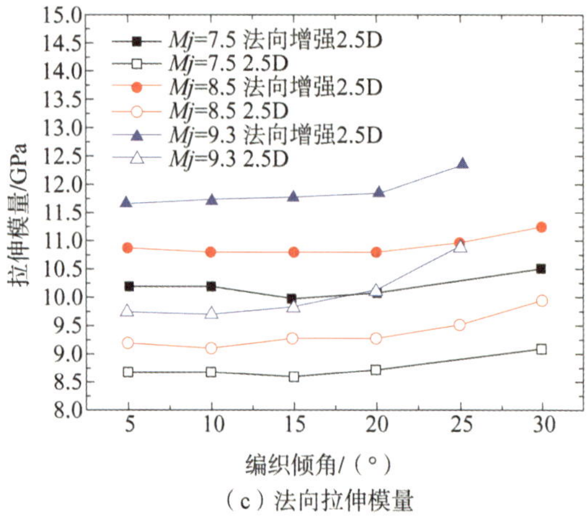

（c）法向拉伸模量

图 5-24　法向增强纱对拉伸模量的影响

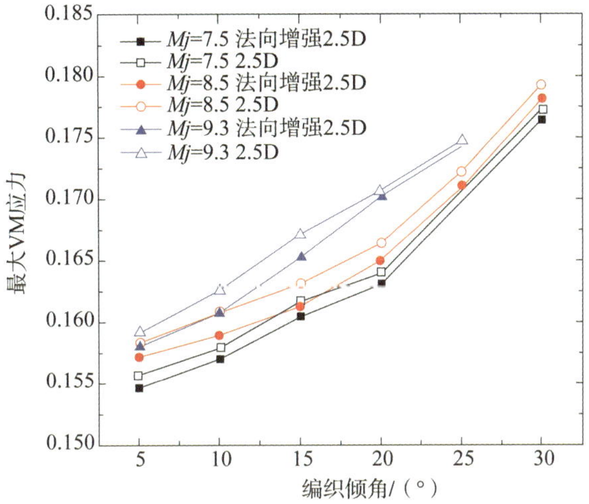

（a）经向最大VM应力

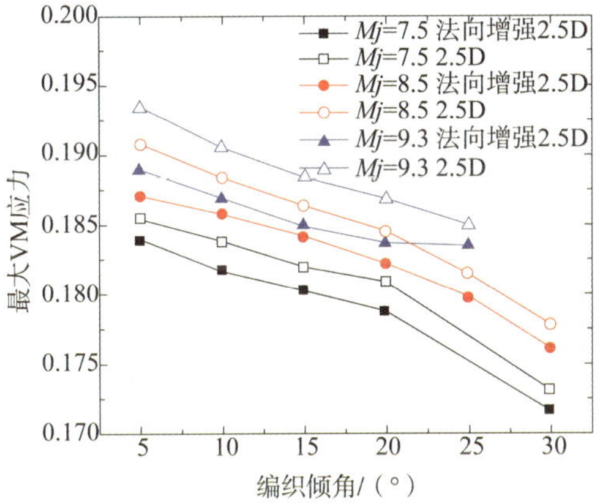

（b）纬向最大VM应力

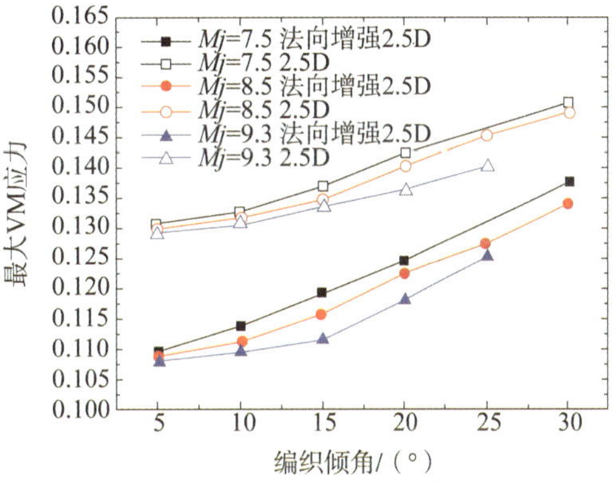

（c）法向VM应力

图 5－25　拉伸载荷时法向纱对最大 Von－Mises 应力的影响

引入法向纱后，材料整体刚度明显提高，相同加载条件下经纱和纬纱最大应力下降，因而具有更好的综合力学性能。当材料承受经向或纬向压缩载荷时，法向模量的显著提高和最大应力水平的显著下降，将有效抑制原 2.5 D 材料沿薄弱层间发生的结构失稳、破坏倾向，可显著提高材料经向和纬向压缩强度。

除了模量预测外，采用有限元工具还可以计算出材料在加载过程中的内部应力云图（图 5－26～图 5－28），可以直观地看出材料应力分布及应力集中区域。

基于原子尺度、微纳米尺度和毫米尺度的模拟分析结果，可对复合材料力学性能优化提出有价值的指导意见。通过微纳米尺度的分析，可明确合适的界面结合强度范围，结合原子尺度界面结合强度计算，可确定合适的界面层材料，并可据此优化复合材料制备工艺以保证界面结合强度在要求范围。毫米尺度的分析则可以满足实际工程应用对透波构件不同方向力学性能的差异化要求。多尺度分析计算作为一项正在发展中的技术，必将在材料设计与制备方面发挥越来越大的作用。

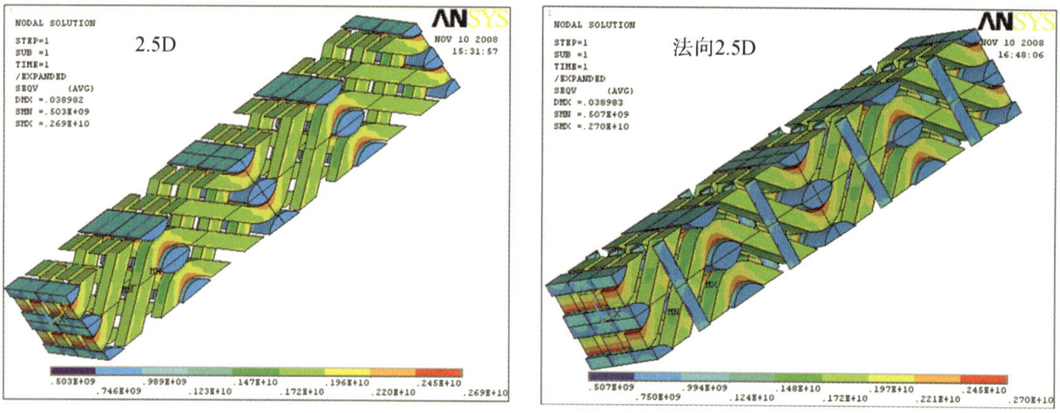

图 5-26　经向拉伸载荷时的最大 Von-Mises 应力云图

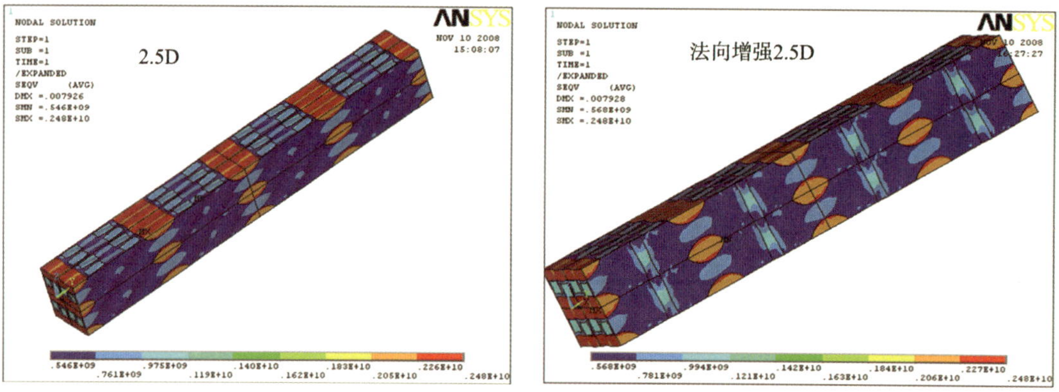

图 5-27　纬向拉伸载荷时的最大 Von-Mises 应力云图

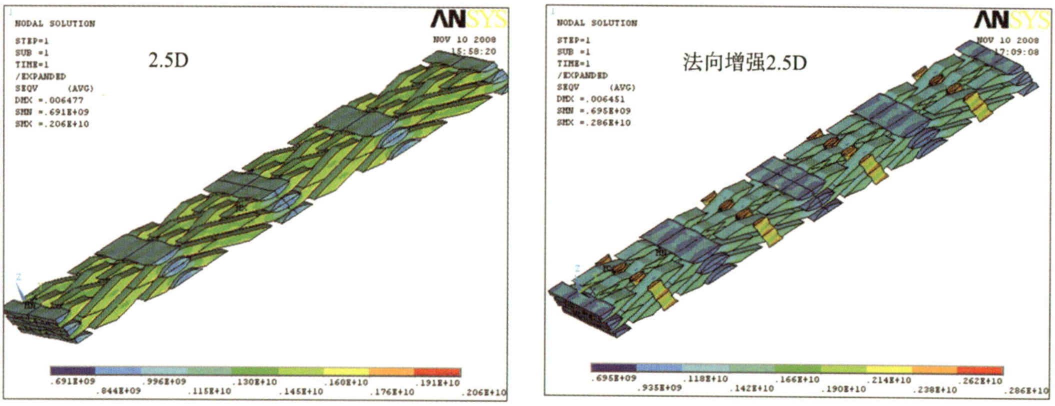

图 5-28　法向拉伸载荷时的最大 Von-Mises 应力云图

5.2.2.3　透波材料设计过程中的多目标优化

热透波材料需要兼顾热、力、电等多方面性能，各性能均存在材料成分、结构和制备工艺等层次的多个控制参量，各控制参量对上述性能的影响规律既有一致的方面，又有相互制约的方面。为了获得最优的综合性能，需要对多控制参量共存条件下的多目标性能进行优化设计。

本节以多孔氮化硅材料介电性能、强度和抗热震性综合优化为例，介绍了多目标优化的一般过程，包括多目标优化数学模型和多目标加权求解算法。

(1) 多目标加权法

热透波材料的优化设计涉及多种性能的综合优化设计，属于多目标优化问题[9]，用一般的数学模型可描述为

$$\begin{cases} V_{\min} \quad \boldsymbol{f}(x) = [f_1(x), f_2(x), \cdots, f_n(x)]^{\mathrm{T}} \\ x \in \boldsymbol{X} \\ \boldsymbol{X} \subseteq \boldsymbol{R}^n \end{cases} \tag{5-4}$$

式中，$V_{\min}$表示矢量极小化，即矢量函数 $\boldsymbol{f}(x) = [f_1(x), f_2(x), \cdots, f_n(x)]^{\mathrm{T}}$ 中的各个子目标函数都尽可能地达到极小化。

对于热透波材料的优化设计，首先需要建立各目标性能和控制参量之间的定量表达函数 $g_i(x)$。对于各性能设定相应的性能指标 $\boldsymbol{P}_0$ ($\boldsymbol{P}_0 \subseteq \boldsymbol{R}^n$) 作为边界条件，即优化后的各个性能都应该满足所设定的性能指标。另外，考虑到用户对不同性能的关注程度不一样，需要给各目标性能设定权重 $\boldsymbol{\omega}_0$ ($\boldsymbol{\omega}_0 \subseteq \boldsymbol{R}^n$)。综合考虑上述因素，热透波材料的优化设计的数学模型构造如下

$$\begin{cases} V_{\min} \quad \boldsymbol{F}(x) = \boldsymbol{\omega}_0^{\mathrm{T}} [F_1(x), F_2(x), \ldots, F_n(x)]^{\mathrm{T}} \cdot \boldsymbol{\chi}_0^{\mathrm{T}} \\ F_i(x) \leqslant 0 \ (i=1, 2, \ldots, n) \\ \boldsymbol{\omega}_0 = [\omega_{01}, \omega_{02}, \cdots, \omega_{0n}], \ \omega_{01} + \omega_{02} + \ldots + \omega_{0n} = 1 \\ \omega_{0i} \in \boldsymbol{R}; \ \boldsymbol{\chi}_0 \in \boldsymbol{R}^n; \ x \in \boldsymbol{X}; \ \boldsymbol{X} \subseteq \boldsymbol{R}^n \end{cases} \tag{5-5}$$

式中，$F_i(x)$ 为各个性能的子目标函数，由计算模型 $g_i(x)$ 和性能指标 $\boldsymbol{P}_0$ 组成。当第 i 项性能 $g_i(x)$ 小于性能指标 P_{0i}，即性能指标 P_{0i}是该项性能要求取值范围的最大值时

$$F_i(x) = \begin{cases} g_i(x) - P_{0i} \\ P_{\infty i} - P_{0i} \quad (\text{当性能 } g_i \text{ 的值低于值 } P_{\infty i} \text{ 就不再有意义时}) \end{cases}$$

当第 i 项性能 $g_i(x)$ 大于性能指标 P_{0i}，即性能指标 P_{0i}是该项性能要求取值范围的最小值时

$$F_i(x) = \begin{cases} P_{0i} - g_j(x) \\ P_{0i} - P_{\infty i} \quad (\text{当性能 } g_i \text{ 的值高于值 } P_{\infty i} \text{ 就不再有意义时}) \end{cases}$$

式中，x 为优化参数，代表各材料性能的控制参量；ω_0 为性能权重。同时引入了另一个性能指标 P_{∞}，当性能值 $g_i(x)$ 优于 P_{∞}时，意味着已达到该性能的最优值，继续优化无意义。另外，还引入一个标准化矩阵 $\boldsymbol{\chi}_0$ ($n \times 1$ 阶矩阵)，用于标准化各个目标函数 $F(x)$ 的子目标函数值，方便比较和评价。另外，优化参数 x 的定义域由性能指标值确定，即在

优化参数取值时必须保证优化目标取值有效（即优于性能指标值）。

在建立构造函数后，还需要建立相关评价函数，用于优化求解。对于评价数学模型，采用理想点法建立，即先求解 n 个单目标问题

$$\min f_i\ (x),\ i=1,\ 2,\ \cdots,\ n$$

设其最优值为 f_i^*，称为值域中的一个理想点 $\boldsymbol{f}^*=(f_1^*,\ f_2^*,\ \cdots,\ f_n^*)^{\mathrm{T}}$，因为一般很难达到它，即使得各单项性能同时达到最优。求最优解的过程就是期望在某种条件下，寻求距离理想点最近的 f^{**} 作为最优解，即极小化评价函数：

$$\min_{x\in \boldsymbol{D}} \varphi[f(x)]=\sqrt{\sum_{i=1}^{n}\omega_i[f_i(x)-f_i^*]^2[f_i(x)-f_i^*]^2} \tag{5-6}$$

此时可将它的最优解 x^* 作为整体多目标优化设计的最优解，即各控制参量为 x^* 时，各目标性能达到最优 f^{**}。

(2) 多孔氮化硅陶瓷材料的优化设计

以多孔氮化硅陶瓷材料为例，选取介电性能、强度和抗热震性作为目标优化性能，介绍多目标优化的具体应用。首先需要选择性能控制参量即优化参数，该控制参量需同时和上述性能具有关联关系。这里选取材料气孔率单一控制参量作为优化参数（根据实际应用，也可同时选取多个控制参量），给出的限定条件为：陶瓷介电常数≤3，弯曲强度≥100 MPa，抗热震因子 $R\geqslant 800$ K；优化中介电常数、抗弯强度及抗热震性的权重因子分别为 0.3、0.4 和 0.3。

首先需要明确各目标性能和优化参数之间的关系表达式，即目标函数，分别如下

$$\varepsilon_{(p)}=\varepsilon_0^{(1-p)} \tag{5-7}$$

$$\sigma_{(p)}=\sigma_0\cdot \mathrm{e}^{-Bp} \tag{5-8}$$

$$R_{(p)}=R_0\ \frac{\mathrm{e}^{-Bp}}{1-Ap} \tag{5-9}$$

式中　$\varepsilon_{(p)}$，ε_0——气孔率为 p 和致密氮化硅材料的介电常数；

$\sigma_{(p)}$，σ_0——气孔率为 p 和致密氮化硅材料的强度；

$R_{(p)}$，R_0——气孔率为 p 和致密氮化硅材料的抗热震因子。

根据线性加权法，可给出评价函数为

$$F\ (p)\ =w_\varepsilon\left[\frac{\varepsilon\ (p)\ -\varepsilon_{\min}}{\varepsilon_{\max}-\varepsilon_{\min}}\right]^2+w_\sigma\left[\frac{\sigma\ (p)\ -\sigma_{\max}}{\sigma_{\max}-\sigma_{\min}}\right]^2+w_R\left[\frac{R\ (p)\ -R_{\max}}{R_{\max}-R_{\min}}\right]^2 \tag{5-10}$$

式中　$F\ (p)$——评价函数；

w_ε，w_σ，w_R——分别为介电常数、强度和抗热震性能的权重。

考虑到在给定气孔率范围下，介电常数、强度、抗热震因子随气孔率的变化都是单调变化的，评价函数可写为

$$F\ (p)\ =w_\varepsilon\left[\frac{\varepsilon\ (p)\ -\varepsilon\ (p_{\max})}{\varepsilon\ (p_{\min})\ -\varepsilon\ (p_{\max})}\right]^2+w_\sigma\left[\frac{\sigma\ (p)\ -\sigma\ (p_{\min})}{\sigma\ (p_{\min})\ -\sigma\ (p_{\max})}\right]^2+w_R\left[\frac{R\ (p)\ -R\ (p_{\max})}{R\ (p_{\max})\ -R\ (p_{\min})}\right]^2 \tag{5-11}$$

在构造评价函数时需要特别指出的是，为了实现多目标的优化设计，必须使得不同的

优化目标之间有可比性，这里采用理想点法对优化目标值进行了归一化，即求解各个子目标距离各个子目标最优值的归一化空间距离，比如强度性能的归一化空间距离就是$\left[\dfrac{\sigma(p)-\sigma(p_{\min})}{\sigma(p_{\min})-\sigma(p_{\max})}\right]^2$。

求解评价函数 $F(p)$ 极小值及对应的气孔率 p，即完成优化过程。在给定的限定条件下，计算结果表明当气孔率为 51%时，评价函数取得最小值（如图 5 - 29 所示），即材料综合性能达到最优：介电常数为 3.26，弯曲强度为 130 MPa，抗热震因子为 969 K。目标性能和气孔率的关系曲线如图 5 - 29 所示。

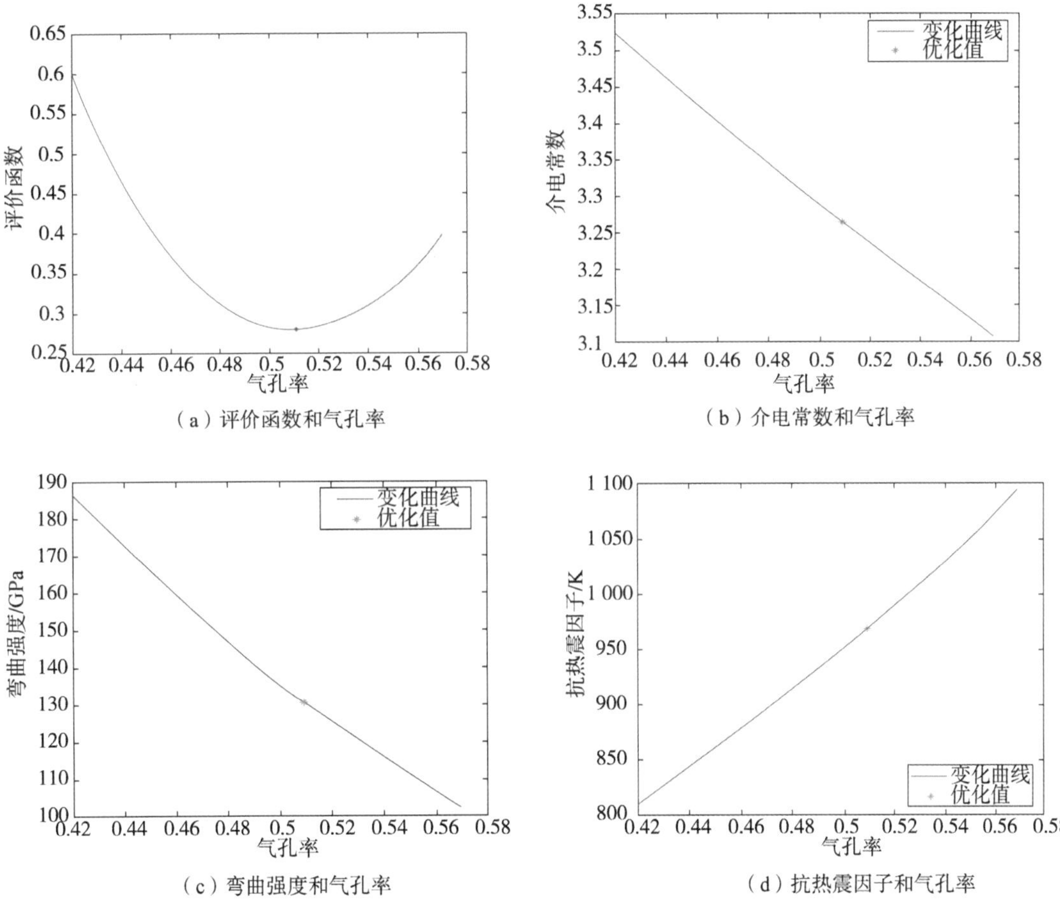

（a）评价函数和气孔率　（b）介电常数和气孔率

（c）弯曲强度和气孔率　（d）抗热震因子和气孔率

图 5 - 29　评价函数及目标性能与气孔率关系

5.3　典型热透波材料及制备技术

5.3.1　致密陶瓷热透波材料及制备技术

致密陶瓷热透波材料具有耐高温、强度高、介电性能均匀性好等显著特点，是早期热透波材料的发展重点。开发成功的致密陶瓷种类较多，取得应用的致密陶瓷热透波材料大致经历了氧化铝陶瓷→微晶玻璃→石英陶瓷→氮化物陶瓷的发展历程。

5.3.1.1 氧化铝陶瓷

氧化铝有多种同质异构体，已报道过的有 11 种之多[10-11]，分别是 α—、β—、γ—、γ—、δ—、ζ—、θ—、η—、χ—、ρ—和 H—。其中，ρ—、χ—、θ—、δ—及 $H-Al_2O_3$ 是 $Al(OH)_3$ 在加热过程中的过渡相。在这些同质异构体中，最常见的是 $\alpha-Al_2O_3$、$\beta-Al_2O_3$ 和 $\gamma-Al_2O_3$，其中 $\alpha-Al_2O_3$ 属六方晶系，是高温稳定相，$\gamma-Al_2O_3$ 属立方晶系，是低温稳定相，$\beta-Al_2O_3$ 是含碱的铝酸盐。

氧化铝多种同质异构体中，$\alpha-Al_2O_3$ 最为稳定，其熔点达到 2 323 K，用作热透波材料的致密 $\alpha-Al_2O_3$ 的主要性质如表 5-7 所示[12-14]。$\alpha-Al_2O_3$ 具有强度高、硬度高、抗雨蚀性好等优点，但是由于其弹性模量较高（370 GPa），热膨胀系数较大（8.1×10^{-6}/K），材料抗热冲击性较差，一般应用于飞行马赫数不超过 3 的导弹天线罩，如麻雀Ⅲ和响尾蛇导弹等。

表 5-7 $\alpha-Al_2O_3$ 的主要性能

性能	99 瓷	Lucalox
密度/（g/cm^3）	3.9	3.98
室温抗弯强度/MPa	275	381
773 K 抗弯强度/MPa	254	—
室温弹性模量/GPa	370	350
773 K 弹性模量/GPa	340	—
0～1 073 K 泊松比	0.28	—
热导率/（$W\cdot m^{-1}\cdot K^{-1}$）	37.7	29
热膨胀系数/（10^{-6}/K）	8.1	6.5
室温介电常数	9.6	9.9
室温介电损耗	1×10^{-4}	1×10^{-4}

氧化铝陶瓷天线罩采用冷等静压成型，然后于 1 873～1 973 K 温度范围内烧结获得[15-16]。冷等静压成型一般通过液体介质传递压力使陶瓷粉体压缩成型，成型压力一般超过 150 MPa，适合天线罩等回转体结构成型，具有坯体致密度高、均匀性好等优点。粉体流动性控制、模具结构设计及选材是冷等静压成型的关键技术。

5.3.1.2 微晶玻璃

微晶玻璃于 20 世纪 50 年代中期开发成功，是继氧化铝陶瓷之后发展起来的一类致密陶瓷热透波材料。微晶玻璃通过控制玻璃晶化过程形成大量微小晶体，由晶体和残余玻璃相组成，晶体比例可控，晶体尺寸在 0.1～1 μm 之间，材料物理和化学性质兼具多晶陶瓷和玻璃的特性[17]，在微晶玻璃热透波材料中，堇青石微晶玻璃是典型代表。

（1）性能及应用

堇青石微晶玻璃在晶化过程中经历一系列相变过程，可以析出多种介稳与稳定的晶体，其中主晶相为堇青石，化学组成[18]为 $2MgO \cdot 2Al_2O_3 \cdot 5SiO_2$。目前认为，堇青石有 3 种同质异构体，分别是 α-堇青石（高温稳定型）、β-堇青石（低温稳定型）和 μ-堇青石（低温介稳型），用作热透波材料的晶型为 α-堇青石。堇青石微晶玻璃具有较低的介电常数（5～6）和介电损耗（$<2.1\times10^{-3}$），同时，较低的热膨胀系数（$0.9\sim1.4\times10^{-6}$/K）、较好的力学性能（室温强度达到 200 MPa 量级），使其具有良好的抗热冲击性能（堇青石微晶玻璃具体的性能如表 5-8 所示[19]），成为较为理想的热透波材料[20]。9606 堇青石微晶玻璃替代氧化铝陶瓷，成功应用于制造鞑靼人、小猎犬和百舌鸟等飞行马赫数为 3～4 的导弹天线罩。随后开发的 9603 和 Q 牌号堇青石微晶玻璃，综合性能进一步提升。3-3 微晶玻璃[21]是国内第 1 种高温天线罩材料，组成和性能与 9606 微晶玻璃接近，但介电损耗相对偏高，已成功应用于超声速中低空防空导弹天线罩上。

表 5-8　堇青石微晶玻璃的主要性能

性能	美国康宁公司			中科院硅酸盐研究所
	9606	9603	Q	3-3
密度/（g/cm^3）	2.6	2.59	2.64	2.59
介电常数	5.56	5.8	6.6	5.6
介电损耗	1.97×10^{-3}	0.08×10^{-3}	7.0×10^{-4}	5.0×10^{-3}
室温抗弯强度/MPa	233	245	—	228
室温弹性模量/GPa	120	125	—	120
热导率/（$W\cdot m^{-1}\cdot K^{-1}$）	3.77	3.81	—	1.6～2.5
热膨胀系数/（10^{-6}/K）	5.7	3.7	2.2	2.7

（2）制备工艺

微晶玻璃天线罩制造工艺与其他种类致密陶瓷天线罩制造工艺有很大不同，其基本工艺流程为原料混合→熔制→成型→晶化→退火（如图 5-30 所示）。

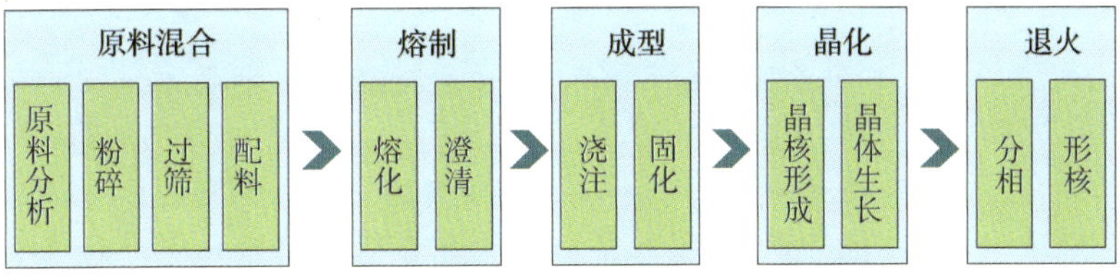

图 5-30　微晶玻璃天线罩制作工艺流程

①原料混合

由于各原料组分在密度上存在较大差异，混合过程中需确保各组分的充分混合。同时，还需要严格控制原料纯度，杂质对熔制过程存在影响，也会降低天线罩的强度和介电性能。

②熔制

熔制工艺包括两个过程：熔化和澄清。熔化是将原料在加热条件下发生化学反应形成所需组分的玻璃熔体，澄清是在一定温度下通过加入澄清剂去除熔体在化学反应过程中产生的气泡。在熔制过程中，要严格控制熔制温度、炉内气氛和熔制时间。温度过高或者熔制时间过长将产生大量气泡，影响产品质量；温度过低或者熔制时间过短将导致熔制不完全，影响后续成型工艺；炉内气氛影响原料间的化学反应，改变成核剂的价态，影响后续晶化工艺。

③成型

将熔制好的玻璃液体倒入预热的成型模具内，随着温度的降低，玻璃液在模内冷却固化，当玻璃呈暗红色时可将玻璃毛坯取出。当玻璃液的粘度值较低、粘度温度系数较大时可选择离心浇注（如图 5－31 所示）。在浇注过程中，玻璃液在模具中迅速铺展，温度快速下降，粘度随之急剧增大，可有效避免变形和倒流。离心浇注成型不需阳模，罩体厚度可通过调节转速控制。在固化过程中，玻璃液的温度发生起伏时容易引起玻璃液的自发析晶，因此要严格控制投料温度，避免发生温度起伏。

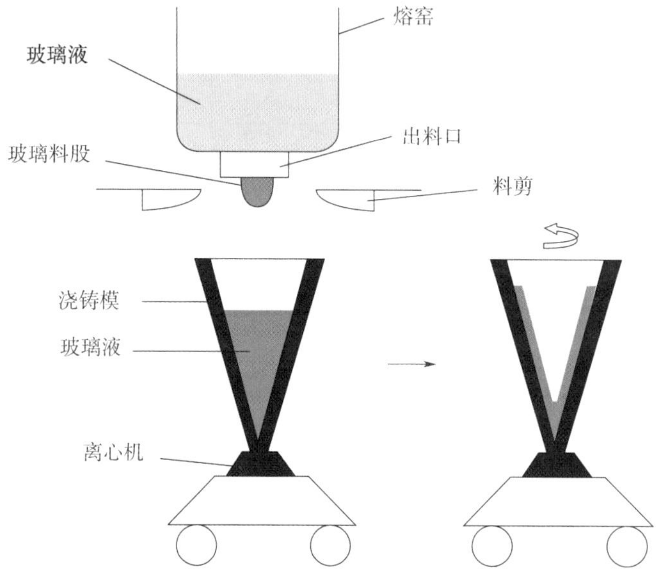

图 5－31　离心浇注成型示意图

④晶化

晶化过程是一个复杂的物理、化学变化过程，晶化制度直接决定了能否得到完整无缺陷的制品，同时还决定了微晶玻璃的晶相组成和晶粒大小。在晶化过程中，晶核形成、晶体生长的同时发生体积变化效应，容易引起天线罩破裂。在晶化前期，析晶产生大量膨胀系数较大的晶体而产生应力，为避免天线罩发生破裂，需要降低晶化前期的升温速率，通过玻璃的粘性流动消除应力；在晶化后期，由于晶体的生长同时产生膨胀系数小的晶体，膨胀系数的差异产生应力而导致破裂，通过快速升温使晶体快速转变为低膨胀系数的晶体，从而降低内应力。

⑤退火

退火可以消除微晶玻璃在冷却固化过程产生的应力，同时还起到分相和形成晶核的作用，退火温度一般选择接近玻璃软化点温度。

5.3.1.3　石英陶瓷

石英玻璃具有优异的介电性能，介电性能均匀性及稳定性好，但由于玻璃类材料的脆性导致材料抗热震性较差，因此无法直接作为热透波天线罩材料使用。通过陶瓷化处理并适当降低模量发展起来的石英陶瓷，在保留石英玻璃优异介电性能的同时，显著提高了抗热震性，是综合性能优良的热透波材料。

（1）性能及应用

石英陶瓷以石英玻璃为原料，经粉碎、成型、烧成等一系列工序制备而成，主要由 SiO_2 玻璃相组成[22]。石英陶瓷作为热透波材料具有以下优点。

1）优良的抗热震性。

室温至 1 073 K，石英陶瓷的热膨胀系数约为 0.54×10^{-6}/K，显著低于其他热透波致密陶瓷材料，同时通过保留少量气孔和工艺控制，适当降低弹性模量（由 70 GPa 降低至约 48 GPa)，从而使材料具有优良的抗热震性，石英陶瓷在 1 273 K 与 300 K 的温度范围内进行冷热交换不发生破坏[23]。

2）优良且稳定的介电性能。

致密石英陶瓷室温至 1 473 K 温度范围内介电常数变化率小于 2%，介电损耗小于 0.001。

3）一定温度范围内具有良好的力学性能。

从室温至 1 273 K，石英陶瓷的强度提高 33%[24]。

和氧化铝陶瓷及微晶玻璃相比，石英陶瓷具有显著的性能优势（详细性能参数如表 5 - 9所示[25]）。自 20 世纪 50～60 年代开发成功以来，获得大量型号应用并作为重要的一类热透波材料沿用至今，典型应用包括美国的 PAC - 2 防空导弹（图 5 - 32 所示）和意大利 Aspide 导弹天线罩，最高飞行马赫数达到 5。

石英陶瓷虽然具有上述优良特性，但也存在以下几方面不足。

1）强度不高。

石英陶瓷强度不高，弯曲强度在45～70MPa 之间，无法承受较高的载荷冲击。

图 5 - 32　PAC - 2 防空导弹

表 5-9　石英陶瓷的主要性能参数

性能	SCFS（美国）	上海玻璃钢研究院
密度/（g/cm^3）	1.98	1.97
室温抗弯强度/MPa	43	54
室温弹性模量/GPa	48	—
热导率/（$W \cdot m^{-1} \cdot K^{-1}$）	0.8	—
热膨胀系数/（$10^{-6}/K$）	0.54	—
室温介电常数	3.4	3.3
室温介电损耗	4×10^{-4}	1.2×10^{-3}

2）高温析晶作用导致材料长时使用温度范围受限。

根据 SiO_2 相图（见图 5-33），非晶态石英在加热过程中依次经历 β-石英、α-石英、α-鳞石英、α-方石英的相变。其中，石英玻璃、鳞石英和方石英之间的转变称之为一级相变，属于点阵重构型相变，相变过程中伴随有较大的体积效应，需要较大的激活能。α，β，γ 之间的相变称之为二级相变，属于位移型相变，转变过程中体积效应较小。但是由于一级相变过程缓慢，石英陶瓷在温度约 1 400 K 时会直接发生由非晶态石英向方石英的相变，由于方石英的热膨胀系数远大于非晶态石英，相变过程中的体积效应导致材料开裂。

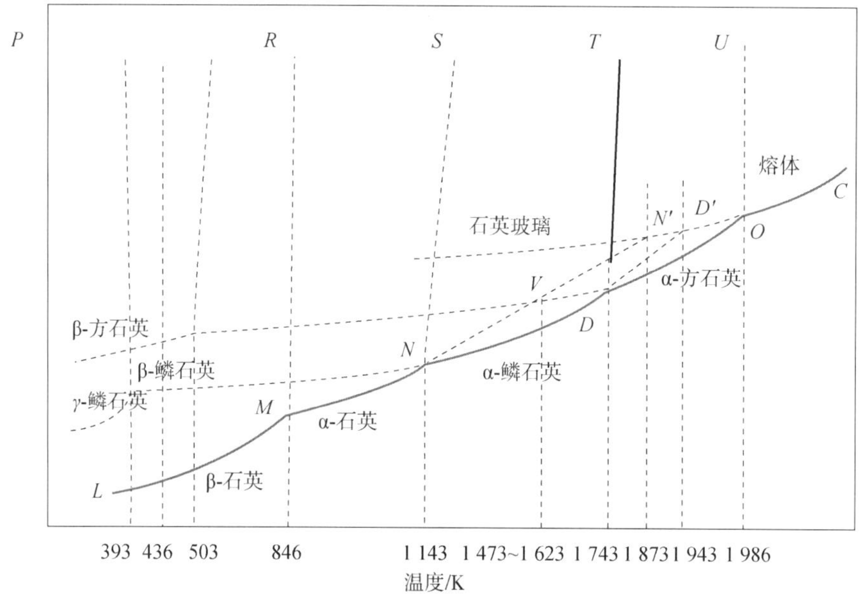

图 5-33　SiO_2 的一元相图

3）抗雨蚀性能差。

由于石英陶瓷模量低，材料硬度不高，导致其抗雨蚀性能较差。石英陶瓷天线罩在实际使用时锥顶一般加装金属抗雨蚀头，对天线罩透波性能造成不利影响，同时在高温环境下金属雨蚀头与天线罩本体的热不匹配现象严重，热应力集中容易导致天线罩顶部开裂。

受上述性能劣势制约，石英陶瓷通常用于飞行马赫数小于 5 的导弹天线罩，在马赫数高于 5 的情况下使用，天线罩可靠性将显著下降。

(2) 制备工艺

石英陶瓷天线罩通常采用注浆成型工艺，具体工艺流程（见图 5 - 34）如下文所述。

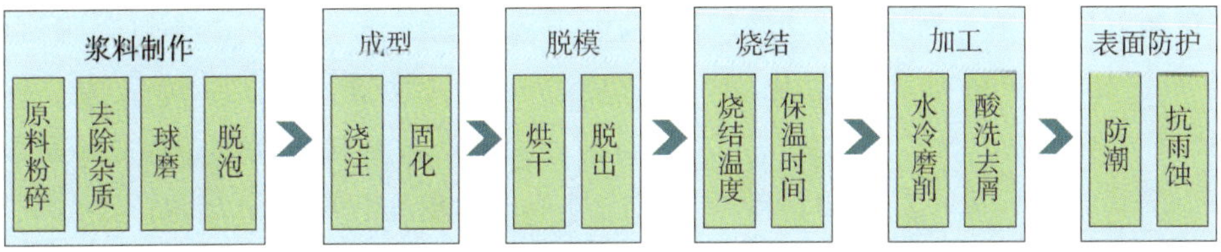

图 5 - 34　石英陶瓷天线罩制作工艺流程

①浆料制作

将石英玻璃粉体与去离子水混合，加入适量的分散剂、悬浮剂和粘接剂，制成具有一定粘度的浆料，浆料的固相含量在 60%以上（体积分数），浆料必须分散均匀并具有较高的悬浮稳定性，浆料的质量直接决定了天线罩成型的质量。

②成型

将浆料注入按天线罩外形设计的石膏模内，石膏模内涂藻朊酸类脱模剂。石膏模通过毛细管作用把浆料中的水分吸出，使浆料脱水硬化。

③脱模

坯体连同石膏模烘干，去除浆料残余水分。烘干过程要尽量慢，避免坯件因湿度梯度过大导致收缩不均匀而发生开裂，当坯体不再收缩时将坯体脱模。

④烧结

石英陶瓷的烧结温度控制在 1 373～1 473 K 温度范围内，烧结温度过高容易析出方石英相，产生应力容易导致天线罩强度下降甚至开裂。

⑤加工

石英陶瓷天线罩通常采用金刚石砂轮在数控或仿形机床上进行研磨加工。由于石英陶瓷具有一定的孔隙率，加工时必须防止冷却液污染天线罩，可采用去离子水进行冷却，也可选用纯净的高质量柴油作为冷却剂，但是在加工完成之后需要重新加热至 773～973 K，以去除吸附的有机杂质。在用去离子水冷却时也需要进行酸洗处理，以去除所有磨屑。

⑥表面防护

石英陶瓷天线罩容易吸潮，且抗雨蚀性差，通过表面防护处理可在一定程度上提高天线罩防潮性能和抗雨蚀性能。涂层需要具有优异的介电性能、力学性能、耐环境性能及高温性能，以满足储存和飞行要求。氮化硅陶瓷涂层由于具有良好的抗雨蚀性能和介电性能，可用于石英陶瓷天线罩抗雨蚀涂层[27]。

5.3.1.4 氮化物陶瓷

和氧化物陶瓷相比，强共价键结合使得氮化物陶瓷具有更优异的耐温性，是继氧化物陶瓷之后发展起来的一类重要热透波材料。本节以 BN 陶瓷和 Si_3N_4 陶瓷为代表，对致密氮化物陶瓷透波材料作简要介绍。

(1) 氮化硼陶瓷

氮化硼（BN）有 3 种晶型：类似石墨的六方氮化硼（h - BN）、类似金刚石的立方氮化硼（c - BN）和密排六方氮化硼（w - BN）。h - BN 在 6～9 GPa 压力、1 773～2 273 K 高温条件下，会转变成为 c - BN。目前作为热透波材料研究较多的主要是 h - BN，其晶体为层状结构，每一层由硼、氮原子相间排列成六角环状网络。层内原子之间呈很强的共价结合，B—N 原子间距为 0.1 446 nm。

h - BN 特殊晶体结构造就了氮化硼陶瓷的独特性质，氮化硼陶瓷的主要性能如表 5 - 10 所示[28-31]。氮化硼陶瓷具有相对较低的介电常数和介电损耗，室温介电常数 3.0～4.5（工艺方法不同介电常数略有差异），室温介电损耗在 10^{-4} 量级。另外，强结合的 B—N 共价键决定了氮化硼陶瓷具有极高的升华温度（3 273 K 以上[32]），因此材料耐烧蚀性能优异，显著好于氧化物热透波材料。

表 5 - 10 氮化硼陶瓷的主要性能[33]

性能	材料牌号	
	HPBN（热压 BN）	IPBN（热解 BN）
密度/（g/cm^3）	2.0	1.25
室温抗弯强度/MPa	96	96
室温弹性模量/GPa	70	11
热导率/（$W \cdot m^{-1} \cdot K^{-1}$）	25.1	29.3
热膨胀系数/（$10^{-6}/K$）	3.2	3.8
介电常数	4.5	3.1
介电损耗	3×10^{-4}	3×10^{-4}

氮化硼陶瓷作为热透波材料使用时性能劣势也很突出。氮化硼陶瓷强度偏低，同时抗雨蚀性能较差。另外，高的热分解温度导致材料出现“热沉”现象，热激发电子导致材料介电损耗迅速上升。受高温介电性能制约，氮化硼陶瓷无法满足高热力环境下透波构件使用要求。

(2) 氮化硅陶瓷

Si_3N_4 有 α 和 β 两种晶型，$\beta-Si_3N_4$ 是高温稳定相，高温条件下，$\alpha-Si_3N_4$ 可转化成 $\beta-Si_3N_4$，该转变不可逆。

典型工艺条件下 Si_3N_4 陶瓷性能如表 5 - 11 所示。$\beta-Si_3N_4$ 陶瓷特有的柱状晶粒结构使其具有自增强作用，材料力学性能优异，热压氮化硅材料弯曲强度可达 1 000 MPa 以上，显著高于氧化物陶瓷和其他氮化物陶瓷材料。同时高的力学强度使得材料具有相对较好的抗热震性，材料抗热震因子 ΔT_C 达到 800 K。另外，材料硬度较高，抗雨蚀性能优异。

表 5-11　不同工艺方法制备 Si_3N_4 陶瓷的典型性能[34]

材料种类	反应烧结 Si_3N_4	常压烧结 Si_3N_4	热压烧结 Si_3N_4
密度/ (g/cm^3)	2.4～2.5	3.2～3.26	3.2～3.4
硬度 HRA	83～85	91～92	92～93
弯曲强度/MPa	250～400	600～800	900～1200
弹性模量/GPa	160～200	290～320	300～320
介电常数	5.6～5.7	7.9	7.9
热膨胀系数/ (10^{-6}/K)	3.2	3.4	2.6
导热系数/ ($W \cdot m^{-1} \cdot K^{-1}$)	17	20～25	30
抗热震参数 ΔT_C/K	300	600	600～800

5.3.2　多孔陶瓷热透波材料及制备技术

介电常数偏高，抗热震性能不够理想是致密陶瓷热透波材料普遍存在的问题。如何在保证材料必要的强度的同时，尽可能降低介电常数，提高抗热震性是陶瓷热透波材料体系进一步发展必须解决的突出问题。一个有效的方法是在致密陶瓷中，引入一定的气孔，通过气孔率的控制去调节和平衡材料强度、介电性能和抗热震性，从而获得综合性能更优的新型热透波材料，以满足马赫数大于 5 的高超声速飞行器天线罩使用需求。基于上述考虑，以多孔氮化硅为代表的多孔陶瓷材料作为一类重要热透波材料，受到研究者的广泛关注。

另外，新型飞行器在大气层内高速长时飞行时经受长时间气动加热，除了必须具备良好的透波性能外，还必须具备优异的隔热性能，隔热透波材料作为一类新型透波材料正受到高度重视。与致密结构的透波材料不同，为了有效降低热导率，隔热透波材料往往具有很高的气孔率，是典型的多孔陶瓷热透波材料。

5.3.2.1　多孔氮化硅陶瓷

(1) 性能及应用

和石英陶瓷等致密热透波材料相比，多孔氮化硅材料具有明显的性能优势，主要体现在以下几方面。

1) 室温强度高。

由于 β-氮化硅陶瓷具有特殊的棒状晶须交织三维网状结构（如图 5-35 所示），使其具有较高的力学强度。气孔的引入虽然降低了材料强度，但和石英陶瓷相比仍具有明显优势。多孔氮化硅陶瓷的介电常数、强度与气孔率的关系如图 5-36 所示（根据经验公式计算）。当介电常数降低至 3.3 时，材料强度估算值在 200 MPa 以上，显著高于石英陶瓷强度(约50 MPa)。实测结果表明（表 5-12），氮化硅陶瓷介电常数降至 2.9 时，弯曲强度仍在 100 MPa 以上。

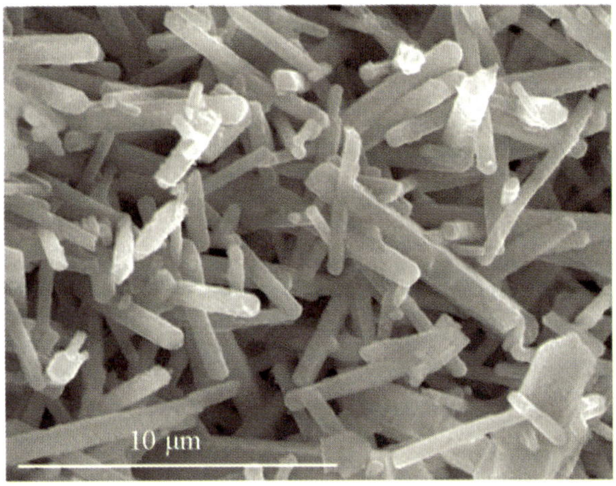

图 5-35　氮化硅显微结构图

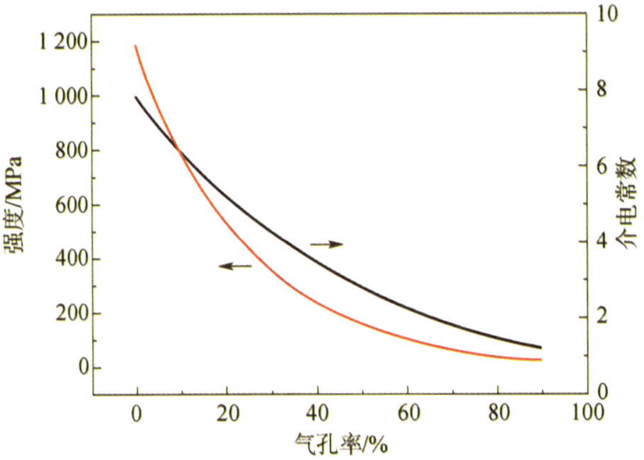

图 5-36　氮化硅强度、介电常数理论预测曲线

表 5-12　凝胶注模成型多孔氮化硅的弯曲强度和气孔率

气孔率/%	弯曲强度/MPa	介电常数
55.7	115.6	2.9
58.5	88.1	2.7
59.7	87.8	2.6
63.5	57.3	2.4

2）耐温性好。

多孔氮化硅的主要组成为高温稳定的 β 相，在升温过程中不发生相变，2 100 K 以上才会发生明显的分解现象。实际材料中由于含有一定量的烧结助剂，1 700 K 左右出现晶界相软化现象，同时在空气气氛中使用时材料表面发生氧化，对材料强度有一定影响。即便如此，氮化硅长时使用温度上限仍高于石英陶瓷（约 1 450 K）。如表 5-13 所示，材料在 1 473 K 的弯曲强度平均值比室温测试数值有所下降，但强度保留率仍在 85%以上。

表 5-13　多孔氮化硅高温弯曲强度（空气气氛测试）

材料样品	室温弯曲强度平均值/MPa	1 473 K 弯曲强度平均值/MPa	强度保留率/%
Si_3N_4 -1	48.9	47.3	96.7
Si_3N_4 -2	73.3	63.4	86.5
Si_3N_4 -3	98.3	85.8	87.3

3）材料综合性能可根据设计需求进行调节。

由于致密氮化硅材料强度很高，可根据不同应用需求，在较大范围内针对性地调节材料综合性能。在宽频透波、毫米波等应用场合，可适当增加气孔率，降低材料介电常数。在点频应用场合，则可适当降低气孔率，提高材料强度。在飞行速度较高的应用场合，可通过气孔率优化提高材料抗热震性，以承受高速气动载荷带来的热冲击。同时，还可使透波构件沿厚度方向形成一定的密度梯度，进一步调节构件的电性能和力学性能。

4）材料抗雨蚀性能优异。

与石英陶瓷相比，多孔氮化硅材料模量较高，材料表面硬度较大，抗雨蚀性能较好，特别是在透波构件表面形成一定厚度致密氮化硅涂层后，其抗雨蚀性能优异。

多孔氮化硅陶瓷具有优异的热、力、电综合性能，且材料性能可在较宽的范围内调节，在宽频透波天线罩、毫米波天线罩及防空导弹天线罩等领域具有广阔应用前景，可满足马赫数 6 以上的飞行环境对天线罩防热、透波和承载性能需求。目前已研制成功多孔氮化硅天线罩并实现了型号应用。波音公司采用反应烧结技术，研制出了多倍频宽带天线罩。天线罩厚度 10.35 mm，密度 1.6～1.8 g/cm^3，介电常数 2.24～2.50，介电损耗为 0.005。并通过在天线罩表面制备高密度氮化硅涂层（厚度为 0.76 mm，介电常数 5，介电损耗为 0.005）提高天线罩抗雨蚀和防潮性能[36]。以色列也研制成功多孔氮化硅天线罩，由低密度多孔氮化硅（1.0～2.2 g/cm^3），外加一层高密度氮化硅（2.8～3.3 g/cm^3）复合而成，介电常数 2.5～8.0，介电损耗小于 0.003，天线罩强度高、耐雨蚀性能良好，瞬间耐温可达 1 873～2 123 K[37]。美国将多孔氮化硅陶瓷天线罩成功应用于 PAC-3 导弹，如图 5-37 所示。

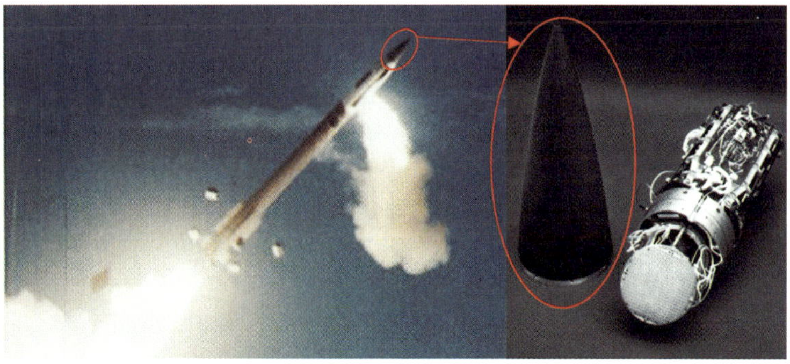

图 5-37　PAC-3 拦截导弹及其天线罩

多孔氮化硅陶瓷也存在性能不足之处，主要表现在以下几方面。

1）高温介电性能稳定性不如石英陶瓷。

氮化硅材料在温度超过 1 800 K 以后介电常数及介电损耗均显著增大，室温～1 800 K 介电性能的变化幅度也显著高于石英陶瓷（详细数据见第 2 章相关介绍）。

2）高温抗氧化性能不如石英陶瓷。

氮化硅在高温有氧条件下容易发生氧化反应生成 SiO_2[35]。致密氮化硅陶瓷的氧化反应只在表面发生，在氧化反应过程中，氮化硅陶瓷表面形成致密的 SiO_2 层，阻碍了氧原子向氮化硅陶瓷内部的扩散，因此，氧化反应对致密氮化硅陶瓷影响不大。而多孔氮化硅陶瓷内部含有大量孔隙，高温条件下氧气进入材料内部发生氧化反应，材料的成分和内部结构均发生改变（见图 5－38），导致材料在使用过程中的介电性能和力学性能均产生一定程度的变化。因此，多孔氮化硅陶瓷实际使用过程中表面需作防护处理。

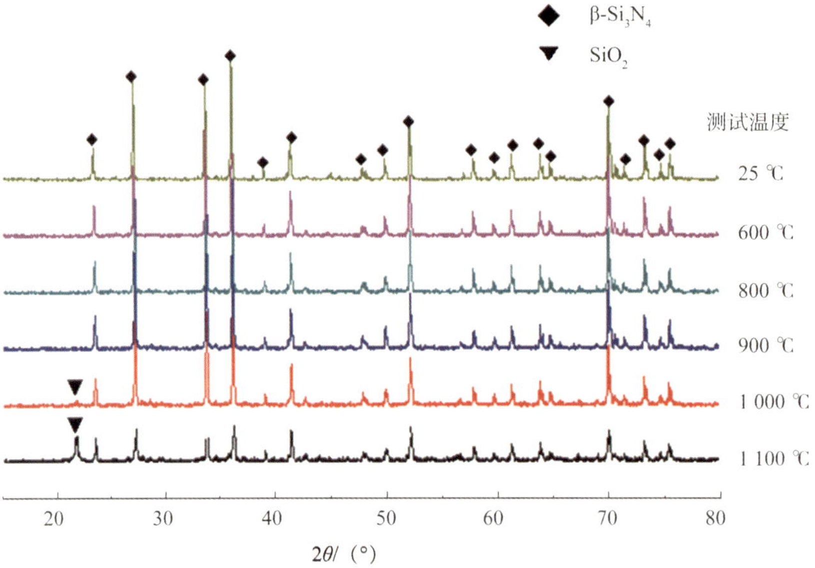

图 5－38　多孔氮化硅高温 X 射线衍射图

（2）制备工艺

多孔氮化硅陶瓷天线罩可通过冷等静压、凝胶注模、注浆成型等多种成型工艺制备。其中，凝胶注模成型作为一种新型胶态成型方法，于 20 世纪 90 年代由美国橡树岭国家重点实验室发明以来，受到广泛关注。凝胶注模成型可近净尺寸成型形状复杂、强度高、微观结构均匀、密度高的坯体。

天线罩凝胶注模工艺过程如图 5－39 所示。首先将单体和交联剂溶解在水中，然后加入氮化硅粉体，球磨分散均匀后，加入引发剂和催化剂；然后把浆料注入成型模具中，在浆料内发生由自由基引发的交联聚合反应，最终形成凝胶聚合网络，将陶瓷颗粒原位固化成型。当凝胶反应结束之后，进行脱模、干燥、排胶和烧结等工艺步骤最终获得天线罩制品。采用凝胶注模成型的天线罩样件如图 5－40 所示。

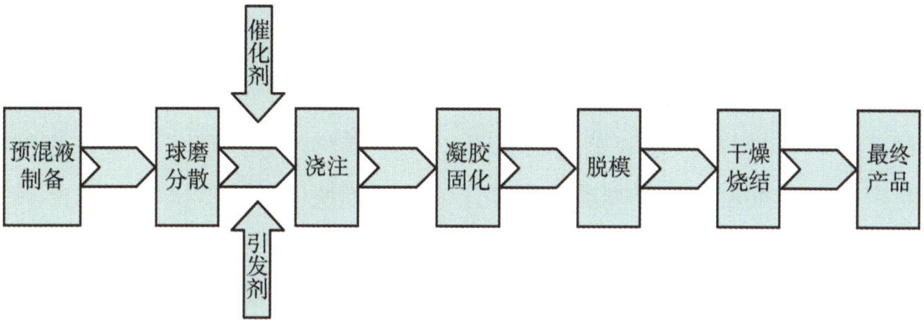

图 5-39 多孔氮化硅天线罩凝胶注模工艺流程

图 5-40 凝胶注模成型的多孔氮化硅天线罩

(3) 技术发展方向

在材料成分体系方面，为了获得更为优异的介电、力学和抗热震性等综合性能，多孔氮化物陶瓷的研究重点正从单一组分的氮化硅转向以氮化硅为基本组成的多元复杂体系方向发展，目前已相继发展出Sialon、Si-B-N-O等多个材料种类。美国通用电气公司采用注凝成型工艺开发出牌号为 GD-1 新型天线罩材料，组成为 $Si_{6-x}Al_xO_xN_x$ ($x\approx2$)，并制备出 Amraam 和 Standard 导弹天线罩[39]，10 GHz/室温～1 273 K 测试条件下，介电常数 6.80～7.66，介电损耗 0.001～0.004，最高使用温度可达 1 783 K。

在材料结构、微结构方面，需要解决材料低介电常数和高强度之间的矛盾，传统的基于均匀孔结构分布的气孔率优化及晶粒长径比控制等方法无法有效突破上述矛盾，对材料气孔结构设计及其实现方法等技术问题的研究将变得更加重要。其中，非均质孔结构设计及材料密度梯度控制可能成为重要的发展方向。前者侧重于微观上的不均匀孔结构设计，后者侧重于宏观上的气孔率分布控制，出发点都是充分利用材料的致密部分尽可能提高材料的力学性能。

在材料制备工艺方面，透波构件的成型方法是需要重点研究的技术问题。尽管目前已经发展出凝胶注模、冷等静压及注浆成型等多种成型方法，但和石英陶瓷相比，大尺寸多孔氮化物陶瓷构件的成型特别是湿法成型技术仍然是制备工艺研究中的技术难点和关键点。原因在于：1）和石英陶瓷等氧化物材料不同，氮化物材料属于典型的脊性料，浆料的分散、稳定性控制难度都高于氧化物陶瓷；2）由于坯体的多孔、大尺寸等特征，坯体干燥和排胶过程中的变形、开裂控制及气孔率的准确控制等都难于石英陶瓷。因此，大尺寸多孔氮化物陶瓷构件的成型技术及相应的透波构件介电性能均匀性、准确性控制方法是制备工艺研究的重点。

5.3.2.2　隔热透波材料

不同于其他透波材料，为保证良好的隔热性能，隔热透波材料一般具有很高的气孔率，多孔结构是隔热透波材料的典型特征，常见的隔热透波材料主要有泡沫陶瓷、陶瓷纤维隔热毡、陶瓷纤维隔热瓦和纳米隔热材料等。

（1）泡沫陶瓷

泡沫陶瓷是一类具有泡沫状结构的多孔陶瓷，其结构特征决定了该类材料具有低密度、低热导率、低介电常数等优异特性。泡沫陶瓷有多种制备工艺，如有机模板法、凝胶注模、直接发泡法、添加造孔剂法等。图 5－41 是磷酸铝泡沫陶瓷介电性能，室温至 1 473 K 范围内，磷酸铝泡沫陶瓷的介电常数保持稳定；介电损耗超过 973 K 后迅速增加[10]。

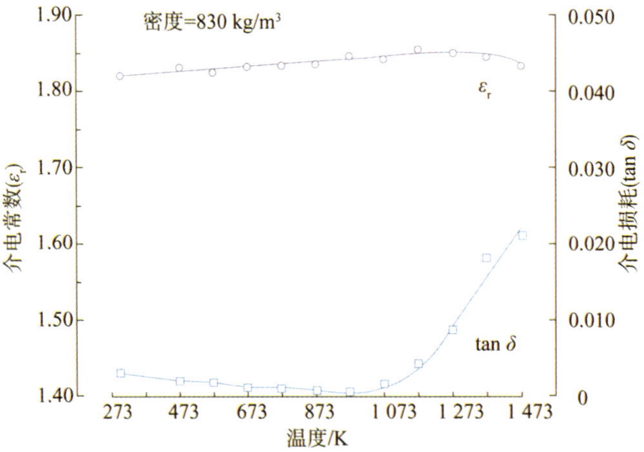

图 5－41　磷酸铝泡沫陶瓷的介电性能

以 β－$LiAlSi_2O_6$ 为主要成分，添加空心玻璃微珠、辐射剂等助剂制备而成的具有闭孔结构的隔热材料 CPI（Closed Pore Insulation），最高使用温度可达 1 615 K，473 K 时热导率为 0.18 W/（m·K）。由于含有较多的碱金属离子，CPI 隔热材料的介电常数和介电损耗均比同温度下的石英纤维或莫来石纤维隔热材料大，如图 5－42 所示。1 473 K 时，密度为 0.561 g/cm³ 的 CPI 隔热材料的介电常数和介电损耗分别达到 2.35 和 0.24，因此作为透波材料使用时工作温度范围有限，一般不可超过 1 073 K。

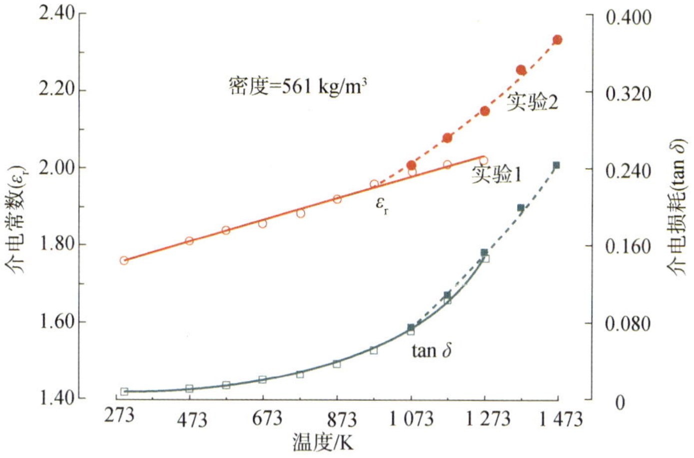

图 5-42　CPI 多孔隔热材料的介电性能

（频率 10 GHz）

（2）陶瓷纤维隔热毡

石英纤维毡是一种优良的隔热透波材料，具有使用温度高、透波和隔热性能良好的特点。图 5-43 是 Dynaquartz 石英纤维隔热材料不同温度下的介电性能。密度为 0.160 g/cm^3 的石英纤维毡的介电常数约为 1.12，且随温度的升高，介电常数变化不大；介电损耗较小且稳定，1 473 K 范围内保持在 10^{-3} 量级。

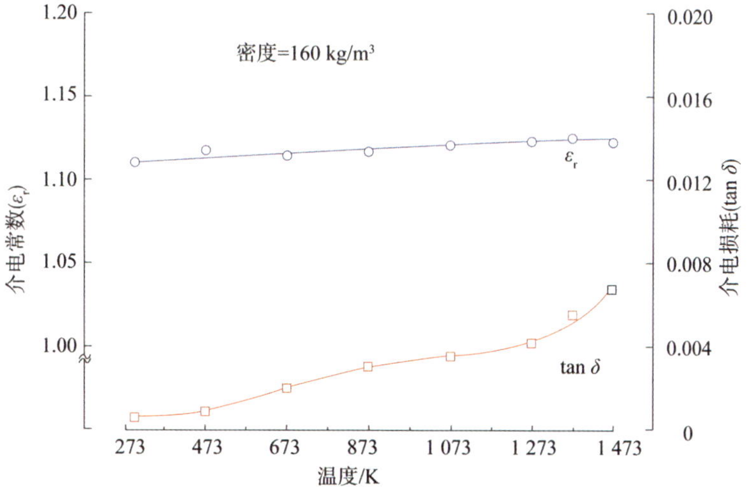

图 5-43　Dynaquartz 石英纤维隔热材料的介电性能

（频率 10 GHz）

以莫来石纤维为主要成分，添加空心玻璃微珠、无机粘结剂为助剂制备莫来石纤维隔热材料（Mullite Hardened Compacted Fibers，Mullite HCF），室温热导率为 0.07 W/（m·K）。其不同温度下的介电常数与介电损耗如图 5-44 所示。Mullite HCF 隔热材料的介电常数随温度的升高而增大，介电损耗随温度的升高也明显增加。1 473 K

时，密度为 0.258 g/cm^3 的 Mullite HCF 隔热材料的介电常数和介电损耗分别达到 1.4 和 0.078，明显高于石英纤维隔热材料。

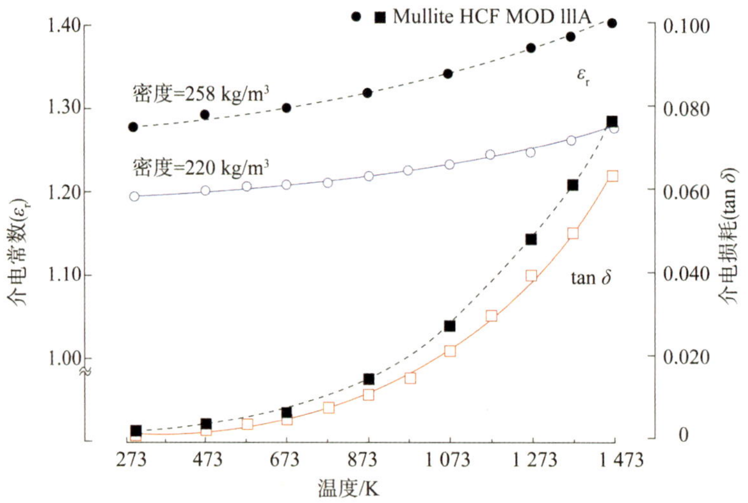

图 5-44　Mullite HCF 隔热材料的介电性能

（频率 10 GHz）

（3）陶瓷纤维隔热瓦

航天飞机热防护系统使用的 LI（Lockheed Insulation）系列陶瓷隔热瓦的主要原材料为短切石英纤维，加入硅溶胶做粘结剂，并经高温烧结后形成多孔结构，具有优异的隔热性能，表 5-14 列出了美国陶瓷隔热瓦的主要性能。其中，LI-900 的室温热导率仅为 0.048 W/（m·K）。同时，LI 系列陶瓷隔热瓦的介电性能也非常优异。图 5-45 是 LI-900 和 LI-2200 陶瓷隔热瓦介电性能与温度的关系，室温至 1 473 K 范围内，LI 陶瓷隔热瓦的介电常数非常稳定，介电损耗保持在 10^{-3}～10^{-4} 量级。

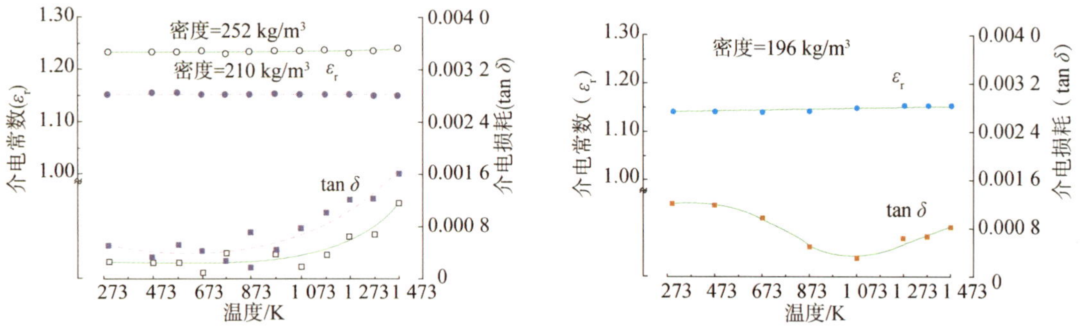

图 5-45　LI 系列陶瓷隔热瓦的介电性能

（频率 10 GHz）

表 5-14　美国陶瓷隔热瓦的基本性能[41]

陶瓷瓦	密度/（g/cm³）	热导率/（W·m⁻¹·K⁻¹）	使用温度/K	拉伸强度/MPa	压缩强度/MPa	线膨胀系数/（1/K）
BRI-8	0.128	—	1 640（M）	0.41（TTT）	—	—
AETB-8	0.128	0.068 4（TTT）	1 640（M） 1 810（S）	0.38（TTT） 0.69（IP）	—	—
AETB-12	0.192	0.064（TTT）	1 700（M） 1 870（S）	0.69（TTT） 1.44（IP）	0.90 1.83	2.6×10^{-6}
FRCI-12	0.128	0.053（TTT） 0.079 6（IP）	1 640（M） 1 810（S）	0.56（TTT） 1.77（IP）	—	—
FRCI-20	0.32	—	1 640（M） 1 810（S）	0.79（TTT） 3.2（IP）	—	—
LI-900	0.144	0.048（TTT） 0.068（IP）	1 590（M） 1 760（S）	0.16（TTT） 0.47（IP）	0.19 0.48	4.05×10^{-7}
LI-2200	0.352	0.074（TTT） 0.1（IP）	1 640（M） 1 810（S）	0.50（TTT） 1.25（IP）	0.90 1.59	4.83×10^{-7}

注：TTT 代表垂直于纤维排布方向；IP 代表平行于纤维排布方向。

除 LI 系列陶瓷隔热瓦外，FRCI（Fibrous Refractory Ceramic Insulation）、AETB（Alumina Enhanced Thermal Barrier）、BRI（Boeing Rigid Insulation）等陶瓷隔热瓦也在航天飞机上得到应用。FRCI、AETB 以及 BRI 等陶瓷瓦是以部分硼硅酸铝纤维和氧化铝纤维取代石英纤维，并加入氮化硼作为粘结剂，经高温烧结后形成具有纤维“搭接”结构的多孔陶瓷。加入硼硅酸铝纤维或氧化铝纤维提高了陶瓷瓦的强度和高温稳定性，对材料的介电性能也产生了影响。其中，FRCI-12 陶瓷隔热瓦的室温介电常数为 1.2，介电损耗为 0.9×10^{-3}，稍大于同密度的 LI 陶瓷隔热瓦。其他几类陶瓷隔热瓦的介电性能数据未见详细报道。

（4）纳米隔热材料

以 SiO_2 气凝胶为代表的纳米隔热材料具有非常优异的隔热性能，其热导率甚至低于同温度的静止空气，被称为“超级隔热材料”。目前，SiO_2 气凝胶的室温最低热导率仅为 0.02 W/（m·K）。SiO_2 气凝胶是通过溶胶凝胶过程，并采用超临界干燥制备的一类多孔材料，此类材料具有纳米颗粒堆积而成的多孔结构，固体骨架和孔隙均在纳米量级（见图 5-46）。由于 SiO_2 气凝胶的孔隙率高达 90%以上，具有很低的介电常数，并且随温度的升高，介电常数降低，其原因是高温下 SiO_2 气凝胶表面吸附水的脱出。此外，温度能够影响分子的取向极化，也对介电常数有一定影响[42-43]。

虽然 SiO_2 气凝胶的隔热性能和介电性能优异，但其强度很低，难以单独使用，通常与其他材料复合使用。SiO_2 气凝胶与陶瓷隔热瓦复合后获得的复合隔热材料既具有良好的隔热性能，又具备较好的力学性能，介电性能如图 5-47 所示，随温度的升高，复合材料的介电常数保持稳定，介电损耗在 1 473 K 时达到 4×10^{-3}。

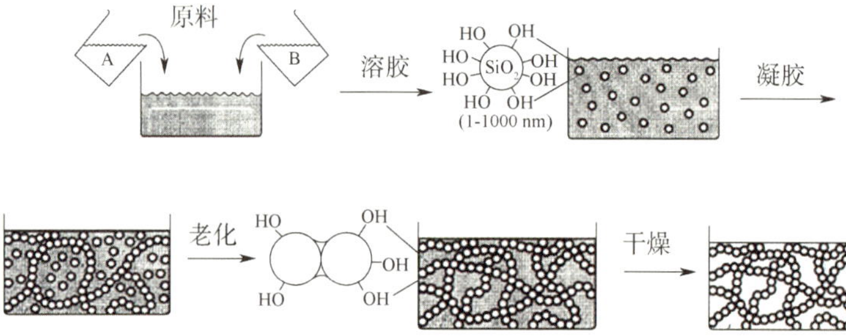

图 5-46　SiO_2 气凝胶的制备工艺流程

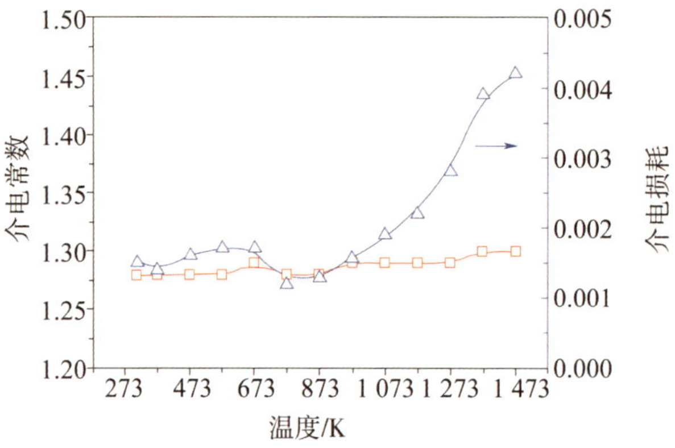

图 5-47　SiO_2 气凝胶复合陶瓷隔热瓦材料的介电性能

（5）隔热透波材料研制的重要技术问题

对隔热材料来说，添加遮光剂是抑制高温辐射传热的主要方法。红外辐射通过遮光剂时被散射或吸收，从而对辐射传热产生明显的抑制作用，常用的遮光剂包括：SiC、TiO_2、ZrO_2 等。为了达到对红外射线良好的散射效果，遮光剂折射率较高，这也就意味着遮光剂具有较高的介电常数。另外，为了达到对红外射线良好的吸收效果，遮光剂往往是良好的高温半导体，高温电导损耗较大。图 5-48 反映了 ZrO_2 的高温介电性能。当温度超过 973 K 时，ZrO_2 颗粒的介电常数和介电损耗都急剧增大，特别是介电损耗增大了几个数量级。因此，遮光剂的加入对材料介电常数和介电损耗都有较大影响，对于隔热透波材料而言，材料高温隔热性能和介电性能之间存在矛盾。研究合适的遮光剂，在保证材料高温遮光性能的同时尽可能降低对材料介电性能的影响，是隔热透波材料研究领域需重点突破的一项关键技术。

为获得良好的隔热性能，隔热透波材料通常具有很高的气孔率（最高可达约 90%），而材料力学强度随气孔率的增加呈指数关系下降，因此隔热透波材料力学强度通常较低。一般情况下，隔热透波材料不能单独作为热透波构件使用，而是与其他承载类透波材料组合使用。即便如此，仍需要材料具有一定的强度，以避免材料在加工和装配过程中的机械损伤和破坏，并可抵御材料在使用过程中的热载荷和振动冲击载荷。因此，开展孔结构及材料强韧化技术研究，在保证材料隔热性能的同时，尽可能提高材料的力学性能是隔热透

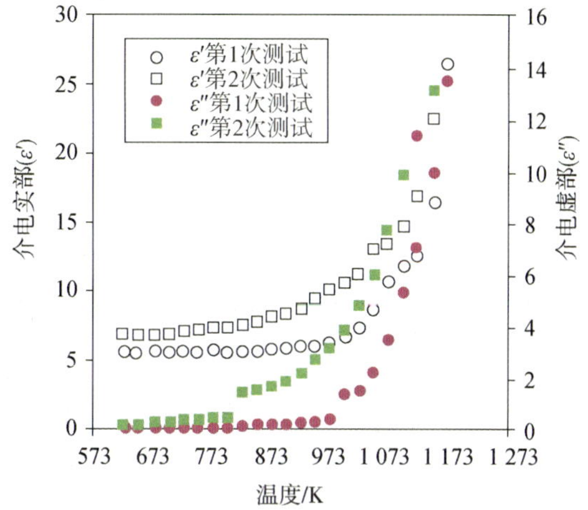

图 5-48　ZrO_2 颗粒的介电性能[44]

波材料研究的另外一个重要方向。

另外，为了获得优异的隔热性能，除了要求材料具有较高气孔率之外，还要求孔尺寸尽可能小（通常在纳米尺度），因此，在高温条件下材料易于烧结，导致材料的孔结构及构件尺寸变化，在影响材料高温隔热性能的同时，对构件的尺寸稳定性和使用可靠性也产生较大影响。因此，以提高材料高温稳定性和使用可靠性为目的材料设计及实现技术也是隔热透波材料研究需解决的重要技术问题。

5.3.3　纤维增强热透波复合材料及制备技术

陶瓷类热透波材料具有强度较高、介电性能均匀性好等优点，但存在结构可靠性差、大尺寸构件成型及可加工性差等缺点，在很大程度上限制了陶瓷类热透波材料的应用。特别是抗热震性，虽然石英陶瓷可满足马赫数为 5 的飞行气动热力要求，多孔氮化物陶瓷可满足马赫数为 6 以上的飞行气动热力要求，但本质上这两种材料仍然是脆性材料，在更高热力环境下使用结构可靠性面临极大风险，抗热震性成为制约陶瓷类热透波材料进一步应用的瓶颈。20 世纪 80 年代以来，随着高超声速飞行器特别是再入飞行器研制需求的提出，天线罩防热性能和抗热冲击性能面临极大挑战，复合材料结构成为高热力状态下透波材料的必然选择。与陶瓷结构相比，复合材料特别是连续纤维增强复合材料结构可靠性大幅提高，其原因主要有以下两方面：1）材料断裂过程中可充分发挥纤维的桥联、拔出效应，起到增强增韧作用；2）由于基体模量通常较低且有一定气孔率，使得复合材料整体上具有相对较低的模量，相同应变条件下产生的应力较小。正因为复合材料具有高的结构可靠性（包括抗热震性），成为马赫数在 10 以上高热力状态天线罩的首选材料方案。

5.3.3.1　热透波复合材料增强纤维

增强纤维是决定复合材料综合性能的关键因素，热透波复合材料要求增强纤维具有以下性能：低的介电常数及损耗、优异的力学性能、良好的耐高温性和优异的抗氧化/耐烧蚀性能等。目前，能够用于热透波复合材料的增强陶瓷纤维主要有石英纤维、氧化铝纤维、氮化硼纤维、氮化硅纤维和硅硼氮纤维等。

（1）石英纤维

石英纤维是以高纯 SiO_2 为原料，经过熔融拉丝工艺制得的一种玻璃态无机纤维（如图 5－49 所示），生产技术成熟，已形成产业化。石英纤维具有介电常数低、高温介电性

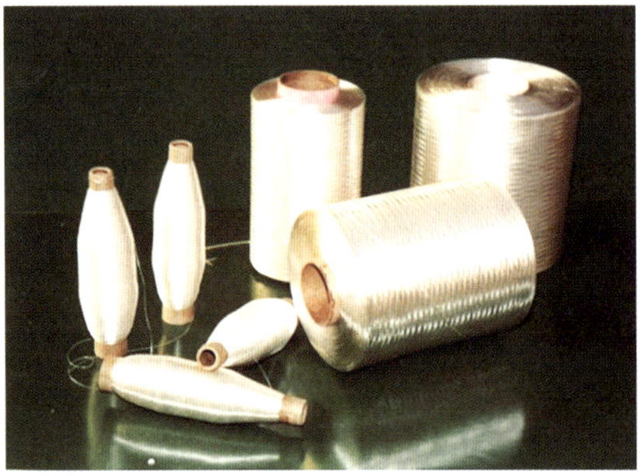

图 5－49　石英纤维照片

能稳定、线膨胀系数低、热导率低、抗热震性能好及耐化学腐蚀等优点（主要性能数据见表 5－15），在热透波复合材料领域已广泛应用。

表 5－15　石英纤维性能

性能	Quartzel®（圣戈班）	FQC（湖北菲利华）
纯度/%	99.99	99.9
纤维直径 /μm	—	5～10
拉伸强度/GPa	3.6	1.7～1.9
模量/GPa	78	70
介电常数	3.74	3.78
介电损耗	0.000 2	0.000 2
线膨胀系数/K^{-1}	0.54×10^{-6}	0.54×10^{-6}

石英纤维是一种玻璃态材料，软化点温度在 1 973 K 左右，但在 1 423 K 以上高温长时间处理时，石英纤维发生明显的析晶现象[45]，玻璃相向方石英相转变，并伴随有一定的体积变化，导致纤维内部及表面微裂纹的产生，纤维强度随之降低，因此石英纤维长时工作温度不宜超过 1 423 K。

石英纤维主要制备工艺为熔融拉丝工艺，典型制备流程包括：首先将高纯 SiO_2 或天然水晶经过熔融脱泡，通过挤压成型制得石英棒，石英棒经过高温熔融并加张力牵引拉丝制得石英纤维原丝，原丝经过加捻合股等工序制得商品石英纱。该工艺关键点包括石英熔融脱泡和石英纤维表面处理剂涂覆。由于熔融石英粘度较高，内部气泡不易脱除彻底，容易造成石英纤维拉制过程中断纱。石英纤维表面处理剂对石英纤维力学和编织性能都有较

大影响。

石英纤维的析晶是限制其高温使用的主要因素，在制备技术研究方面，以提高石英纤维的耐高温性能为目的的改性技术研究是近期的研究重点之一。石英纤维的改性，可通过掺杂氧化锆、氧化铝和氧化钛等，提高网络结构稳定性，增大高温粘度，阻止或延缓纤维的析晶（参见图 5－50）。

图 5－50　掺杂后石英棒照片（由左至右掺杂量逐渐增大）

改性后石英纤维高温（873 K）处理后强力和普通纤维相比，提高幅度在 5%～37%之间，如表 5－16 所示。1 473 K 恒温处理 3 h 后，普通石英纤维由于析晶变得很脆，无柔韧性，而改性石英纤维仍具有一定的柔韧性。

表 5－16　改性纤维 873 K 热处理 1 h 后纤维强力对比

	断裂强力				
	改性前	改性后－1	改性后－2	改性后－3	改性后－4
测试平均值/N	127.79	153.93	153.47	176.19	176.34
变异系数	7.61%	5.32%	5.59%	6.07%	5.40%
比值	1	1.20	1.20	1.37	1.37

（2）氧化铝纤维

不同于石英纤维，氧化铝纤维为多晶陶瓷纤维，以 Al_2O_3 为主成分，并含有少量 SiO_2、B_2O_3、ZrO_2 和 MgO 等成分，主要包括 α－氧化铝纤维、硅酸铝纤维和莫来石纤维等。氧化铝纤维具有高强度、耐高温、抗氧化和抗蠕变等优点。和石英纤维相比，氧化铝纤维力学性能较好，拉伸强度达到 3.5 GPa。高温强度优于石英纤维，最高使用温度可达 1 873 K[47]，1 673 K 仍具有 1.5 GPa 拉伸强度（图 5－51，3M 公司，牌号 Nextel TM 610）。目前，氧化铝基纤维增强复合材料已在耐火材料及防隔热材料领域取得广泛应用，在热透波复合材料领域具有广阔的应用前景。

图 5-51 连续氧化铝陶瓷纤维（3M 公司样品）

氧化铝纤维主要缺点是线膨胀系数、弹性模量及介电常数都较高。另外，由于氧化铝熔融粘度低，纤维耐烧蚀性能较差。氧化铝纤维基本性能如表 5-17 所示。氧化铝纤维的高温力学性能如图 5-52 所示。

表 5-17 氧化铝纤维牌号及性能[48-50]

生产厂家	牌号	纤维直径/μm	密度/（g/cm³）	拉伸强度/MPa	介电常数	使用温度/K
3M	NextelTM 312	10～12	2.7～2.9	1 750	5.2	1 573
	NextelTM 440	10～12	3.05	2 100	5.7	1 703
	NextelTM 610	10～12	3.9～3.95	2 800～3 500	9.0	—
	NextelTM 720	12	3.4	2 100	5.8	—
住友公司	Altex	10	3.6	1 020	—	1 523
DuPond 公司	FP	20	3.9	1 373	—	1 373
	PRD－166	15～25	—	2 400	—	1 673

氧化铝纤维通常采用溶胶-凝胶法制备，典型制备流程包括：采用 Al_2O_3、ZrO_2、LiAl 尖晶石、醋酸、酒石酸和水等配成溶胶；通过加热控制溶胶粘度至 220～250 Pa·s，然后将溶胶过滤，于 300～315 K 下牵引纺成凝胶纤维丝；纤维丝经干燥脱水后，在 573～773 K 下进一步脱除溶剂和其他挥发性组分，使化合物充分分解成氧化物或多种氧化物的混合物，然后在 1 273K 以上经烧结形成多晶聚集态无机纤维。

（3）Si－B－N 类纤维

Si-B-N 类纤维包括 BN 纤维、Si_3N_4 纤维和 SiBN 陶瓷纤维，是近年发展起来的一类热透波材料增强纤维。Si-B-N 类纤维耐烧蚀性能优良、使用温度高，是耐烧蚀透波复合材料的首选增强纤维。

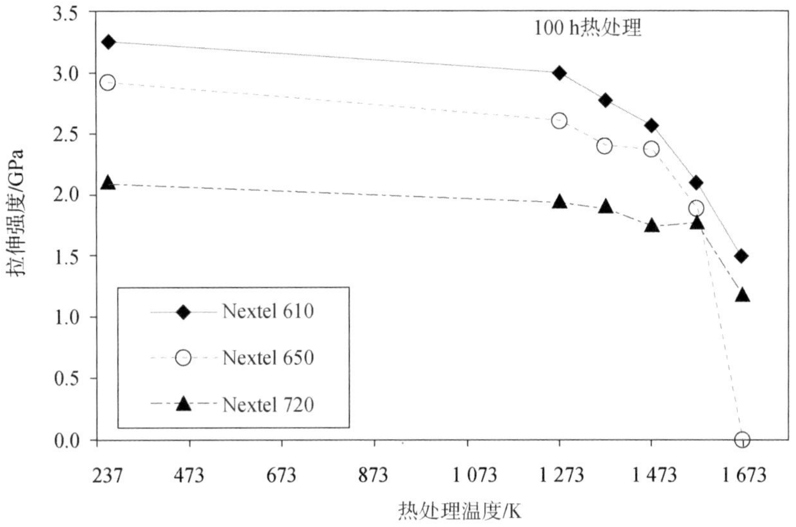

图 5-52　氧化铝纤维的高温力学性能

①BN 纤维

BN 纤维密度约 2.26 g/m^3，室温介电常数 4.5，介电损耗低于 0.000 3，具有介电常数低、介电损耗小等优点，在室温至 1 273 K 范围内 BN 纤维的介电常数和介电损耗受温度变化的影响很小。BN 纤维在 1 123 K 左右开始氧化，被氧化表面会形成保护膜，阻止氧化行为的进一步发生。BN 纤维是以硼氮六元环为结构单元的多环聚集体，B—N 键键能高，因此在惰性气氛环境下 BN 纤维的高温稳定性非常好，2 773 K 时仍不分解/升华，在 1 673 K 以上纤维强度随温度上升有所增大。和其他纤维相比，BN 纤维拉伸强度相对较低，室温拉伸强度最高仅为 1 400 MPa，同时纤维在 1 673 K 以上介电损耗明显上升，是限制 BN 纤维工程应用的主要问题。纤维主要性能如表 5-18 所示[51-53]。

表 5-18　BN 纤维的性能

研制单位	纤维直径/μm	拉伸强度/MPa	弹性模量/GPa
美国超级防御及空间系统公司	10～30	250	—
美国 Wickman 公司	30	180	14
日本聚合科学与工程部	—	300～1 300	35～67
日本 Tokuyama 公司	20	1 400	—
法国醋酸纤维研究中心	10～30	10	8

BN 纤维研制始于 20 世纪 60 年代，主要制备方法有 2 种：一种是无机先驱体法，以硼酸或 B_2O_3 为原料，经高温熔融拉丝制备出 B_2O_3 前驱体纤维，该纤维经 NH_3 气氛氮化及 N_2 气氛高温热处理后转化为 BN 纤维。另一种是有机先驱体法，首先合成含有 B 和 N 元素的聚合物先驱体，然后在气氛保护下纺丝，最后经高温烧成转化为 BN 纤维。目前 BN 纤维还未见到批量应用方面的报道。

②Si_3N_4 纤维

Si_3N_4 纤维耐烧蚀性能及力学性能优异，拉伸强度可达 3.1 GPa[54]，在空气中 1 473 K 处理 12 h 后，强度保留率达到 93%；1 673 K 以上，随着 $\alpha-Si_3N_4$ 晶体析出，纤维强度下降[57]。纤维室温介电常数 5.6，室温介电损耗 0.004 以下；和石英纤维相比，纤维高温介电性能不稳定，1 673 K 以上介电损耗明显上升，但上升幅度低于 BN 纤维。Si_3N_4 纤维性能指标如表 5-19 所示[54-61]。

表 5-19　国外研究机构制备的 Si_3N_4 纤维的性能指标

研究机构	化学组成的质量含量/%				直径/μm	抗拉强度/GPa	弹性模量/GPa
	Si	N	C	O			
美国 Dow Corning 公司	59.0	28.0	10.0	3.0	10～15	3.1	260
日本东亚燃料公司	59.8	37.1	0.4	2.7	10	2.5	300
法国 Domaine 大学	56.0	22.0	15.0	8.0	15	1.8	186
日本原子能研究所	58.0	35.0	4.0	3.0	15	2.0	220

Si_3N_4 纤维主要制备工艺为有机前驱体转化法，一般是先采用有机氯硅烷进行氨解或胺解制得聚硅氮烷，或直接由有机硅氮烷聚合制得聚硅氮烷，经过熔融纺丝、原丝不熔化处理、高温裂解等关键工序制得氮化硅纤维。原丝不熔化处理和高温裂解是纤维制备的关键工序。不熔化多采用气氛交联或电子束交联，纤维束表面不熔化处理相对彻底，而内部纤维则相对不充分，是纤维力学性能较差的重要原因。高温裂解温度的控制也相当关键，裂解温度过低则纤维无机化程度不足，纤维高温强度不稳定；处理温度过高易导致析晶，影响纤维强度。另外，由于先驱体中碳含量较高，碳残余是目前 Si_3N_4 纤维制备普遍面临的问题（如表 5-19 所示），因此，除碳技术也是 Si_3N_4 纤维作为透波材料增强纤维使用必须突破的一项关键技术。

③SiBN 纤维

SiBN 纤维具有良好的高温力学性能和优良的介电性能。纤维介电常数约 3.68，介电损耗 0.004[68]，室温拉伸强度达到 3.2 GPa，惰性气氛 1 773 K 环境下纤维强度未见明显下降，高温力学性能优异（如表 5-20 所示和图 5-53 所示），是正在发展的新型热透波纤维。

表 5-20　SiBN 陶瓷纤维化学组成及性能[63-68]

研究机构	化学组成的质量含量/%					直径/μm	抗拉强度/GPa	弹性模量/GPa
	Si	N	C	O	B			
日本东亚燃料公司	43.5	38.7	0.7	8.4	5.6	10	3.2	400
德国 Bayer 公司	35.0	40.0	12.2	0.2	12.5	10～15	2.8～4.0	290
法国里昂大学	44.6	17.7	31.6	—	6.1	20～25	1.3	172

和 Si_3N_4 纤维相似，SiBN 纤维主要采用有机前驱体转化工艺制备，经历熔融纺丝、

原丝不熔化处理、高温裂解等复杂工艺过程，控制参量较多，其中不熔化处理、高温裂解及除碳是关键工序。

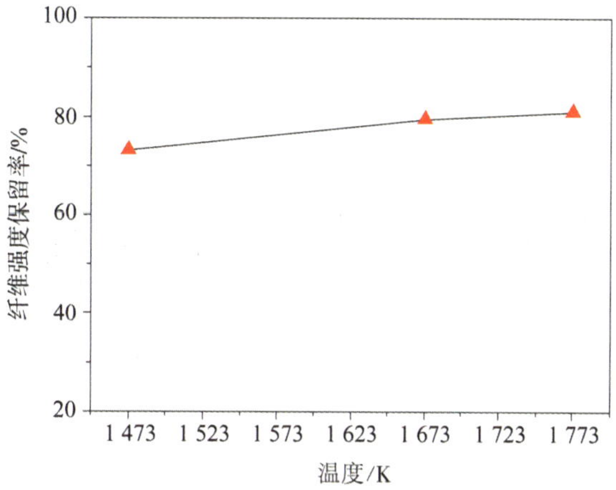

图 5-53 SiBN 陶瓷纤维高温力学性能

5.3.3.2 热透波复合材料增强织物结构

为克服陶瓷材料脆性而发展起来的编织复合材料，其构件可靠性大幅提高，可成型大尺寸构件，同时材料宏观力学性能具有可设计性，是热透波材料的重要发展方向。对于纤维增强陶瓷基复合材料而言，纤维是复合材料力学性能的主导因素，织物结构及其参数的选择在很大程度上决定了复合材料各个方向的力学性能。因此，织物结构及其参数设计是热透波复合材料及其构件研制的一个关键技术环节。

针对复合材料及透波构件的不同使用需求，目前已发展出二维缝合结构、2.5 D（浅弯交联）结构、S2.5 D（法向增强浅弯交联）结构 、3 D（正交三向）结构等织物增强结构，均已获得工程应用（见表 5-21）。

表 5-21 热透波复合材料增强织物结构及其性能特点

织物增强形式	缝合结构	2.5 D	3 D
示意结构	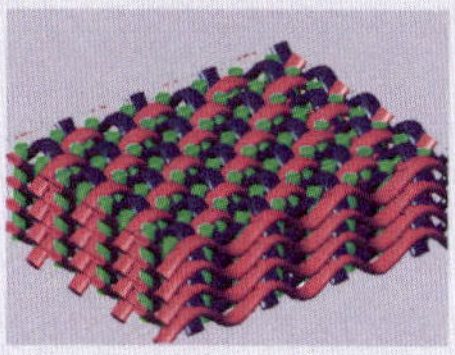	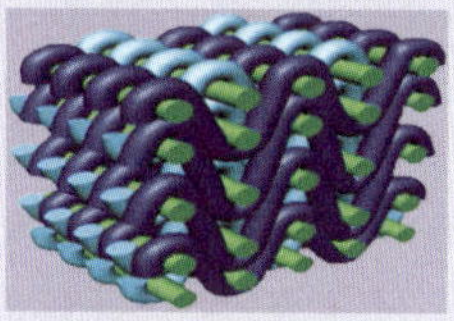	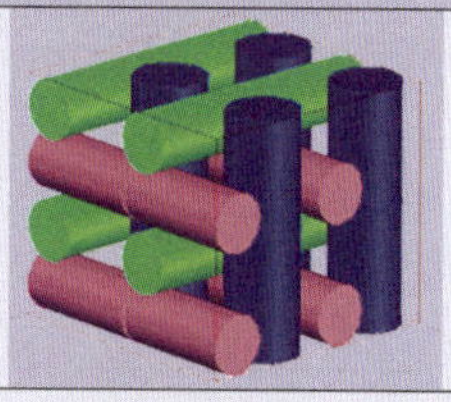
织物特点	成型工艺简单，仿形性好	织物仿形性好；各方向纱线体积含量不平衡	纤维体积含量高；纱线不弯曲；仿形性较差
复合材料性能	经向、纬向力学性能好，法向及层间较差	经向力学性能好，纬向略差，法向薄弱	整体刚度高，力学性能各向同性好
适合构件形式	平面结构或盒状结构	大型回转体	块体结构

（1）缝合织物

缝合织物通过法向缝合线将多层二维平面织布缝合成立体织物。织物层间靠法向纤维穿刺连接，由于法向纱线体积含量较低，层间剪切强度不高。同时，法向缝合也会对平面方向纤维造成一定程度的损伤。虽然织物整体性及综合力学性能相对不高，但由于成型工艺简单，生产效率高，在对透波构件力学性能要求不高的情况下应用较多，缝合织物实物照片如图 5－54 所示。

图 5－54　缝合织物照片

（2）2.5 D 织物

2.5 D 织物结构通过相临两层纤维相互钩连，将多层经纬纱连接成立体织物，纤维体积含量可达 50%以上。2.5 D 织物结构的典型特点是各方向纱线密度存在差异，一般而言，经纱体积含量高，纬纱体积含量低，相应的造成复合材料两个方向力学性能存在较大差异。通过各方向纱线参数调整，可在一定程度上平衡经纬向力学性能。另外，由于 2.5 D 结构缺少法向纱，复合材料层间力学性能相对较弱。为克服这一弱点，在 2.5 D 基础上引入法向增强纱发展出法向增强 S2.5 D 织物结构。法向纱的引入有效提高了复合材料抗剪切能力，避免了压缩载荷下层间失稳破坏现象，复合材料整体力学性能进一步提高。2.5 D 及 S2.5 D 织物结构仿形编织能力强，适合回转体构件成型（2.5 D 织物编织过程示意图及实物如图 5－55 所示）。

（3）3 D 织物

3 D 结构利用与织物面内呈正交或准正交方向的接结纱将多层经纱、纬纱连接为稳定的整体结构，实物如图 5－56。3 D 增强织物由于在平面内的两组纱线不交织，避免了经纬向纱线屈曲现象，在一定程度上提高了材料的强度和刚度。另外，由于各方向纱线密度相当，结构整体性好，复合材料力学性能可实现各向同性。3 D 增强织物结构比较适合平板、块体等简单成型，在回转体等复杂结构成型时较为困难，应用较少。

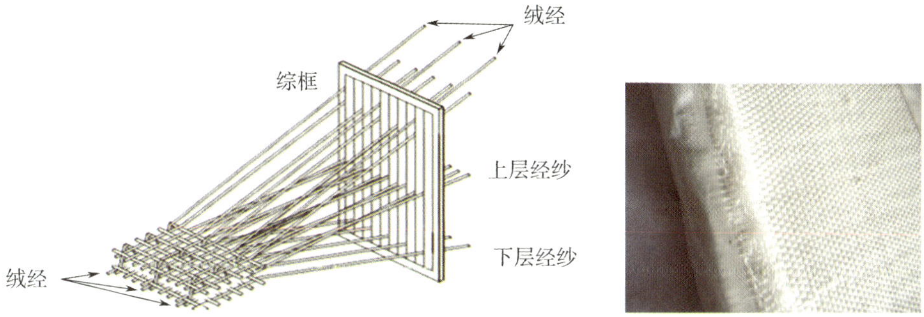

图 5 - 55　2.5 D 结构织物照片及编织示意图

图 5 - 56　3D 织物平板照片

5.3.3.3　石英纤维增强 SiO_2 复合材料

石英纤维增强 SiO_2 复合材料（SiO_{2f}/SiO_2）以石英纤维为增强体，无定形氧化硅为基体，成分单一，既保持了石英陶瓷优异的介电性能，又显著提高了材料结构可靠性和抗热冲击性能。自 20 世纪 70 年代出现以来，迅速成为热透波复合材料领域研究热点，突破了系列制备关键技术，获得了重要工程应用。

（1）性能及应用

SiO_{2f}/SiO_2 复合材料具有优异的热、力、电综合性能，作为热透波材料具有以下显著优点。

1）优异的介电性能。

SiO_{2f}/SiO_2 复合材料具有较低的介电常数（3.0 左右）和介电损耗（10^{-3} 量级）。材料高温介电性能稳定（如图 5 - 57 所示），1 473 K 以下介电常数变化率低于 3%；室温介电损耗低于 5×10^{-3}（防潮处理后），高温介电损耗达到 10^{-4} 量级。低的介电常数及优异的高温介电性能稳定性有利于改善透波构件在工作温频范围内的透波率、瞄准误差等透波性能，同时提高了透波构件的频率容差及加工容差，降低了热透波构件电气设计难度及制造难度。

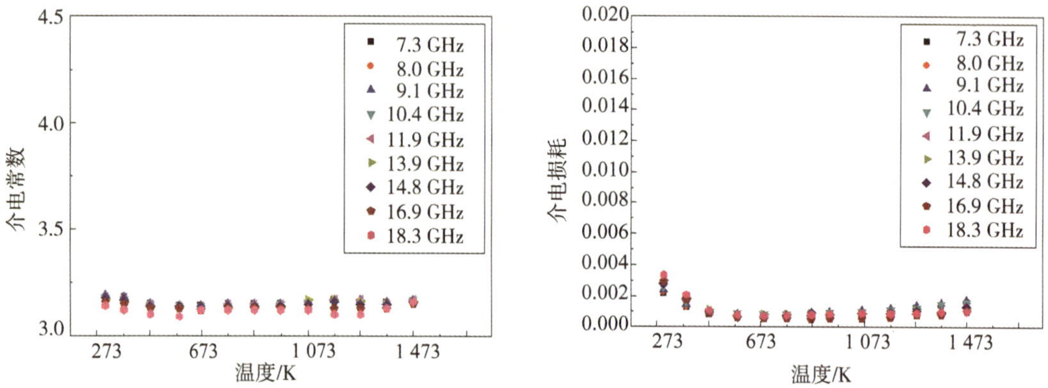

图 5-57　石英纤维增强 SiO_2 透波复合材料高温介电性能

2）力学性能及抗热震性优异。

SiO_{2f}/SiO_2 复合材料具有优良的力学性能。以 3 D 结构复合材料为例，室温拉伸、弯曲强度分别达到 100 MPa 和 160 MPa，断裂应变高达 1%，室温至 1 273 K 材料强度呈上升趋势，材料力学性能显著优于石英陶瓷。

由于 SiO_{2f}/SiO_2 复合材料线膨胀系数相对较低（$0.5\times10^{-6}\sim0.6\times10^{-6}$ 量级，比氧化铝陶瓷低 1 个数量级以上），材料模量小，同时，纤维增强结构使得材料韧性大幅提高（图 5-58 反映了材料的韧性断裂特征），因此 SiO_{2f}/SiO_2 复合材料具有优异的抗热震性。氧化铝陶瓷只能满足飞行马赫数约至 3 的气动热力冲击，石英陶瓷只能满足飞行马赫数约至 5 的气动热力冲击，多孔氮化物陶瓷可满足飞行马赫数在 6 以上的气动热力冲击，而 SiO_{2f}/SiO_2 复合材料在飞行马赫数达到 10 以上气动热环境下材料未发生破坏现象。

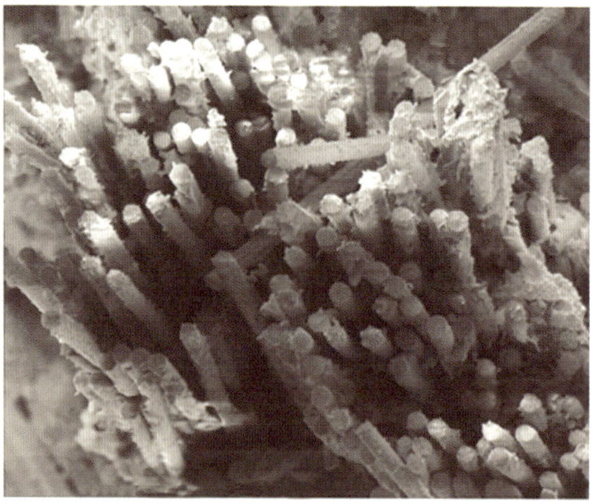

图 5-58　SiO_{2f}/SiO_2 复合材料断面照片

3）耐烧蚀性能优良。

由于 SiO_2 类材料熔融粘度高（1 973～2 373 K，$\eta=10^5\sim10^8$ Pa·s），烧蚀过程中表面熔体不易被气流冲刷流失（材料表面烧蚀形貌如图 5-59 所示），使得复合材料具有优良的耐烧蚀性能，材料耐烧蚀温度可达 2 773 K（SiO_{2f}/SiO_2 复合材料烧蚀行为详见第2 章）。

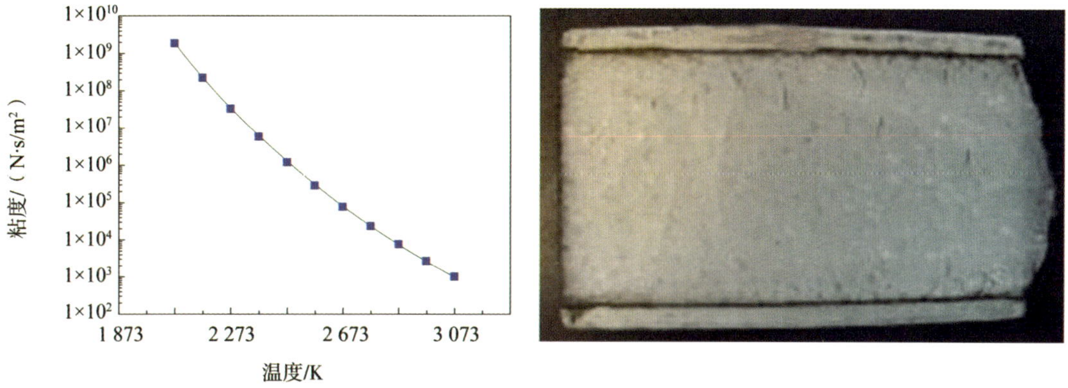

图 5－59　SiO_2 材料高温粘度及 SiO_{2f}/SiO_2 复合材料烧蚀照片

SiO_{2f}/SiO_2 复合材料是目前综合性能最好的热透波复合材料（详细数据见表 5－22），可满足飞行马赫数在 10 以上飞行热环境下透波构件对材料透波、防热和承载的苛刻要求，已实现型号应用。

表 5－22　SiO_{2f}/SiO_2 复合材料主要性能指标

项 目	Q_fRS－3D（航天材料及工艺研究所）	AS－3DX（菲格福特公司）	ADL－4D6（通用电气）
介电常数 ε	3.15	2.88	2.8～3.0
介电损耗 tanδ	$<5\times10^{-3}$	6.12×10^{-3}	6.00×10^{-3}
密度/（g/cm^3）	1.75±0.02	1.62	1.55～1.65
拉伸强度/MPa	～90	—	～26
拉伸模量/GPa	～16	—	～13
断裂应变/%	>0.6	—	0.2～0.5
比热容/（J/kg·K）	0.9	—	—
热膨胀系数/K^{-1}	0.59×10^{-6}	—	$\sim0.50\times10^{-6}$
热传导系数/（$W\cdot m^{-1}\cdot K^{-1}$）	0.60	—	—

虽然 SiO_{2f}/SiO_2 复合材料具有优异综合性能，但也存在不足之处。

1）高温析晶后，材料力学性能下降较快。

SiO_{2f}/SiO_2 复合材料存在和石英陶瓷相同的高温析晶行为，导致材料 1 473 K 以上长时使用时强度下降明显（如图 5－60 所示），限制了该材料在高温长时热透波构件上的应用范围。

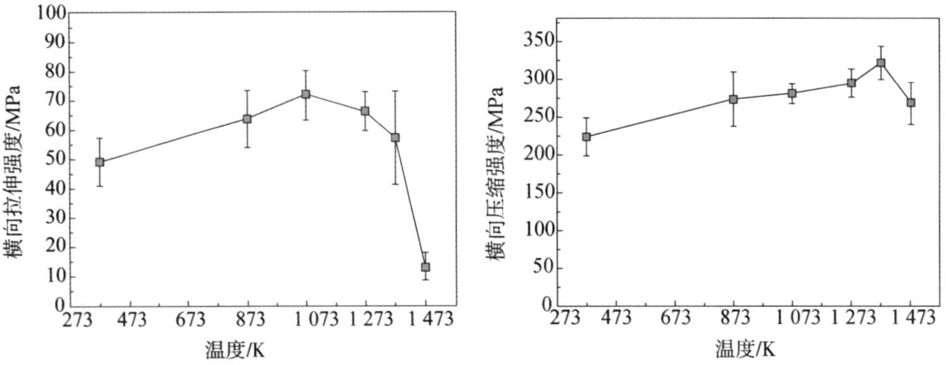

图 5-60　SiO_{2f}/SiO_2 复合材料高温力学性能

2）容易吸潮，材料室温介电性能稳定性不够好。

由于 SiO_2 类材料表面存在大量硅羟基，材料容易吸潮，造成材料介电性能随环境温湿度变化出现一定程度的波动，特别是介电损耗增大明显，可达到 10^{-2} 量级（如图 5-61 所示）。通过防潮处理可将材料室温介电性能稳定在可接受的范围[69-72]。

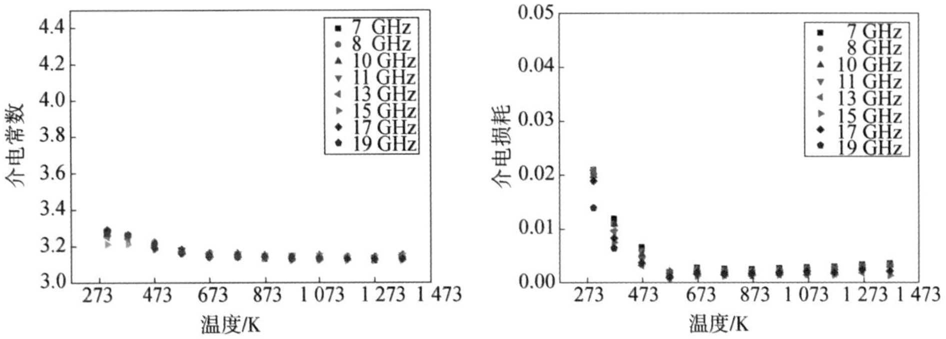

图 5-61　吸潮后 SiO_{2f}/SiO_2 复合材料介电性能

（2）制备工艺

SiO_{2f}/SiO_2 复合材料增强织物结构可选择 3 D、2.5 D、S2.5 D、缝合等多个结构，复合工艺多采用循环浸渍热处理工艺，包括浸渍、固化、热处理、机加工和防潮处理等多个工序（见图 5-62）。浸渍工序以高纯硅溶胶为浸渍剂，真空和加压浸渍会加快扩散传质作用。

5.3.3.4　*石英纤维增强氮化物陶瓷基复合材料*

随着前驱体技术的发展，使得在复合材料内部引入氮化物基体成为可能，近年来以氮化物为基体的透波复合材料研究受到了关注，其中，石英纤维增强氮化物基体复合材料研究较多。石英纤维增强氮化硅陶瓷基复合材料综合性能如表 5-23 所示。

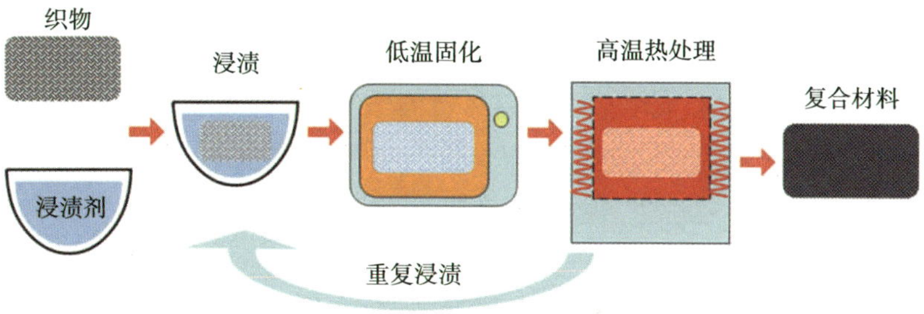

图 5-62　循环浸渍固化工艺制备复合材料流程

表 5-23　石英纤维增强氮化硅陶瓷基复合材料综合性能

项 目	氮化硅基（2.5 D）	氧化硅基（2.5 D）
介电常数 ε	3.27	3.05
介电损耗 tanδ	0.002	0.005
密度/（g/cm^3）	1.80～1.83	1.75±0.02
拉伸强度/MPa	40～60（母向）	80～100（母向）
弹性模量/GPa	14.0	18～20
断裂应变/%	0.46	0.6～1.0
比热容/（$J\cdot kg^{-1}\cdot K^{-1}$）	1.05（室温～600 K）	0.9（室温～600 K）
热膨胀系数/（K^{-1}）	0.68×10^{-6}	0.59×10^{-6}
热导率/（$W\cdot m^{-1}\cdot K^{-1}$）	0.6	0.55

石英纤维增强氮化物基复合材料基体材料可选择氮化硅、氮化硼或硅硼氮等多种材料。以石英纤维增强氮化硅基复合材料（见图 5-63）为例，材料典型性能如下：材料密度 1.90～2.5 g/cm^3，复合材料力学性能较好，拉伸强度为 64.7 MPa，弹性模量 14.0 GPa，拉伸断裂应变为 0.46%；材料介电常数 3.20～3.25、介电损耗低于 0.003 范围内，室温介电性能稳定；材料高温介电性能波动幅度大于 SiO_{2f}/SiO_2 复合材料；材料驻点烧蚀速率和 SiO_{2f}/SiO_2 复合材料相当，但烧蚀面较平整。

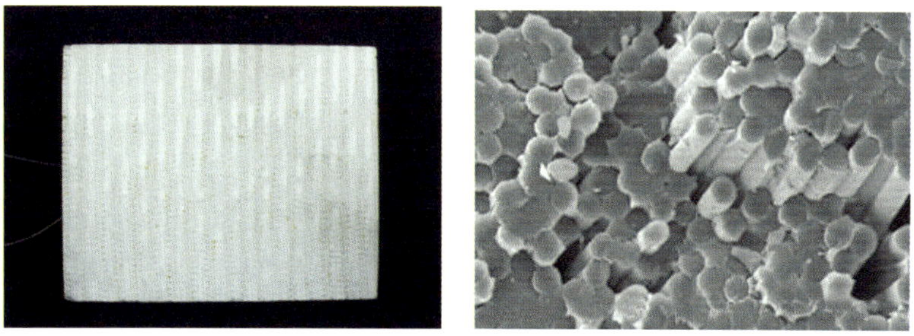

图 5-63　石英织物增强氮化硅基复合材料宏观照片及微观照片

石英纤维增强氮化物基复合材料以聚硅（硼）氮烷为前驱体，采用循环浸渍裂解法复合成型，典型工序（见图 5-64）为：将聚硅（硼）氮烷有机前驱体粘度调节到适宜范围，然后将石英纤维织物浸入有机前驱体进行真空/加压浸渍，浸渍完成后在气氛保护下进行前驱体低温交联固化成型，成型后进行高温裂解陶瓷化，如果前驱体中含有碳元素，需增加除碳工艺，通过重复浸渍达到预定密度。

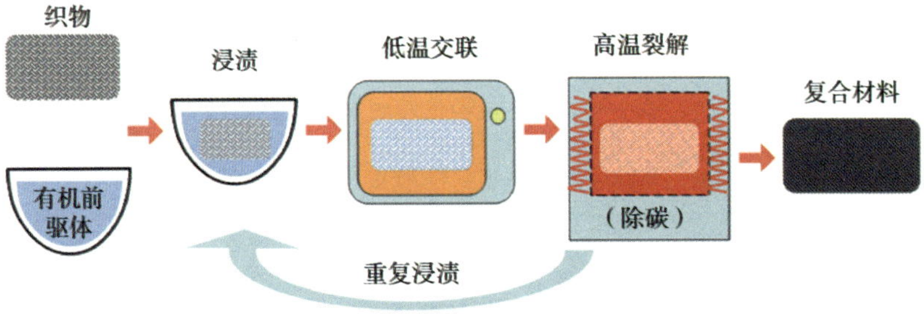

图 5-64 循环浸渍裂解法工艺流程图

循环浸渍裂解工艺难度大，制备过程中需要关注的问题包括：1）有机前驱体浸渍剂反应活性高，纤维和基体界面反应严重，材料力学性能大幅下降，界面设计及处理工艺是该类复合材料制备的关键技术之一；2）受石英纤维耐温性能的制约，氮化物基体热处理温度较低，导致基体陶瓷化不充分，不能充分发挥氮化物基体的耐烧蚀性能，而提高裂解温度，石英纤维热损伤加剧，界面反应严重，材料强度显著下降，因此如何控制裂解工艺以平衡优化材料烧蚀性能及力学性能是该类材料制备的关键。

5.3.3.5 氧化铝纤维增强陶瓷基复合材料

氧化铝纤维增强陶瓷基复合材料具有高强度、耐高温、抗氧化、高温抗蠕变和抗热冲击等显著优点。由于氧化铝纤维的高温强度好于石英纤维，因此在 1 473 K 以上高温长时使用环境下，氧化铝纤维增强陶瓷基复合材料具有良好的应用前景。

氧化铝纤维增强陶瓷基复合材料密度 2.14～2.9 g/cm^3，材料介电常数 4.0～5.0（视纤维、基体成分及含量而定），介电损耗小于 0.005。氧化铝纤维强度显著高于石英纤维，和石英纤维增强复合材料相比，氧化铝纤维增强复合材料力学性能具有明显优势。如表5-24 所示，采用纯氧化铝纤维制备的 $Al_2O_{3f}/SiO_2-Al_2O_3$ 复合材料（牌号 COI-610/AS），拉伸强度达到 352 MPa，是 SiO_{2f}/SiO_2 复合材料的 3 倍；莫来石纤维增强含铝硅酸盐复合材料强度达到 216 MPa，强度接近 SiO_{2f}/SiO_2 复合材料两倍。同时，由于氧化铝纤维高温力学性能优于石英纤维，氧化铝纤维增强陶瓷基复合材料高温力学性能也显著好于 SiO_{2f}/SiO_2 复合材料。图 5-65 反映了莫来石纤维增强陶瓷基复合材料高温长时间处理后的强度保留率。经过 1 373 K 1 000 h 长时间处理后，COI 720/A-1 复合材料（氧化铝基体）强度几乎没有下降，1 473 K 1 000 h 长时间处理后强度保留率大于 80%；UCSB 720/Mullite 复合材料（莫来石-氧化铝混合基体）1 273 K 1 000 h 长时间处理后强度保留率大于 90%，1 373 K 1 000 h 长时间处理后强度略有上升，1 473 K 1 000 h 长时间处理后强度略有下降，和 1 273 K 时强度相当；COI 720/AS 复

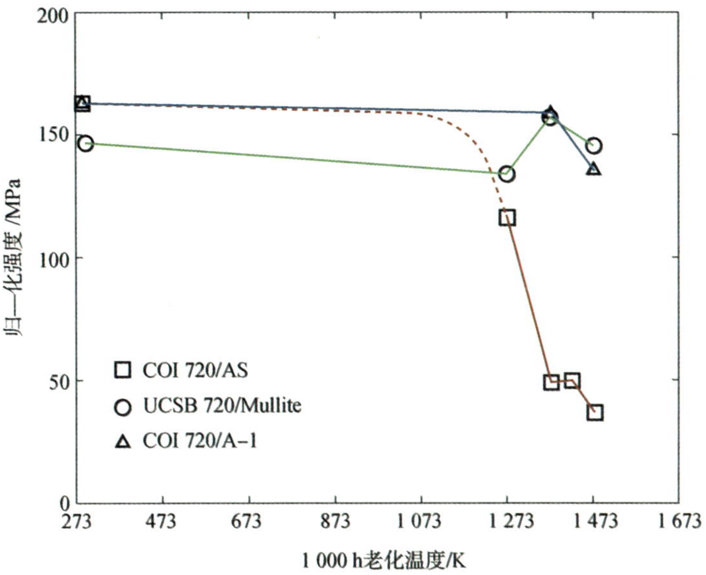

图 5-65　氧化铝纤维增强陶瓷基复合材料高温长时处理后强度

合材料（含铝硅酸盐基体）高温力学性能相对较差。因此，氧化铝纤维增强陶瓷基复合材料高温力学性能除了和纤维种类有很大关系外，和基体种类也有较大关系。由于氧化铝纤维增强陶瓷基复合材料高温力学性能优异，在高温长时热透波构件中具有重要应用价值。目前氧化铝纤维增强陶瓷基复合材料已形成系列化产品，最高使用温度可达 1 873 K，在高温炉热防护材料、高温电绝缘等多个领域获得成功应用。国外已成功研制出氧化铝纤维增强陶瓷基复合材料天线罩样件。

表 5-24　氧化铝纤维增强陶瓷基复合材料主要性能

厂商	材料牌号	增强纤维	基体种类	纤维体积含量/%	密度/(g/cm^3)	拉伸强度/MPa	模量/GPa	应变/%
COI Ceramics Inc.	COI-312/AS	Nextel 312	氧化硅/氧化铝	48	2.3	159	48.3	0.33
	COI-610/AS	Nextel 610	氧化硅/氧化铝	51	2.82	352	141	0.35
	COI-720/AS	Nextel 720	氧化硅/氧化铝	48	2.60	216	98.6	0.22
	COI-720/AS-1	Nextel 720	氧化铝	46	2.71	218	90.9	0.23
General Electric corporation	GE-610/GEN-IV	Nextel 610	氧化硅/氧化铝	30	2.90	—	—	—
航天材料及工艺研究所	703-AS	—	氧化硅	46	2.14	130	30	0.49

由于氧化铝熔融粘度低，烧蚀后容易被气流吹走，导致氧化铝纤维增强陶瓷基复合材料耐烧蚀性能较差，不适合作为烧蚀热透波材料使用。

氧化铝纤维增强陶瓷基复合材料可采用泥浆缠绕工艺成型，也可以采用与 SiO_{2f}/SiO_2 复合材料相似的循环浸渍致密化工艺制备。纤维及基体匹配设计、复合材料密度梯度控制是氧化铝纤维增强陶瓷基复合材料制备关键技术。

5.3.3.6 氮化物纤维增强陶瓷基复合材料

在耐烧蚀热透波材料领域，氮化物基复合材料是重要发展方向。典型氮化物纤维包括氮化硅纤维、氮化硼纤维及硅硼氮纤维等，目前纤维制备工艺均不成熟，相关复合材料方面的研究还处于探索研究阶段。本节以 BN 纤维和 SiBN 纤维增强复合材料为例，简要介绍氮化物复合材料的性能特点与制备技术。

相对其他氮化物纤维增强复合材料，BN 纤维增强陶瓷基复合材料具有介电常数低、耐烧蚀性能好等优点。BN 纤维增强氮化硅复合材料密度低（约 1. 5 g/cm^3），介电常数 2.8～3.0，介电损耗低于 8×10^{-3}。但材料力学性能偏低，复合材料室温弯曲强度 39.6 MPa，断裂韧性 5.1 MPa·$m^{1/2}$[38,79]。

BN 纤维增强氮化物基复合材料采用循环浸渍裂解工艺制备，关键技术环节包括：1）纤维保护与界面控制，相对于其他氮化物纤维，BN 纤维强度偏低，制备过程中的界面反应进一步降低纤维，如何有效降低纤维损伤、控制界面结合强度是制备关键技术之一。2）裂解气氛及其裂解工艺控制，裂解气氛及工艺基体陶瓷化程度及残碳量，对材料力学性能、耐烧蚀性能及介电性能都有较大影响。

美国 Aeronutronic Ford 公司利用无机先驱体浸渍烧成法制备了三维正交 BN 纤维织物增强复合材料（BN－3DX），其工艺是：将硼酸（B_2O_3 先驱体）浸渍 BN 纤维织物，脱水沉淀后形成 B_2O_3，真空干燥，在氨气中氮化烧成得到 BN 基体，然后再在 2 073 K 热压使该材料密度达到 1.5～1.6 g/cm^3，介电常数 2.86～3.19，介电损耗 0.000 6～0.003（25～1 273 K，9.375 GHz），高温下 X 波段的微波衰减分别小于 2 dB，线烧蚀速率0.13 mm /s（10 MW），与碳酚醛和碳碳复合材料相当，但该材料的弯曲强度偏低，仅为 57.9 MPa，力学性能有待进一步提高。美国阿凡柯（AVCO）公司在 1974 年制备了三向氮化硼天线窗，但未见其应用于导弹天线罩的相关报道。

Aeronutronic Ford 公司将氮化硼纤维的三维织物浸渍硼酸，使硼酸转变成氮化硼基体，然后经高纯硅溶胶加压（约 70 MPa）浸渍并热压烧成制备了 BN_f/（BN＋SiO_2）复合材料，SiO_2 的引入降低了材料表面的烧蚀温度。材料的最终密度为 1.6 g/cm^3，介电性能优良，介电常数 3.20～3.24，介电损耗 0.000 9～0.001（25～1273 K，9.375 GHz），高温下 X 波段的微波衰减分别小于 0.5 dB，但是其抗弯强度仍然较低，仅为 34.5 MPa。

SiBN 纤维增强陶瓷基复合材料（见图 5－66 和图 5－67）综合性能可设计性强，Si 元素引入可提高材料本征力学性能，B 元素引入可降低材料介电常数，通过 Si、B 元素比例调节可平衡材料力学性能和介电性能。

SiBN 纤维增强氧化硅陶瓷基复合材料密度约 1.71 g/cm^3，复合材料高温介电性能 300～1 473 K 范围内，介电常数在 2.65～3.2 之间，介电损耗保持在 10^{-3}范围，如图

5－68 所示。力学性能方面，连续纤维增强复合材料力学性能目前未见报道，短纤维毡增强氧化硅复合材料弯曲强度 19 MPa，弹性模量 16 GPa，是有前景的烧蚀热透波材料。

图 5－66　SiBN 纤维增强陶瓷基复合材料

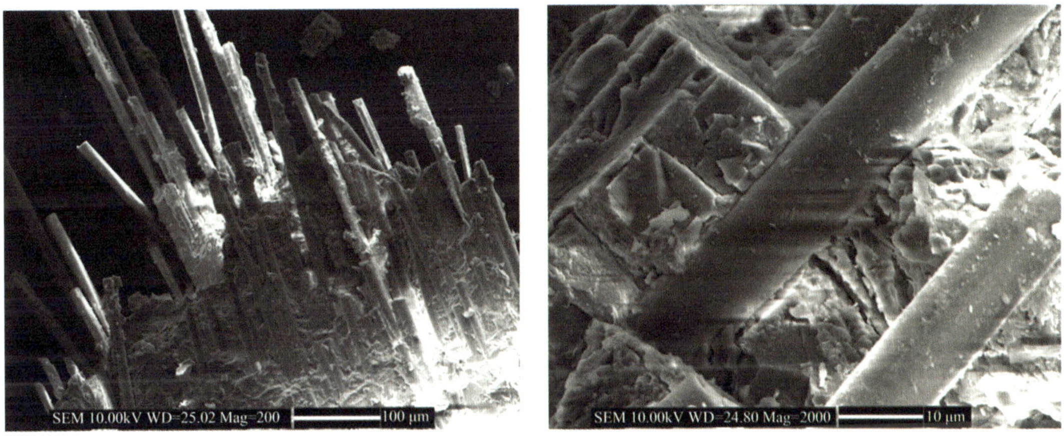

图 5－67　SiBN 纤维增强陶瓷基复合材料试样微观结构形貌

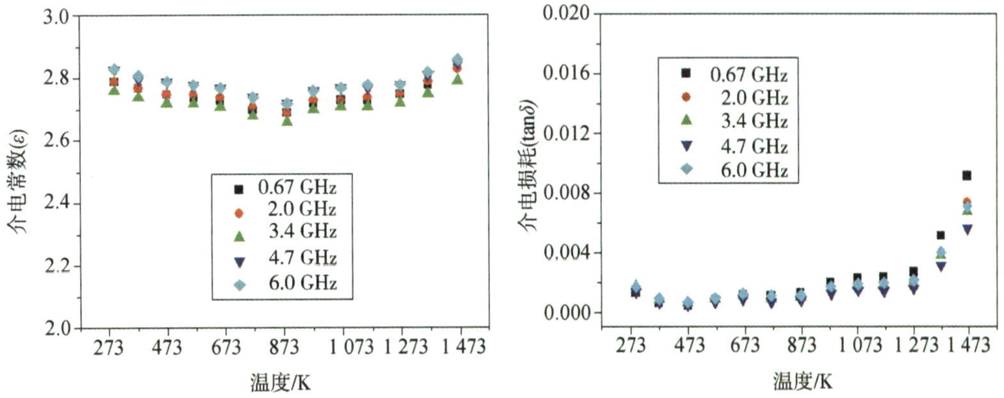

图 5－68　SiBN 纤维增强陶瓷基透波复合材料高温介电性能测试结果

5.3.3.7　热透波复合材料发展的重要技术问题

在材料成分体系方面，发展氮化物和氮氧化物陶瓷复合材料，进一步提高热透波材料的耐烧蚀性能和耐高温性能，实现复合材料体系的创新和性能的大幅提升。氮元素的引入，可显著提高价键结合能，材料耐烧蚀性能明显提高，同时材料烧蚀机制转变为气化型或熔融/气化混合型，表面烧蚀形貌将更为平整。另外，氮元素的引入也将显著提高材料本征力学性能和高温力学性能，有利于提高热材料的使用温度。

在原材料方面，新型氮化物纤维及前驱体的批量制备技术是重点研究方向。作为关键原材料，氮化物纤维及前驱体是新型透波复合材料研究开发的前提。

在制备技术研究方面，需要实现大尺寸天线罩的成型技术的创新，在保证天线罩增强体结构整体性及纤维体积含量的同时，尽可能提高成型效率及批次稳定性。在复合工艺方面，材料的界面设计与控制是值得充分重视的技术问题。

在基础理论方面，需要加强对隔热透波问题的深入研究，在机理和方法层面突破隔热和透波的矛盾。

参考文献

[1] 罗伯 D. 计算材料学．北京：化学工业出版社，1998.

[2] WANG J Y，ZHOU Y C，LIN Z J. First principles elastic stiffness of $LaPO_4$ monazite. Applied Physics Letters，2005，87，051902.

[3] LIU B，WANG J Y，ZHOU Y C，et al. Effect of interstitial lithium atom on crystal and electronic structure of silicon oxynitride. J. Mater. Sci.，2009，44：6416－6422.

[4] LIU B，WANG J Y，ZHOU Y C，et al. Atomic - scale studies of native point defect and nonstoichiometry in silicon oxynitride. Journal of Physics and Chemistry of Solids，2009，70：982－988.

[5] WANG J Y，ZHOU Y C，et al. Mechanical properties and atomistic deformation mechanism of c - $Y_2Si_2O_7$ from first - principles investigations. Acta Materialia，2007，55：6019－6026.

[6] 刘春俊，张跃，等．陶瓷基复合材料纤维拔出有限元研究．稀有金属材料与工程，2007，36（增刊 1）：766.

[7] 李旭东，张跃，等．复合材料界面对其断裂过程影响的有限元研究．宇航材料工艺，2008，3：22.

[8] 杨振宇，卢子兴，等．2.5D 编织复合材料细观结构及弹性性能．宇航材料工艺，2010，2：67.

[9] ZHANG F W，ZHANG Y，LI Z P，et al. Optimal design for mechanical properties of composite with combination of genetic algorithm and artificial neural network. Key Engineering Materials，2008，368 - 372：1645－1647.

[10] 尹衍生，张景德．Al_2O_3 陶瓷及其复合材料．北京：化学工业出版社，2001.

[11] 金志浩，高积强，乔冠军. 工程陶瓷材料. 西安：西安交通大学出版社，2000.

[12] 陈虹，张联盟，罗文辉. 透微波陶瓷材料的研究现状. 陶瓷学报，2003，24（3）：189.

[13] 陈虹，胡利明，贾光耀，等．陶瓷天线罩材料的研究进展．硅酸盐通报，2004，4：40－45.

[14] 肖汉宁，高朋召. 高性能结构陶瓷及其应用．北京：化学工业出版社，2006.

[15] 江崇经．冷等静压技术的应用. 电瓷避雷针，1994，4：13－17.

[16] STACHIW J D，KURKCHUBASCHE R R，JOHNSON R P. Structural performance of cylindrical pressure housings of different ceramic compositions under external pressure loading. Part 1. Isostatically Pressed Alumina Ceramic. ADA－279669，1993.

[17] 李拓文，张家鹿，赵效忠．微晶玻璃．西北轻工业学报，1992（1）：28－32.

[18] SARAH H，et al. Cordierite glass - ceramics for multilayer ceramic packaging. Am. Ceram. Soc. Bull，1993，72（1）：90－95.

[19] 仝毅，周馨我．微波透波材料的研究进展．材料导报，1997，11（3）：1.

[20] SOHN S B，CHOI S Y，LEE Y K. Controlled crystallization and characterization of cordierite glass - ceramics for magnetic memory disk substrate. Journal of Materials Science，2000，35（19）：4815－4821.

[21] 张大海，黎义，高文，等．高温天线罩材料研究进展．宇航材料工艺，2001，6.

[22] 陈肇友．熔融石英陶瓷．耐火材料，1973（3）：11—28.

[23] 华兆倡．石英陶瓷性能．河北陶瓷，1992，2：20—25.

[24] 崔文亮．熔融石英陶瓷的性能改进研究．武汉：武汉理工大学，2002.

[25] AKH A M. Quartz ceramics：a new material in electrical engineering. Glass and Ceramics，1995，52（1—2）：47—49.

[26] 战凤昌，李悦良，等．专用涂料．北京：化学工业出版社，1988.

[27] CRONE G A E，RUDGE A W，TAYLOR G N. Design and performance of airbone radome - A review. IEE PROC. Pt. F，1981，128（7）：412.

[28] CAPADONA L A，MEADOR M A，ALUNNI A，et al. Flexible，low - density polymer crosslinked silica aerogels. Polymer，2006，47：5754—5761.

[29] NGUYEN B N，MEADOR M A，TOUSLEY M E，et al. Tailoring elastic properties of silica aerogels cross - linked with polystyrene. Appl. Mater. Interfaces，2009，1：621—630 .

[30] RAO A V，HEGDE N D，SHEWALE P M. Imperviousness of the hydrophobic silica aerogels against various solvents and acids. Appl. Surf. Sci. 2007，253：4237—4141.

[31] RAO A V，KALESH R R. Comparative studies of the physical and hydrophobic properties of TEOS based silica aerogels using different co - precursors. Sci. Technol. Adv. Mater. 2003，4：509—515.

[32] ZHANG G，DASS A，RAWASHDEH A M，et al. Isocyanate - crosslinked silica aerogel monoliths：preparation and characterization. J. Non - Cryst. Solids，2004，350：152—164.

[33] CARY R H. Avionic Radome Materials. ADA—007956，1974.

[34] LENCES Z，GUICCIARDI S，MELANDRI C，BELLOSI A. Preparation，microstructure，and mechanical property relationships in silicon nitride based ceramics. British Ceramic Transactions. 1995，94（4）：138—145.

[35] TRIPP W C，GRAHAM H C. Oxidation of silicon nitride in the range of 1300 to 1500℃. Journal of America Ceramic Society，1990（9—10）：399—403.

[36] DONALD L P. Hybrid core sandwich radome. US，6107976.

[37] SIMPSON F H，VERZEMNIEKS J. Controlled density silicon nitride material. Proceedings of the 16th symposium on electromagnetic windows，1982. 81.

[38] 张伟儒. 高性能氮化物透波材料的设计、制备及特性研究. 武汉：武汉理工大学，2007.

[39] KIRBY K W，JANKIEWICZ A，JANNEY M. Gelcasting of GD - 1 ceramic radomes. Proceedings of the 8th DOD Electromag Windows Symposium，2000：287 - 295.

[40] GILREATH M C，CASTELLOW S L ，Jr. High - temperature dielectric properties of candidate space - shuttle thermal - protection - system and antenna - window materials，1974.

[41] 李俊宁，胡子君，孙陈诚，等．高超声速飞行器隔热材料技术研究进展，宇航材料工艺，2011，6：10—13.

[42] WOOJIN CHO，RAVI SAXENA，OSCAR RODRIGUEZ，et al. Effects of sintering on dielectric constants of mesoporous silica. Journal of Non - Crystalline Solids，2004，350：336—344.

[43] HRUBESH L W，BUCKLEY S R. Temperature and moisture dependence of dielectric constant for bulk silica aerogels. Materials Research Society 1997 Spring Meeting，San Francisco，CA，March 31—April 4，1997.

[44] VOGT G J ，TINGA W R ，PLOVNICK R H . Dielectric property measurement of zirconia fibers

at high temperatures，1995.
[45]　邢建申，王树彬，张跃．石英纤维析晶行为．复合材料学报，2006，23 (6)：75－79.
[46]　BRAZEL J P，FENTON R. ADL－4D6：a silica/silica composite for hardened antenna windows.
[47]　BUNSELL A R，BERGER M H. Fine ceramic fibers.
[48]　TUCKER D S，SPARKS J S，ESKER D C . Production of continuous Mullite fiber via sol - gel processing. Ceramic bulletin，1990，69 (12) .
[49]　TOSHINOBU YOGO，LIHAN A AKSAY. Synthesis of Mullite Fiber from an Aluminosi loxane Precursor. J. Mater. Chem.，1994，4 (2)：353－359.
[50]　AKSAY A，DABBS D M，SARIKAYA M. Mullite for structural electronic and optical applications. J. Am. Ceram. Soc.，1991，74 (10)：2343－2358.
[51]　张铭霞，程之强，任卫，等．前驱体法制备氮化硼纤维的研究进展．现代技术陶瓷，2004 (6)：21－25.
[52]　BERNARD S，CHASSAGNEUX F，BERTHET M P，et al. Crystallinity，crystalline quality，and microstructure ordering in boron nitride fibers. Journal of the American Ceramic Society，2005 (88)：1607－1614.
[53]　张光友，陈朝辉． 氮化硼纤维的研制．高分子材料科学与工程，1998 (14)：94－96.
[54]　CANNADY J P. Silicon nitride - containing ceramic material prepared by pyrolysis of hydrosilazane polymer from (R3Si) 2NH and HSiCl3. U. S. R 4543344. 1985.
[55]　LIPOWITZ J，FREEMAN H A，GOLDBERG H A，et al. Structure and properties of ceramic fibers prepared from polymeric precursors. Materials Research Society Symposia Proceedings，1986，73：489.
[56]　LEGROW G E，LIM T F，LIPOWITZ J，et a1. Ceramics from hydridopolysilazane. Am. Ceram. Soc. Bull. 1987. 66 (2)：363.
[57]　ARAI M，FUNAYAMA O，NISHIII H，et a1. Manufacture of high purity silicon nitride fibers：J. P. 125015，1987.
[58]　ISODA T. Surface of high purity silicon nitride fiber made from perhydropolysilazane. The Third International Conference on Composite Interfaces (ICCI－III)，1990：255.
[59]　ISODA T. High purity continuous silicon nitride fiber and its properties. In Silicon Nitride Ceramics2，1990.
[60]　YOKOYAMA Y，NANBA T，YASUI I，et a1. X - ray diffraction study of the structure of silicon nitride fiber made from perhydropolysilazane. J. Am. Ceram. Soc. 1991，74 (3)：654.
[61]　MOCAER D，PAILLER R，NASLAIN R，et a1. Si - C - N ceramics with a high microstructural stability elaborated from pyrolysis of new polyearbosilazane precursors. J. of Mater. Sci. 1993，28：2615.
[62]　周伟．聚碳硅烷先驱体法制备氮化硅纤维的研究．厦门：厦门大学，2006.
[63]　TAKAMIZAWA M，HAYASHIDA A，KOBAYASHI T，et al. Method for the preparation of an inorganic fiber containing silicon，carbon，boron and nitrogen：US，4 604 367.
[64]　FUNAYAMA O，NAKAHARA H，OKODA M，et al. Conversion mechanism of polyborosilazane into silicon nitride - based ceramics. Journal of Materials Science，1995 (30)：410－416.
[65]　FUNAYAMA O，NAKAHARA H，TEZUKA A，et al. Development of Si - B - O - N fibres from

polyborosilazane. Journal of Materials Science，1994（29）：2238—2244.

[66] JANSEN M. Highly stable ceramics through single source precursors. Solid State Ionics，1997（101—103）：1—7.

[67] JANSEN M，JUNGERMANN H. A new class of promising ceramics based on amorphous inorganic networks. Current Opinion in Solid State&Materials Science，1997（2）：150—157.

[68] 唐云，王军．先驱体转化法制备高性能 Si－B－N 陶瓷纤维．2009，67（23）：2750—2754.

[69] GILTEATH M C，CASTELLOW S L. High－temperature dielectric properties of candidate space-shuttle thermal protection system and antenna－window material. NASA TND—7523，1974.

[70] PLACE T M，BRIDGES D W. Fused quartz reinforced silica composites. Proceedings of the 10th symposium on electromagnetic windows，Atlanta，GA，1970.

[71] BRAZEL J P，FENTON R. ADL—4D6：a silica/silica composite for hardened antenna windows.

[72] Proceedings of the 13 "symposium on electromagnetic windows"，Atlanta，GA，1976.

[73] 齐共金，张长瑞，胡海峰，等．三维石英织物增强氮化硅基复合材料的制备及其力学性能．硅酸盐学报，2005，12（33）：1527—1530.

[74] PAQUETTE D G. Metbod of making radar transparent window material operable above 2000℃：US，5627542. 1997.

[75] PLACE T M. Properties of BN－3DX，a 3－dimensional reinforced boron nitride composite. Proceedings of the 13th symposium on electrum agnetic windows. Georgia Institute of Technology，Atlana，Georgia，1976，17—22.

[76] 裘镜蓉．编织复合材料在宇航上的应用．宇航材料工艺．1991，(4)：36—41.

[77] PLACE T M. Low loss radar window for reentry vehicle：US，4786548. 1988.

[78] 曾昭焕．氮化硼的高温介电性能．宇航材料工艺．1991，23（2）：17—21.

[79] 徐鸿照，王重海，张铭霞，等．BN 纤维织物增强陶瓷透波材料的制备及其力学性能初探．现代技术陶瓷，2008，2：10—12.

附　表

电介质物理中的重要参数

常数符号	中文名称	常量值及单位
ε_0	真空介电常数	8.85×10^{-12} F·m^{-1}
μ_0	真空磁导率	1.257×10^{-6} H·m^{-1}
μ	德拜常数	3.33×10^{-30} C·m
F	法拉第常数	9.649×10^{4} C·mol^{-1}
k	波尔兹曼常数	1.381×10^{-23} J·K^{-1}
N_0	阿伏加德罗常数	6.022×10^{23} 个·mol^{-1}
h	普朗克常数	6.656×10^{-34} J·s
e	电子电量	1.6×10^{-19} C
m_e	电子质量	9.1×10^{-31} kg
eV	电子伏特	1.6×10^{-19} J